海洋、大气与全球变化

谢玲玲　王　磊　罗小青　等　编著

科学出版社

北　京

内 容 简 介

本书从地球系统科学和圈层相互作用视角出发，重点阐述海洋与大气之间的物质和能量交换、物理与生物地球化学过程耦合对全球变化的影响，以及全球海洋水文动力环境对气候变暖的响应。同时，对热带海气相互作用和人类如何应对全球变化也做了介绍。本书以构建全球宏观图景和多学科交叉理念为目标，为海洋大气和全球变化领域的研究者奠定基本概念和理论基础，并辅以介绍国内外关于海气相互作用和全球气候变化研究的前沿热点问题与最新研究成果。

本书适用对象为海洋、大气等地球科学领域的科研、管理人员以及相关专业的本科生和研究生。

审图号：GS（2022）1346 号

图书在版编目（CIP）数据

海洋、大气与全球变化/谢玲玲等编著. —北京：科学出版社，2022.3
ISBN 978-7-03-070719-2

Ⅰ. ①海…　Ⅱ. ①谢…　Ⅲ. ①海洋大气影响–研究　Ⅳ. ①X820.3

中国版本图书馆 CIP 数据核字（2021）第 246520 号

责任编辑：韩　鹏　柴良木/责任校对：张小霞
责任印制：吴兆东/封面设计：图阅盛世

科学出版社 出版
北京东黄城根北街 16 号
邮政编码：100717
http://www.sciencep.com
北京虎彩文化传播有限公司 印刷
科学出版社发行　各地新华书店经销
*
2022 年 3 月第　一　版　开本：787×1092　1/16
2023 年 1 月第二次印刷　印张：13 1/4
字数：310 000

定价：168.00 元
（如有印装质量问题，我社负责调换）

作 者 名 单

谢玲玲　王　磊　罗小青
陈法锦　李明明　蒲晓强
陈清香　金广哲

前 言

海洋和大气是地球生命之源。海洋和大气各种时间尺度的运动、变化及其相互作用关系着人类生存环境和社会可持续发展。特别是海气之间频繁的动量、能量和物质交换，构成海气耦合系统。在该系统中，物理、化学、生物和地质过程相互作用，对维持地球系统运转至关重要。因而，不断深入认识这些过程的内在规律及其对全球气候变化的调控作用，据此对未来演进做出越来越精准的预测和预报，是海洋和大气学界永恒的课题。

撰写本书旨在从地球系统科学和圈层相互作用角度出发，通过多学科领域的交叉，剖析海洋和大气环境变化基本现象以及海洋-陆地-大气-生物相互作用典型案例，重点阐述海洋和大气动力过程及生物地球化学过程在全球变化中的作用机理和反馈机制。本书主要内容业已在广东海洋大学海洋与气象学院教学中采用，效果良好，获得评估专家赞誉，推荐撰写成书出版。全书共八章，撰写人分工如下：第一章，谢玲玲、李明明和罗小青；第二章，谢玲玲和李明明；第三章，罗小青和王磊；第四章，王磊；第五章，金广哲和陈法锦；第六章，陈清香；第七章，蒲晓强和谢玲玲；第八章，罗小青、谢玲玲和王磊。由谢玲玲、王磊和罗小青统其成。

本书撰写过程中参考了国内外众多学者的研究成果，特别是 Grant R. Bigg、Robert Stewart、张兰生、朱诚、刘秦玉等学者的相关著作，在此特表感谢。广东海洋大学海洋与气象学院孔德明、郑少军、李强等教师以及梁浩然、邓思捷、谭可易、黄润琪、曾滇婷、林圳涛、周晨、王贵圆等研究生对书稿改进提供宝贵帮助，在此谨致谢忱。

本书出版得到广东海洋大学和广东省高等学校“陆架及深远海气候、资源与环境实验室”重点实验室的大力支持，由国家自然科学基金（41776034）、自然资源部“全球变化与海气相互作用”国际合作专项（GASI-IPOVAI-01-02、GASI-02-SCS-YGST2-02）、广东省教育厅创新团队项目（2019KCXTF021）、海洋科学“冲一流”学科建设项目（231419012）和广东海洋大学核心课程建设项目（201932）、广东海洋大学研究生教育创新计划示范课程建设项目（202109）和本科教学质量与改革教学团队项目（202188）共同资助。

本书内容涉及地球科学和全球变化等多学科知识和最新研究成果，受撰写人学识水平限制，书中不妥之处在所难免，殷切期望读者批评指正。

作　者

2020 年 12 月

目　录

第一章 绪　论

地球是人类赖以生存的星球，地球环境（包括大气圈、水圈、生物圈和岩石圈）的变化对人类现在和未来的生存与发展有直接或潜在的影响，而人类的存在本身也影响着地球环境。

20 世纪以来，全球环境以前所未有的速度发生变化。一系列的全球性重大环境问题对人类的生存和发展构成严重威胁。20 世纪 70 年代，人类学家最早提出了"全球变化"（global change）一词。20 世纪 80 年代，自然科学家借用并拓展了"全球变化"的内涵，将其概念延伸至全球环境，即将地球的大气圈、水圈、生物圈和岩石圈的变化纳入"全球变化"范畴，用以强调地球系统的变化（曲建升等，2008）。全球性重大环境问题超越了传统自然科学分支学科的界限，也超越了自然科学和社会科学的界限，从而衍生出"地球系统"和"地球系统科学"的概念。本章将介绍地球系统科学及各圈层的基本特征和相互作用特点，以及全球变化研究中的地球系统科学理念和方法。

第一节　地球系统科学

一、地球系统与地球系统科学

（一）地球系统

"系统"在现代汉语词典（第 7 版）里的解释是：同类事物按一定的关系组成的整体。这些事物相互连接、关联或依存，集合或组合形成一个复杂的统一体，或者按某种方案或计划有序排列组成整体。系统最基本的特性是整体性，其功能是各组成要素在孤立状态时所没有的。

Steffen 等（2006）指出地球的运作是一个系统，在这个系统里海洋、大气和陆地以及有生命和无生命的所有一切都相互关联。地球上的环境条件，包括气候，是由物理的、化学的、生物的以及人类相互作用对物质和能量的传输和转化而决定（Jickells et al., 2005）。地球系统就是由相互作用的物理、化学和生物的过程构成，这些过程使得地球上的物质和能量发生运动和变化，从而为地球上的生命提供必要生存条件。地球系统是一个复杂整体，其典型特征是各部分之间存在多种非线性响应和临界阈值（Stewart，2009）。

（二）地球系统科学

地球系统科学的概念有狭义和广义两种解释（毕思文，2004）。从狭义角度讲，地球系统科学是为了解释地球动力、地球演变和全球变化，对组成地球系统各组成部分、各圈层相互作用机制进行综合研究的一门科学。地球系统则是由地核、地幔、岩石圈、大气圈、水圈和生物圈相互作用而组成的统一体。从广义角度讲，地球系统科学跨越一系列自然科学与社会科学。它把地球看成一个由相互作用的地核、地幔、岩石圈、水圈、大气圈、生物圈（包括人类社会）和行星系统等构成的统一系统。

地球系统科学是地球科学各分支深入发展的必然。例如，数十年来大气科学的发展，就日益介入海气相互作用、陆气相互作用、冰川及冰盖变迁、大气痕量气体的化学过程及气候效应等。海洋与陆地及大气间淡水交换等过程的重要性及相应研究日益得到重视。地球科学各分支研究越来越多介入其他分支。但需要注意的是，地球系统科学不是各门地球科学的简单叠加，而是探索其圈层相互作用，将地球作为一个完整系统来研究的学科。

另外，20 世纪 60 年代以来空间技术和信息技术的突飞猛进开阔了人类的眼界，大大提高了人类认识地球的能力（Stewart，2009）。地球系统科学是建立在遥感技术、计算技术和许多观测实验基础上的新学科。全球视野和系统研究是地球系统科学的重要前提和基本思路（汪品先，2014）。

（三）地球系统科学的研究目标和主要科学问题

地球系统科学的目标是描述地球系统各部分相互作用机理，以及在各种时间尺度上各部分间将如何持续发展，从而在全球尺度上对整个地球系统给出科学的认识（Earth System Science Committee，1986）。

地球系统科学所要回答的主要科学问题是全球如何变化以及全球变化会对地球生物造成什么样的影响，可概括为五个基本概念（张兰生等，2017）。

（1）变化（variability）：地球系统是怎样变化的？

（2）驱动力（force）：地球系统变化的主要驱动力是什么？

（3）响应（response）：地球系统对自然变化和人类变化是如何响应的？

（4）后果（consequence）：地球系统变化的结果对人类的影响与人类的响应是什么？

（5）预测（prediction）或评估（projection）：如何预测地球系统未来的变化？

作为研究地球系统整体行为的一门科学，地球系统科学的目的是了解地球系统是如何工作和运转的，研究其过去、现在和未来的变化规律以及控制这些变化的原因和机制，从而建立地球系统预测的科学基础，为对策研究提供科学依据（林海，1988）。

二、地球系统科学的构建与进展

（一）形成背景

1. 古代对环境变化的认识

人类很早就认识到环境是变化的。我国古代有“东海三为桑田”的传说，《圣经》中有大洪水的描述，这些远古的神话或宗教信仰在一定程度上反映了人类对环境变化的认识。更多地，人类通过对周围自然环境的观察与总结，认识到环境的演变。公元前 8 世纪，我国古代第一部诗歌总集《诗经》的《小雅·十月之交》中就有“高岸为谷，深谷为陵”的描述（李仲均，1998）。公元前 5 世纪，古希腊的克塞诺芬尼注意到陆地上存在海洋蚌壳，从而提出海陆变迁思想。亚里士多德也认为海陆是按着一定规律呈周期性变化的（张兰生等，2017）。我国古人追求天人和谐、与自然共生，在自然环境变化及人与环境关系方面给出了诸多有借鉴意义的成果。比如被国际气象界誉为中国第五大发明的“二十四节气”的系统概念在西汉时已完成，是指导传统农业生产和日常生活的重要历法补充。

2. 近代地球科学认识

19 世纪以来，与地球科学相关的地质学、气象学、海洋学、生态学等各学科建立并发展，人们试图通过逐一解剖地球各圈层的每一细节而认识整个地球。

在地质学、地理学方面，1830 年莱伊尔出版《地质学原理》，提出地质渐变理论；1837 年阿加西提出大冰期理论，将冰川的进退与全球性的气候变化及生物变化有机地联系起来；1909 年彭克提出四次冰期模式，证明了全球性的气候变化曾发生多次；1915 年，魏格纳提出了关于地壳演化的大陆漂移学说，该学说于 20 世纪 60 年代发展为板块运动理论；1920 年米兰科维奇提出冰期天文成因理论。

在生物学、生态学方面，1825 年居维叶发表《地球表面灾变论》，发现地球发生多次巨变和物种毁灭，提出了环境变化的突变论；1859 年达尔文在其著名的《物种起源》中阐述了以渐变论为指导思想的生物进化论，揭示了生物演化的规律；1866 年海克尔定义了生态学概念，1935 年坦斯利提出了生态系统概念；1926 年，维尔纳茨基提出了生物圈的概念，指出地球表层最强的化学营力发生在地球的生物圈内。

在物理、化学方面，1896 年，贝可勒尔发现铀盐能使封闭的照相底片感光；1898 年居里夫妇发现放射性更强的钋元素，在此基础上发明放射性同位素测年法；1896 年马可尼发明了无线电；1901 年跨大西洋无线电通信开通；1924 年阿普尔顿证实了高空电离层的存在；1896 年，阿累尼乌斯指出地质年代中的 CO_2 对地球气候有调节作用，并从温室效应的原理出发首次做出了如果大气 CO_2 浓度加倍将使得地球温度升高的气候预估；1913 年法布里提出臭氧层概念；1930 年卡普曼提出臭氧层学说。

在气象学、海洋学方面，1872～1876 年“挑战号”全球航行，为海洋学建立奠定了基础；1904 年皮叶克尼斯尝试天气预报；1922 年理查德森开始网格化数值天气预报；1950 年在冯纽曼牵头下有了第一个成功的数值天气预报；1958 年查尔斯基林发现了著名的大气 CO_2 浓度变化的基林曲线（Keeling 曲线）；1960 年第一张全球卫星图片诞生，开始利用气象卫星从太空监测海洋；1978 年发射了海洋卫星。

各分支学科和新技术的发展，为全球变化和地球系统科学研究奠定了基础。尤其是 20 世纪中叶以来，以 1957～1958 年的国际地球物理年（international geophysical year，IGY）活动为标志，地球科学开始国际化。同时，科学界和一般公众对环境问题的认识不断加强，地球科学研究也受到各国政府的极大重视。1972 年，洛夫洛克提出了“盖亚假说”，强调生物圈对全球环境的调节作用。科学家也逐渐认识到地球主要组成部分间相互关联、相互反馈的重要性，地球系统科学开始萌芽。

3. 当前全球性的重大问题

近半个世纪以来，由于人类社会生产力的高速发展及人口数量的急剧增加，人对环境作用的规模也在不断扩大，由此所产生的各种环境问题也应运而生。其中，大气污染、温室气体排放、气候变暖、臭氧层破坏、土地退化、海洋环境恶化、森林锐减、物种濒危、垃圾成灾和人口增长过快是目前全球范围内产生的与环境有关的十大问题（朱诚等，2017）。这些问题与人类不可持续利用自然资源有关。其中一个主要问题就是 CO_2 以及其他温室气体等向大气的排放不仅造成了全球污染、酸雨、臭氧空洞，还引起了全球温度和气候变化。对自然资源的过度开发，导致森林、水源、生物栖息地被破坏，许多物种灭绝。反过来，不安全的水源和污染的空气，也造成了人类的疾病和死亡。这些全球性问题，超越了传统自然科学分支学科的界限，也超越了自然科学和社会科学的界限，亟须从地球系统科学角度通过国际合作共同解决。

（二）地球系统科学的构建

如前所述，地球科学的发展和人类面临的挑战促使地球系统科学构建（毕思文，2003）。1983 年，美国国家航空航天局（National Aeronautics and Space Administration，NASA）建立了地球系统科学委员会，并于 1986 年将地球系统科学作为一个专有名词提出。1988 年 NASA 出版了《地球系统科学》，提出了著名的布雷瑟顿地球系统结构图。如图 1.1 所示，该图展示了地球各系统间物理、化学和生物过程的相互作用，一系列复杂的外部条件和反馈将物理气候系统与生物—地球—化学循环耦合在一起，人类活动也是该系统的重要驱动力。《地球系统科学》首次将人类作为与太阳和地球内能并列的、能引发地球系统变化的第三驱动力。

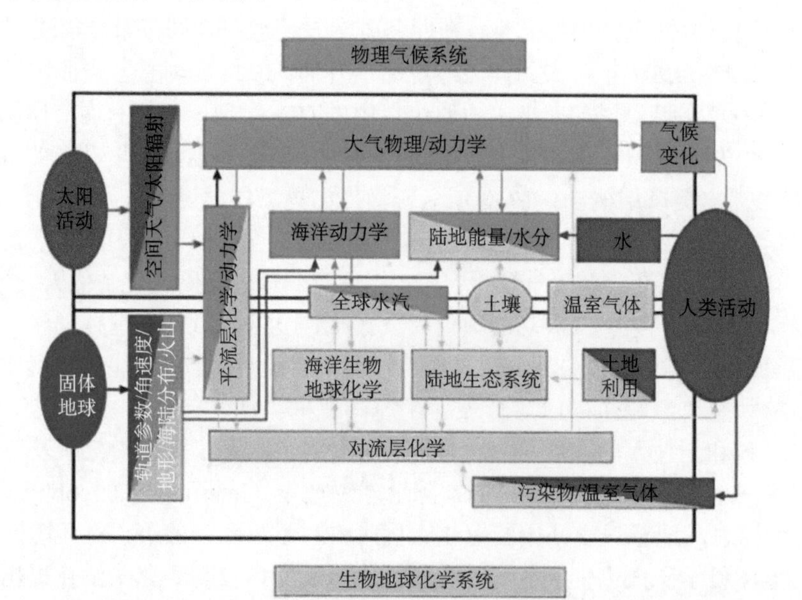

图 1.1　布雷瑟顿地球系统结构图（王斌等，2008；据美国 NASA 地球系统科学委员会）

20 世纪 90 年代地球系统观点逐渐成为地学界的共识，美国、英国、日本、中国等国家相继制定研究计划，更促使了这一学科的蓬勃发展。在 1979 年创立的世界气候计划（World Climate Program，WCP）和 1987 年的国际地圈生物圈计划（International

Geosphere-Biosphere Program，IGBP）基础上，1990 年和 1991 年又分别开展了国际全球环境变化人文因素计划（International Human Dimensions Programme on Global Environmental Change，IHDP）和国际生物多样性计划（DIVERSITAS）。与此同时，多个国家的大学将地球系统科学教育纳入课程之内，联合国的《21 世纪议程》也将地球科学作为可持续发展战略的科学基础之一。

进入 21 世纪，2001 年，WCP、IGBP、IHDP 和 DIVERSITAS 四大计划共同主办了国际性会议“变化中的地球挑战”，发布了阿姆斯特丹宣言，启动了地球系统科学联盟（Earth System Science Partnership，ESSP）。2012 年在巴西里约热内卢召开的联合国可持续发展大会上，提出了“未来地球计划”（Future Earth）（2014～2023 年）国际科学计划，2015 年 IGBP、IHDP 和 DIVERSITAS 合并到 Future Earth，进一步加强自然科学与社会科学的沟通与合作，为全球可持续发展提供必要的理论知识、研究手段和方法。

（三）地球系统科学的新认识

根据 IGBP 第四次报告，人们对地球系统科学的新认识主要如下（Steffen et al.，2006）。

1. 地球系统是一个自调节系统

地球的物理、化学、生物和人类各成分之间的相互作用与反馈非常复杂，并且具有多尺度的时空变化。生物过程与物理和化学过程间的强相互作用形成了行星环境，而生物过程在维持地球的可居住性方面的影响要远大于我们之前的认知。生命、碳循环、大气中的温室气体、地球表面的温度之间是相互关联、相互影响的。

2. 全球变化不仅仅是气候变化

除了温室气体排放和全球变化之外，人类活动还以很多方式影响着地球的环境。人类活动在多方面显著地影响着地球系统，这些变化超过了自然变率，其中一些还正在加强。人类引起的改变可以清晰地与自然的变化区分开来，其影响程度和强度与自然界的一些大型自然力相当。鉴于这种人为改变的强度，人类正迈入一个新的地质时期——人类纪（anthropocene）。

3. 人类活动以复杂的方式造成了地球系统中多个相互影响的连锁效应

全球变化不能通过简单的因果关系模式来进行理解。人类活动引起的变化以复杂的方式对地球系统产生多重影响，这些影响之间以及这些影响与局部和区域尺度的变化之间也以多维模式相互作用，这很难理解而且难以进行预测。

4. 地球动力学的特点是临界阈值和突变

人类活动可能在不经意间引发对地球系统来说灾难性的改变。事实上，这种变化几乎是无法避免的，如平流层中臭氧层的消耗。在过去的 50 万年中，地球系统在不同的准稳态运行，间或有突变发生。人类活动显然有可能转换地球系统的运转模式，而这种转换被证明是不可逆的。地球系统运转模式的改变会导致气候突变。地球目前处于一种从没有过的状态。在一些关键的环境参数上，地球系统已经超出过去50万年发生的自然变率范围。目前地球系统中同时存在的各种变化的数量与发生频率等都是空前的，地球系统正在以前所未有的状态运行。

第二节　地球圈层及相互作用

一、地 球 圈 层

地球自身是一个具有同心圈层结构的非均质体，以地球固体表面为界分为内圈和外圈，内圈和外圈又可再分为几个圈层，每个圈层都有自己的物质运动特征和物理化学性质。外部圈层根据物质性状可分为大气圈、水圈和生物圈，内部圈层则包括地壳、地幔、地核三大圈层（冯士筰等，1999）。

（一）大气圈

大气圈是包围着地球的气体，厚度有几万千米，总质量约 5.136×10^{18}kg（不到地球总重量的百分之一）。受地心引力作用，地球表面的大气最稠密（约有3/4集中在地面到100km高度范围内，1/2集中在地面至10km高度范围内），向外逐渐稀薄，过渡为宇宙气体，故大气圈无明确上界。大气有明显可压缩性，其密度和压力与温度成反比，并与高度成反比，以海平面的密度和压力最大。根据温度和密度等大气物理特征可将大气圈自下而上分为对流层、平流层、中间层、热成层和外逸层，其中与人类关系最密切的是对流层和平流层。

1. 大气化学成分

地球大气由多种气体组成，并掺有一些悬浮的固体和液体微粒。在85km高度以下的各种气体成分中，一般可分为两类。一类称为定常成分，各成分间大致保持固定比例，这些气体主要是氮（N_2）、氧（O_2）、氩（Ar）和一些微量惰性气体，如氖（Ne）、氪（Kr）、氙（Xe）及氦（He）等；另一类称为可变成分，这些气体在大气中的比例随时间、地点而变，其中包括水汽（H_2O）、二氧化碳（CO_2）、臭氧（O_3）和一些碳、硫、氮的化合物。通常把除水汽以外的纯净大气称为干洁大气，简称干空气。其中氮、氧、氩三种气体占空气容积的99.66%，如果再加上CO_2，则剩下的次要成分所占容积是极微小的。含有水汽的空气称为湿空气。大气中水汽仅占地球总水量的0.001%。大气中水汽的主要来源是水面，特别是海洋表面的蒸发。水汽上升凝结形成水云或冰云以后，又以降水的形式降到陆地和海洋上。

2. 大气基本环流

在大气圈中，由于各处空气的温度和压力有差别，从而驱使空气运动；地球自转、海陆地形等也影响空气运动，结果导致地球大气极复杂的运动。大气圈内空气的平均运动情况，或空气不同规模运动的总称叫“大气环流”：大气环流是大气中热量、动量、水汽等输送和交换的重要方式，成为各种天气和气候的主要因素。

从全球平均的纬向环流看，在对流层里，最基本的特征是：大气大体上沿纬线圈方向绕地球运行。在低纬地区常盛行东风，称为东风带，又称为信风带，北半球为东北信风，南半球为东南信风；中纬度地区则盛行西风，称为西风带；在极地附近，存在较浅薄的弱东风，称为极地东风带。

从全球径向环流看，在南北方向及垂直方向上的平均运动构成三个经圈环流：低纬度为哈德来环流（Hadley cell）（关于 Hadley cell 的详细介绍见第三章），中纬度地区的环流称为费雷尔环流（Ferrel cell）；在高纬地区，则称为极地环流（Polar cell）。

南北半球信风辐合形成的赤道辐合带（intertropical convergence zone，ITCZ）看起来像环绕全球赤道地区附近的云带。这条实心的云带可以延伸几百英里①，有时也会被分成较小的段，其位置随太阳季节性地变化，在北半球的夏季向北移动，冬季向南移动。赤道辐合带是热带地区雨季和旱季产生的原因。

（二）水圈

水圈是地球表层的水体，占地球总质量的 0.024%。其中绝大部分汇集在海洋里（占总水量的 97%），另一部分分布在陆上河流、湖沼和表层岩石的孔隙中。此外，地球上的水还以固态水（两极和山地的冰川）或水汽的形式存在，其中冰川约占总水量的 2%。陆上江河湖沼的水直接或通过水汽、地下水与海洋相通，所以地球上的水体构成了包围地球的完整圈层——水圈。水圈既独立存在，又渗透于大气圈、岩石圈和生物圈中，并在其间不断循环。水循环是地球外部圈层物质循环最重要的方式之一。

1. 海洋

1）地形地貌

地球总表面积约 5.1×10^{8}km^{2}，分属于陆地和海洋。如以大地水准面为基准，陆地面积占地球总表面积的 29.2%，海洋面积则占地球总表面积的 70.8%。海陆面积之比为 2.4∶1，可见地表大部分为海水所覆盖。

地表海陆分布极不均衡。在北半球，陆地占地球总陆地面积的 67.5%；在南半球，陆地占地球总陆地面积的 32.5%。北半球海洋和陆地的比例分别为 60.7%和 39.3%，南半球海陆比例分别是 80.9%和 19.1%。地球上的海洋，不仅面积超过陆地，而且它的深度也超过了陆地的高度。海洋的平均深度达 3795m，而陆地的平均高度却只有 875m。如果将高低起伏的地表削平，则地球表面将被约 2646m 厚的海水均匀覆盖。

地球上的海洋是相互连通的，构成统一的世界海洋。其中主体部分通常被分为四个大洋，即太平洋、大西洋、印度洋和北冰洋。太平洋是面积最大、最深的大洋，其北边以白令海峡与北冰洋相接；东边以通过南美洲最南端合恩角的经线（68°W）与大西洋分界；西边以经过塔斯马尼亚岛的经线（146°51′E）与印度洋分界。印度洋与大西洋的界

① 1 英里=1.609344km。

线是经过非洲南端厄加勒斯角的经线（20°E）。大西洋与北冰洋的界线是从斯堪的纳维亚半岛的诺尔辰角经冰岛、过丹麦海峡至格陵兰岛南端的连线。北冰洋大致以北极为中心，被亚洲、欧洲和北美洲所环抱，是世界最小、最浅、最寒冷的大洋。

按照水平空间区域划分，海洋（包括其边缘）的地貌可以划分为三大区域：海岸带、大陆边缘和大洋底。稳定的大陆边缘由大陆架、大陆坡和大陆隆三部分组成。大洋底由大洋中脊和大洋盆地两大单元构成。

地形和尺度比对海水运动具有重要影响。大洋的水平跨度最小为大西洋的最窄处，约 1500km，最大为太平洋和大西洋的南北跨度，约 13000km，而典型深度仅 3～4km。因此，大洋盆地的水平尺度比垂向尺度大 1000 倍。太平洋的尺寸（10000km 宽、3km 厚）与一张薄纸（25.4cm 宽、0.00762cm 厚）类似。洋盆深宽比的小比例对于理解海流的特点十分重要，其垂向速度要远小于其水平速度。在几百公里的尺度上，海流的垂向速度小于水平速度的 1%，我们可以以此来简化运动方程。

2）化学成分

海水是一种非常复杂的多组分水溶液，已被发现海水化学物质及元素有 92 种，其中氯（Cl^-）、钠（Na^+）、镁（Mg^{2+}）、硫（SO_4^{2-}）、钙（Ca^{2+}）、钾（K^+）、溴（Br^-）、锶（Sr^{2+}）、硼（HCO_3^-）、碳（CO_3^{2-}）、氟（F^-）等 11 种成分的浓度大于 1×10^6mg/kg，还有以分子形式存在的 H_3BO_3，其总和占海水盐分的 99.9%，其他含量甚微。溶于海水的气体成分主要有氧、氮及惰性气体等。

海水中的营养元素主要有氮（N）、磷（P）及硅（Si）等，有机物质以氨基酸、腐殖质、叶绿素等为主。海水中溶解有大量碳化合物，其中无机碳的主要形式为 HCO_3^-、CO_3^{2-}、H_2CO_3 和 CO_2。溶解的 CO_2 可以与大气中的 CO_2 进行交换，这个过程起着调节大气 CO_2 浓度的作用。因此近年来科学家对大气与海洋的 CO_2 交换过程十分重视，生物地球化学过程与物理过程耦合机制成为研究的重点。

3）基本环流特征

海流是指海水大规模相对稳定的流动，是海水重要的普遍运动形式之一。所谓“大规模”是指它的空间尺度大，具有数百、数千千米甚至全球范围的流域；“相对稳定”的含义是在较长的时间内，如一个月、一季、一年或者多年，其流动方向、速率和流动路径大致相似。海流一般是三维的，既有水平方向流动，也有垂直方向上的流动。当然，由于海洋的水平尺度（数百至数千千米甚至上万千米）远远大于其垂直尺度，因此水平方向的流动远比垂直方向上的流动强得多。尽管后者相当微弱，但它在海洋学中却有其特殊的重要性。习惯上常把海流的水平运动分量狭义地称为海流，而其垂直分量单独命名为上升流和下降流。

大洋上层环流总特征可以用风生环流理论加以解释。太平洋与大西洋的环流型有相似之处：在南北半球都存在一个与副热带高压对应的巨大反气旋式大环流（北半球为顺时针方向，南半球为逆时针方向）；在它们之间为赤道逆流；两大洋北半球的西边界流（在大西洋称为湾流，在太平洋称为黑潮）都非常强大，而南半球的西边界流（巴西海流与东澳海流）则较弱；北太平洋与北大西洋沿洋盆西侧都有来自北方的寒流；在主涡旋北部有一小型气旋式环流。各大洋环流型的差别与它们的几何形状不同有很大关系。印度洋南部的环流型，在总的特征上与南太平洋和南大西洋的环流型相似，而北部则为季风型环流，冬夏两半年环流方向相反。在南半球的高纬海区，与西风带相对应为一支强大的自西向东绕极流。另外在南极大陆沿岸尚存在一支自东向西的绕极风生流。

除了上层风生环流，海洋中还有南北向的、从海表到海底的经向翻转环流（meridional overturning circulation，MOC），该环流还反映了海洋大尺度水团的交换，包括大洋深层氧气的供给来源，整个环流时间尺度约为 2000 年（Simmons，2008）。图 1.2 给出了经向翻转环流的示意图，以大西洋为例，其过程如下：表层海水向大气释放热量并输送纯水；表层水变得冷且咸，密度足够大，以下沉到挪威海和拉布拉多海的底部；底层水沿西边界流向南流动，与威德尔海和罗斯海生成的南极底层水，进入南极绕极流（Antarctic circumpolar circulation，ACC）；深层水通过混合或风驱动上升流向上运动，到达海洋表层；表层水跨过赤道向北输送并最终进入湾流，将南大西洋的热量向北输送；北大西洋中下沉的水大部分会被南大西洋输送来的水替换。北大西洋深层水的形成导致大量热量向北输送，赤道大西洋所吸收的太阳辐射能向北输送，大西洋的热量净传输方向向北（南半球也是向北的），使得欧洲和北大西洋变暖。

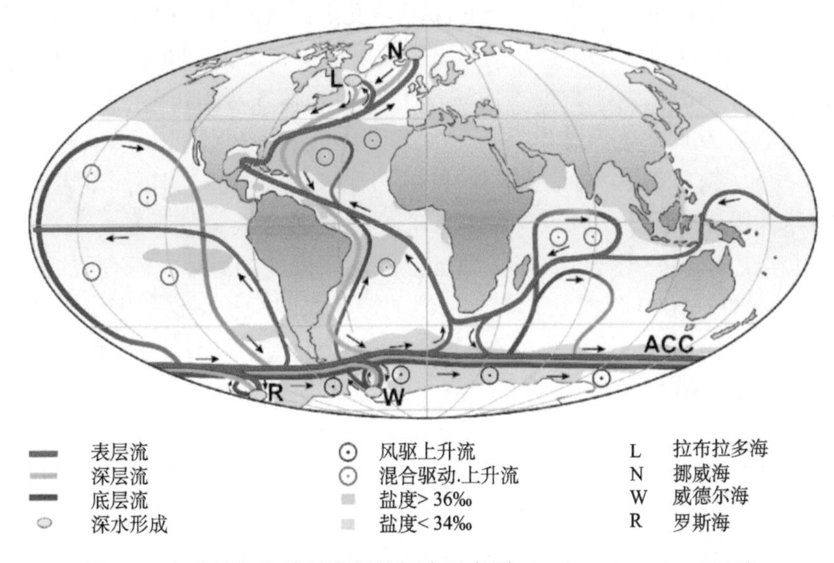

图 1.2　全球经向翻转环流相关环流示意图（Delworth et al.，2008）

2. 冰圈（cryosphere）

1）基本情况

地球上有部分水是固体状态的冰或雪，这部分冰雪覆盖了地球表面积的 5.7%，涵盖了地球约 2.05%的水（97.5%的水在海洋中），且主要以冰盖（ice sheet）、冰川（glaciers）、冰架（ice shelf）、海冰（sea-ice）、雪（snow）和霜（perma-frost）的形式存在。

冰主要分布在地球的两端，即南极和北极，此外在地球中部很多地方也存在，如高山顶部、冬季结冰的河流等。冰的厚度、空间范围以及冰覆盖范围内的无冰水面的比例可以迅速且显著地对天气和气候变化进行响应。冬季后期北冰洋的海冰覆盖面积通常为

14×10^6～$16\times10^6km^2$，南极则为 17×10^6～$20\times10^6km^2$。平均而言，冰盖覆盖面积的季节性变化南极较大，夏季结束时南极的覆盖面积只有 2×10^6～$4\times10^6km^2$，北极约 $7\times10^6km^2$。在过去的十年里，北极地区的冰盖覆盖面积的年最低值仅为 3.5×10^6～$5.5\times10^6km^2$①。

2）重要作用

陆地上的冰反照率较高，新雪约 0.95，陈雪约 0.4，而地球的平均反照率为 0.3，普通海洋仅为 0.08（反照率是指被地面反射的太阳辐射与到达地球表面的太阳辐射的比率）。在陆地和海洋上的冰盖大大降低了进入气候系统的热量。冰盖还降低了水汽蒸发，减少了向大气的潜热输送（通过水汽蒸发，海洋对大气的潜热输送是大气能量的主要来源）。冰雪覆盖对全球环境的另外一个重要影响就是海平面。如果全球陆上的冰融化将会使海面升高 80m。20 世纪以来海面上升速率大约 1.55mm/年，尽管当中约一半的增长被认为是由于海水的热膨胀而不是冰融化。从以上内容，我们还可以看到，冰盖对海洋深层水和底层水的形成具有极大影响，从而影响海洋热盐环流、热量输送和全球气候。

3）变化

近年的卫星数据表明局地冰盖面积和海冰厚度大幅度减小。1979 年以来，北极地区的冬季海冰覆盖面积以每十年 3%～4%的速度减小（Meier et al.，2006）。Kwok 和 Rothrock（2009）通过对 42 年潜艇观测数据（1958～2000 年）和 5 年 ICESat 观测纪录（2003～2008 年）的分析，发现北极海冰厚度从 1980 年的 3.64m 减少到 2008 年的 1.89m，减少了 1.75m。Laxon 等（2013）对比 2003～2008 年和 2010～2012 年两个时期海冰体积，确定北极海冰体积夏末减小了 $4291km^3$，冬末减小 $1479km^3$。

不同于北极，Cavalieri 等（2003）研究显示南极地区的海冰面积有所增加，但幅度很小。相对于 1981～2010 年基线，南极海冰的覆盖面积增长率为每十年 1.1%。海冰的增长可能是风和海洋环流共同作用的结果。风场的变化有可能导致冰的压实和起垄，使其更耐融（Zhang，2012）。

（三）生物圈

生物圈是地球上生物（包括动物、植物和微生物）生存和活动的范围。现代地球的大气圈、水圈和岩石圈构成了一个适宜生命存在的环境。地球独特的天文条件，加上大气圈、水圈和生物圈本身的调节作用，提供了适于生命的各种气候条件；磁层和大气层将有害于生命的高能辐射和带电离子阻挡或吸收；生物通过呼吸或光合作用在大气中进行着必不可少的氧与 CO_2 的交换；水圈和岩石圈为生物提供着必需的水分和矿物养料等。这样，在岩石圈上部、大气圈下部和水圈的全部，到处都有生命的踪迹。生物所导致的或以生物活动为中心的物质循环不仅是地球各圈层间物质循环的重要内容，还是各圈层相互联系的重要纽带。

在太阳系中，地球是唯一具有水圈和生物圈的行星，其大气圈也是独特的。这是地球在得天独厚的天文条件下不断演变的结果。大气圈、水圈、生物圈和岩石圈在地表附

① 参考 https://nsidc.org/cryosphere/sotc/sea-ice.html。

近相互渗透、相互交错和相互重叠，又使地球上形成了独特的表面自然环境和表层物质结构。在地球表层，通过水、生物以及其他各种物质循环进行着彼此间复杂的能量和物质交换。

陆地生物圈，是很多温室气体的自然源，尤其是CO_2、甲烷和氧化氮。陆地生物圈还是水圈的重要组成部分，如植被覆盖可以改变降雨进入土壤的比率，决定了蒸腾作用和光合作用的水平。当风吹过植被时还增加了大气底边界层摩擦和动量耗散，摩擦拖曳系数是植被覆盖的函数。

海洋生物圈，我们重点关注海洋生态学，包括复杂细微的海洋生态过程，也有大海洋生态系统和全球变化。其中生物生产过程是一个重要研究方面，因为研究海洋生态系统的生物生产过程有重大意义。首先，海洋生物生产过程决定了生物资源的产生、发展和转变。其次，海洋生态系统与环境、气候变化过程是紧密耦合的，其中生物生产过程对全球气候变化的作用不容忽视，如生物生产所利用的大气CO_2的量，直接影响着温室效应。

海洋生态系统普遍存在反馈现象。当生态系统中某一成分发生变化的时候，它必然会引起其他成分出现一系列的相应变化，这些变化最终又反过来影响最初发生变化的那种成分，这一过程即为反馈。反馈有两种类型，即负反馈（negative feedback）和正反馈（positive feedback）。负反馈是比较常见的一种反馈，它的作用是抑制和减弱最初发生变化的成分所发生的变化，反馈的结果是使生态系统达到和保持平衡或稳态。正反馈是比较少见的，它的作用恰好与负反馈相反，即生态系统中某一成分的变化引起其他一系列的变化，反过来不是抑制而是加速最初发生变化的成分所发生的变化，因此，正反馈的作用常常使生态系统远离平衡状态或稳态。从长远看，生态系统中的负反馈和自我调节将起主要作用。

（四）岩石圈

地球物理学家对天然地震波传播方向和速度的研究证明，地球内部物质呈同心层圈结构。在各圈层间都存在着地震波速度变化明显的界面（或称不连续面），其中最重要的界面有莫霍面（M 面）和古登堡面（G 面），它们把地球内部分为地壳、地幔和地核三大圈层。地幔又分为上地幔和下地幔，地核又分为外核和内核。根据地震波横波速度的变化，地球上部进一步划分出软流圈和岩石圈。

地圈是地球的固体部分和最外层，大部分位于海洋底部，形成海底，部分形成地球上的岛屿和大陆。它由岩石和矿物组成。地圈还包括地球上所有的非生物部分和动物风化的骨骼。地圈变化可以是内部过程引起，也可以是外部过程引起。内部过程包括板块运动、火山活动和变形。外部过程涉及侵蚀、沉积和风化等外部地质过程，以及水和风等外部地质营力。

20 世纪 60 年代诞生于海洋地质领域的板块构造学说，以活动论观点为主导，对奠基于大陆的传统地质学理论提出了挑战，引发了一场“地球科学革命”，不仅改变了地球科学的结构，还改变了地球科学人员的思维方式。目前，板块构造学说几乎已影响到地球科学的所有领域，是研究海底构造的理论核心和指导思想。也有研究显示，宇宙中其他星球如火星也有着类似地球板块划分的特点。

根据板块构造学说，全球地圈可分为六大板块，即太平洋板块、亚欧板块、印度洋板块、非洲板块、美洲板块以及南极板块。板块内部是相对稳定的，很少发生形变；板块边界则是全球最活动的构造带，全球地震能量的95%是通过板块边界释放的。根据板块边界上的应力特征，参考其地质、地貌、地球物理及构造活动特点，可将板块边界划分为拉张、挤压和剪切三种基本类型。板块构造学说认为是板块运动及其相互作用导致了目前海陆的分布格局，地球表面形态的变化，全球（含洋底）山脉的形成，地震、火山和构造活动等。

板块构造学说的创立是人类对地球认识的一次重大突破。它打破了传统地球表面海陆位置固定的地球观，建立了使人们相信大陆在移动的全新地球观。尽管板块构造学说取得了巨大成功，但该学说依然存在其形成以来就存在的问题，即板块动力、板块起源及板块上陆三大问题，其中驱动板块运动的动力机制是最为重要的问题，也是亟待解决的问题。

二、圈层相互作用

地球作为一个统一的动力系统，其内部各个圈层的活动相互影响。考虑与我们人类息息相关的外部圈层，即大气圈、水圈、生物圈和岩石圈，它们既有内部的变化，也有相互的交流，其相互作用也时刻改变着我们人类所在的环境。在几个圈层中，海洋在地球热量、物质的运输与存储方面都扮演着极为重要的角色。海洋是一个体积庞大的热库。由于海水比热容远高于大气和陆地，所以地球表层的热量很多被储存在海洋内部，并且海水能较为高效地溶解 CO_2、氧气、硫化气体、氮盐等物质，所以海洋同时是固碳、固氮物质储存的巨大宝库。海洋在全球气候变化中具有至关重要的作用。

（一）热带和极地的海气相互作用

海洋和大气是密不可分的耦合系统。大气风场是驱动海水运动的重要作用力，海水蒸发潜热和红外热辐射又是大气热量和运动的主要能量来源。不仅有能量交换，海洋和大气之间通过海气界面的物质交换也十分活跃，海洋吸收大气中的 CO_2，大气补充了海洋中的溶解氧，海面飞沫又将大量盐分物质输送到大气中。海洋中的浮游植物甚至可以通过二甲基巯基丙酸（DMSP）影响大气云的形成（Thomas et al.，2010）。

大气和海洋组成了耦合系统，在海气界面上进行热量、动量和水的交换。从长期来看，海洋热输运的辐聚/辐散为大气提供了热能的源/汇，在一定程度上形成了地球的平均气候系统。对大气和海洋相互“感应”程度的理解和分析是大尺度海气相互作用的研究主体。

大尺度海气相互作用过程中，热带和极地是两个典型的海区。在热带海区，海洋通过对大气的加热驱动大气环流。太平洋非常辽阔，在赤道上东起厄瓜多尔西至苏门答腊西岸，横跨 176 个经度，约半个地球大小。太平洋吸收的太阳辐射足以驱动大气环流。赤道太平洋及之上的大气是个巨大的可将太阳能转化为风动能的热机。因此，太平洋上海气交换的微小变化将对气候产生重要的影响。其中，最显著、最为熟知的一种海气交换扰动被称为厄尔尼诺（El Niño）/拉尼娜（La Niño）或厄尔尼诺-南方涛动（El Niño-Southern Oscillation，ENSO）（详细内容见第三章）。

在极地地区，大西洋西边界的湾流对北半球气候起到了至关重要的作用。湾流是大洋经向翻转环流的重要部分，是大量热量自热带输送到北大西洋高纬地区的主要海流。在冬季，这些热量被释放给位于大洋之上、东移的大气，从而极大地改变了北欧地区的冬季气温。比较全球大洋的表层海温分布，大西洋和太平洋之间最为显著的差异位于北半球高纬地区，东北大西洋较之同纬度的北太平洋要温暖得多。北大西洋的这一暖海温，使得北欧气候较之同纬度的其他地区要温和得多。换言之，如果英国位于北太平洋的东岸，其气候就要冷得多。

地球历史上的典型温度快速变化，如新仙女木事件（YD 事件）、Dansgaard-Oeschger 事件（D-O 事件）、海因里希（Heinrich）（H 事件），通常认为与经向翻转环流/湾流的减弱和崩溃有关系。研究认为，突然释放的冰川融水稀释了北大西洋，从而关闭了翻转环流，引起区域内的剧烈降温（McManus et al.，2004）。在最后一个冰河时期的 D-O 事件和上一个间冰期的新仙女木事件，欧洲和其他涉及区域的冬季气温变化高达 30℃（Wunsch，2006）。这些信息都被记录在格陵兰冰芯中。南海北部大约在 11000 年前开始出现气候短期旋回，表现为冬季海温下降 2.7℃。南海南部也发现新仙女木信号，只是与南海北部相比，变化幅度较小。冰芯资料表明，新仙女木期持续 1150～1300 年，然后在大约 10 年之内突然结束。格陵兰冰帽冰芯的氧同位素曲线揭示，末次冰期旋回中存在一系列快速的升温事件（D-O 事件）。每一个 D-O 事件持续时间为 500～2000 年不等，升温幅度达 5～8℃；北大西洋深海沉积物中也发现末次冰期存在多次冰筏碎屑沉积记录（H 事件）。

对湾流和热盐输送带在气候变化中的重要作用，也有研究提出了不同的看法。有学者认为湾流和大洋环流的减缓产生的变冷趋势并不会改变大西洋两岸的温度差异，也不会使欧洲回到冰川世纪，认为这种变冷的趋势甚至可能被温室气体增加产生的辐射升温所抵消。Seager 和 Battisti（2007）还提出大气环流机制的改变才是诱因。Renssen 等（2015）指出 MOC 减弱、辐射负反馈和大气环流改变等多种机制共同作用才能引起新仙女木等冷事件。Chen 和 Tung（2014）发现大西洋经向翻转环流（AMOC）减弱时会导致气候变暖加剧，这种影响作用与古气候背景下 AMOC 增强（减弱）引起经向热输运增加（减少）导致北半球气候变暖（变冷）的作用相反。

（二）海洋对气候系统的反馈

如海洋生态系统普遍存在的反馈作用，气候系统中也包含多种重要的反馈机制，这些反馈过程和反馈机制在气候变化过程中起着非常重要的作用。气候系统所包含的反馈过程既有正反馈过程也有负反馈过程。气候系统中存在的重要的反馈过程包括水汽反馈、冰雪反照率反馈、云反馈、海洋反馈、陆面反馈、碳循环反馈等（孙颖，2010）。

海洋的反馈作用主要通过以下三个方面来实现（孙颖，2010）。首先，海洋是大气中水汽的主要来源，一旦温度变化通过海洋蒸发过程可以影响大气中水汽含量的变化，就可以再进一步影响气候变化。这一过程也是跟水汽反馈密切联系的。其次，海洋的热容量很大，海洋所具有的大的热惯性对大气变化的速度起着重要的控制和调节作用。在气候系统的变化中，海洋变暖要比大气变暖慢很多。也就是说，想要使海洋温度增高，比大气升高同样的温度所需的热量要大很多。最后，海洋环流可以输送热量，使得热量在整个气候系统中重新分配。海洋环流引起的热量输运对于不同纬度的热量分配的影响是很大的，如在西北欧和冰岛之间，输入的热量与该地区海表面接收到的太阳辐射量相近。这种海洋环流热量输运的影响也是北欧地区冬季气温偏暖的主要原因。如果这种海洋环流减弱，所伴随的低纬向中高纬的热量输运减弱，可能会导致北欧地区气温的明显降低，也就是会导致中高纬地区气候的变冷。

在云反馈中，位于海洋上空的海洋边界层低云是产生云反馈重要的云类型，而这种海洋边界层低云的变异又与其下垫面的海表面温度的变异有着密切的联系。云对辐射可以产生强烈的吸收、反射或放射作用，这些作用称作云的反馈作用。云的反馈作用十分复杂，其反射强度和符号取决于云的具体类型、高度和光学性质等。一方面，云对太阳辐射可以产生反射作用，将其中入射到云面的一部分太阳辐射反射回太空，从而减少气候系统获得的总入射能量，因此对气候系统来说具有降温作用。另一方面，云能够吸收云下地表和大气放射的长波辐射，同时其自身也放出热辐射，可以产生与温室气体和温室效应类似的作用，从而能够减少地面向空间的热量损失，可以使云下层温度增加。云的总反馈作用是正或负取决于以上两种作用哪一种占优势。一般来说，低云以反射作用为主，对气候系统有冷却的效果，因此，海洋边界层低云又被称为“气候的冰箱”。相反地，高云则以被毯效应为主，常使地面增暖。目前的气候模式对云的模拟还存在很大的误差和不确定性，各气候模式中云反馈的差异也是各模式间气候敏感性明显不同的主要原因，提高气候模式中对云反馈的表征能力也是提高模式对未来气候预测准确性的重要途径。在现代气候中，从全球平均的云辐射强迫来看，云对气候有冷却作用。在全球变暖条件下，云对气候的冷却作用可以增强或减弱，从而产生对全球变暖的辐射反馈。如果反射性为主的云增加，则全球平均表面气温减少，形成负反馈过程；如果反射性为主的云减少，则全球平均表面气温增加，形成正反馈过程。气候变化对云的变化十分敏感，云量、云的面积和结构等性质的变化都可以对模式模拟的气候过程产生重要的影响，这些都会显著地影响气候模式的敏感性。云的反馈作用也是气候变化及其模式预测中最不确定的因子之一，模式对云的模拟准确性也会显著地影响全球气候变化的数值计算与未来预测（孙颖，2010）。

在冰雪反照率反馈中，冰雪的状况也与高纬度和极地海洋的环境变化密切相关。冰和雪的表面是太阳辐射的强烈反射体，反照率是衡量这种反射能力的定量量度物理量。冰雪反照率反馈是一种正反馈过程，可以通过冰雪的改变进一步加剧初始的气候变异。如果具有低反照率的海面或者陆面被高反射率的海冰所覆盖，地表所吸收的太阳辐射将不到原先的一半，因此地表将进一步降温。气候变暖后，高反射率的冰雪覆盖将出现融化而明显减少，导致反照率降低，进入的太阳辐射量增加，这会造成进一步的增温和变暖。冰雪反照率正反馈的作用可能会导致极地区域的增暖信号相比其他区域有加强的现象。

另外，在碳循环反馈中，海洋也是全球碳循环中的重要组成部分。气候通过对陆地生物圈和海洋的影响改变 CO_2 的源和汇，从而改变温室气体在大气中的含量和浓度，可以进一步改变温室效应的强度，使得全球气候和气温发生进一步的变化。碳循环反馈过程的时间尺度较长，属于慢反馈过程。

总之，以上的多种气候反馈过程都与海洋环境密切相关，都离不开全球海洋的影响，海洋可以对气候系统产生非常重要的反馈。

（三）海陆气相互作用

1. 直接作用

地圈对于地球上的生命是非常重要的，它决定了人类生存的大部分环境，决定了矿物、岩石和土壤分布，产生了危险但塑造地貌的自然灾害现象。山脉的分布、大陆的位置、海底的形状以及主要河流和洪泛区的位置在很大程度上是地球圈中发生过程的产物。矿物资源的分布，如石油、煤炭、金属矿物，甚至砂石，是大多数国家经济成功的基础。

地球内部圈层结构与地面上大气和海洋流体圈的直接联系就是通过火山喷发和地热活动产生的。火山喷发尤其是大规模的火山喷发可以向平流层输送很多的物质和气体，这些可以影响到臭氧层，更重要的是对太阳辐射造成屏障，减少了能量输入。例如，1991年菲律宾 Mount Pinatubo 火山喷发，使得夏威夷 Mauna Loa 的入射辐射量在一年中减少了 10%（Ollila，2016）。同样，1982 年墨西哥 El Chichon 火山喷发，使得数月内入射辐射减少了 15%以上。但是并不是所有火山喷发都有此效应，如果喷发进入对流层，大气中灰尘可以很快被降雨冲洗。在海底，地热为深海海水性质变化和海水动力过程提供了能量。例如，在北极附近的加拿大海盆，地热使得 2400m 以下的海水温度随深度增加，从而产生了一种特殊的双扩散对流运动，其典型特征为温盐剖面的阶梯结构。地圈还决定了大气和海洋的边界条件，这些边界条件可以从根本上改变海洋和大气的气候系统。地球内部熔岩的对流运动以及大气环流异常造成的地球上物质分布不均匀，使得角动量发生变化，地球自转周期因此发生变化（Mörner，2016）。

2. 东亚地区海陆气相互作用

东亚地区西倚世界屋脊——青藏高原，东临太平洋，西临印度洋，地形多变，周边海陆分布复杂，其海陆气相互作用过程远比其他地区复杂。赤道地区是海气相互作用最活跃的地区，而东亚区域则是全球海陆气相互作用最为复杂的区域之一。

青藏高原是东亚季风气候系统中非常特殊且重要的地形。青藏高原面积达 $250\times10^4 km^2$，约占我国陆地面积的四分之一，高原主体大部分地方海拔超过 3000m，直达对流层中层。如此庞大的地形，冬季位于西风带中，夏季则处在东、西风带的交界处，对大气环流有重要影响。早在 20 世纪 50 年代，Yeh（1950）发现冬季高原的阻挡使得北半球中高纬的西风带急流产生绕流分叉，在高原的南、北两侧各形成一支急流，东亚地区大气环流的季节转换具有突发性特点，与高原的影响有关。除了地形的机械扰动，研究者又发现了高原的热力效应。叶笃正等（1957）发现高原在夏季是大气的热源，高原抬升作用对大气的季节性加热激发了亚洲季风的爆发。Wu 和 Zhang（1998）指出，高原的热力和机械强迫作用是亚洲季风爆发呈阶段性和区域性变化的一个重要因子。

青藏高原不仅对东亚气候有重要影响，其抬升热源对北半球乃至全球气候也有重要影响。从冬到夏，青藏高原大气热源逐渐加强，在夏季达到最强，其直接造成了当地强烈的上升气流，在对流层上层形成庞大的南亚高压，而在高原及其邻近地区的低层为低压系统。

在纬向上，青藏高原上升气流的一支在对流层里向东流到东太平洋下沉，其中一部分与北美的较弱上升气流汇合后继续向东流并在大西洋东部下沉；而高原上升气流的另一支进入平流层低层并向西流到欧洲上空下沉，这样就在北半球对流层中形成了一个庞大的顺时针垂直环流，即北半球中纬度纬向环流。它的两个中心分别在东太平洋和大西洋对流层低层。同时在对流层上层——平流层低层形成一个逆时针垂直环流，其中心在高原上空。这表明在北半球中纬度地区存在着类似于热带太平洋沃克环流的大尺度纬向环流，并且其水平尺度比沃克环流还大。在经向上，一个大尺度的逆时针垂直环流出现在青藏高原与南印度洋中纬度之间，其中心在南半球热带低层，这里称为青藏高原-南印度洋经向环流。其深厚的上升运动仍然位于青藏高原及附近地区，下沉运动主要在南半球中、低纬度。类似的经向环流也出现在中国东部大陆与其南侧的热带海洋之间，其上升运动最强在 20°N 以南。由于我国东部位于该垂直上升运动区的北缘，低层的垂直运动较弱，因此我国东部降水与纬向环流的关系可能比其与东亚经向环流的关系更紧密。此外，这些经向环流削弱了季风区的 Hadley 环流（Wu and Zhang，1998）。

青藏高原与东太平洋大气环流之间也存在着密切联系，而亚洲-太平洋涛动（Asian-Pacific Oscillation，APO）就是其中的一个大尺度遥相关现象。APO 是指在年际和年代际尺度上亚洲与太平洋中纬度对流层温度之间的一种“跷跷板”现象，即当亚洲大陆对流层偏冷（暖）时，中、东太平洋对流层偏暖（冷）。春、夏季青藏高原抬升加热异常可以激发出 APO 遥相关型。夏季青藏高原抬升加热年际变率可以通过影响大尺度遥相关，进一步对北半球更大范围的气候产生影响。夏季青藏高原加热异常变化对北美洲和欧洲大陆中纬度降水有显著影响。青藏高原上升气流可以沿着青藏高原-南印度洋经向环流越过赤道进入南印度洋上空。当增强青藏高原抬升加热时，亚洲大陆对流层温度升高，正温度异常从亚洲大陆向南、向上扩展到南印度洋热带和副热带地区，使这些地区对流层温度增加，同时在南印度洋中高纬度的对流层中低层产生负温度异常，指示着温度下降。

3. 海陆边界作用

在海陆边界处，陆地径流向海洋输送了大量的物质，也对近海海水运动和生物化学过程产生着重要影响。近年来，陆地与海洋界面的海岸带受到了研究者的关注。

尽管现代海岸带只占世界海洋表面水体积的 0.5%，但它对全球生物地球化学循环、气候变化及海岸生态系统有很大影响，既是全球物质循环平衡的重要因素，也是全球资源的一个重要组成部分。海岸带在全球物质循环和气候变化中扮演着重要角色，其流域水文和河口的水动力、生态系统对海洋水体和沉积物、大气、陆地间的物质交换起重要作用，河流搬运泥沙至河口沉积和沿岸输运，影响海岸带的地貌演变。海岸带还影响着

大气中 CO_2 等与气候相关的痕量气体以及 C、N、S 类重要元素的通量。为提高有关海岸带在全球物质循环系统中所起的作用以及海岸带系统对各种全球变化源响应等问题的认识，预测将来海岸带变化及其在全球变化中的作用，为人类有效持续地利用海岸带资源服务，"海岸带陆海相互作用"（Land Ocean Interactions in the Coastal Zone，LOICZ）计划应运而生，成为 IGBP 的第 6 个核心计划。

1）泥沙沉积

长江河口是长江与东中国海物质输送和交换的通道，是联系亚洲大陆和西太平洋之间物质循环和能量交换的纽带。长江每年挟带 4.14 亿 t 的泥沙进入河口，长江入海悬移质泥沙是改造河口地形、塑造河口地貌的主要方式之一（刘红，2009）。长江三角洲沉积物主要来自长江，有少量来自杭州湾流和苏北沿岸流挟带的沉积物。受科氏力作用影响，长江径流挟带的沉积物主要从河口转向东南方向扩散，而口外向北流的台湾暖流又阻挡了长江悬浮物东溢向外海扩散，因而悬浮泥沙在浙闽沿岸流驱动下主要沿海岸向南输运。长江口泥沙向外扩散具有明显的季节性。夏季台湾暖流的势力较强，在东南季风的作用下部分悬浮泥沙向北可扩散至吕泗洋面，向南输运的泥沙量相对较少，扩散的最南端可到温州瓯江口附近。冬春季节偏北风盛行，加上台湾暖流势力减弱，长江入海泥沙顺岸南下，最远可至闽江河口，一般在鳌江口与沙埕港之间移动。

入海径流挟带的大量泥沙颗粒还是吸附和挟带营养盐的重要载体，海底沉降泥沙的再悬浮使得有机物进入水体，对海洋生态系统造成影响。海水中悬浮泥沙由颗粒有机物（particulate organic matter，POM）和颗粒无机物（particulate inorganic matter，PIM）组成。颗粒有机物主要包括有生命的有机物（如浮游动物、浮游植物、原生动物、细菌等）和无生命的有机碎屑（如浮游生物的尸体和排泄物等）。颗粒有机物主要来源于真光层，浮游植物通过光合作用固定溶解态的无机 C 和 N，形成颗粒有机碳（particulate organic carbon，POC）和颗粒有机氮（particulate organic nitrogen，PON），浮游植物被浮游动物摄食形成更大的有机颗粒，在光合和摄食过程中产生溶解有机碳（dissolved organic carbon，DOC）。细菌可以直接吸收溶解的 DOC/DON 形成小颗粒（POC/PON），被原生动物、浮游动物摄食形成更大的颗粒。真光层的 POC/PON 沉降，从表层输送到底层，构成了底层生态系统的主要食物来源。

底床生物过程和碎石的分解释放营养物质。底床中的有机物进入水体，摄食浮游植物和碎石的滤食活动，以及再矿化过程释放无机营养盐至水体，与浮游动物捕食过程、鱼类排泄溶解营养物质，以及鱼类至碎石的营养通量形成营养食物网。海底沉积的泥沙还可能引起赤潮，当积聚在底床泥沙中的有机物季节性分解消耗了大量的水底溶解氧，一方面水沙界面附近缺氧，另一方面又向上层水体中释放无机氮和无机磷，形成水体富营养化。同时借助于泥沙颗粒吸附的丰富微量元素使赤潮生物迅速繁殖。

2）海岸侵蚀

在陆地径流影响海洋环境的同时，海洋也在塑造陆地边界和海底地形。海岸侵蚀通常是间断式的。从时间上看，大部分的侵蚀在很短的一段时间内发生，可能是飓风（如 Katrina 飓风）期间的几小时，也可能是厄尔尼诺事件中加利福尼亚地区的一个季节。从空间上看，风暴期间不同区域的侵蚀程度也不同。同一事件中有的区域侵蚀严重，其他区域则轻微得多，某些区域则正在不断被迅速侵蚀。路易斯安那州密西西比三角洲地区沿岸部分地区每年向内陆侵蚀几米，而岩质的西岸则每年向内陆侵蚀几厘米。三角洲通常会由于河流沉积物而缓慢增大，这种缓慢的增大是由河流泥沙沉积和下层沉积物压实导致的轻微不平衡引起的。在沿密西西比河方向的地区，平衡被沿岸堤坝的建设打破，导致向陆地快速侵蚀（Day et al.，2000）。

第三节　全球变化与地球系统

一、全球变化与地球系统的主要特征

（一）概念

全球变化是指受自然和人文因素影响的地表环境及地球系统功能的全球尺度的变化（朱诚等，2017）。全球变化是地球系统多种因素相互作用的结果，全球变化研究涉及对整个地球系统规律的认识。其精髓就是系统地球观，强调将地球的各个组成部分作为统一的整体加以考查和研究。

（二）时空特征

地球系统是一个复杂的动力系统，各部分间的相互作用在一个时间序列当中可表现为多层次驱动、响应、反馈、放大等十分复杂的关系。因此，全球变化既会表现出某种周期性变化，又会表现为一些速变和突变，在事件与过程的时空上构成了多尺度的耦合系统（图 1.3）。

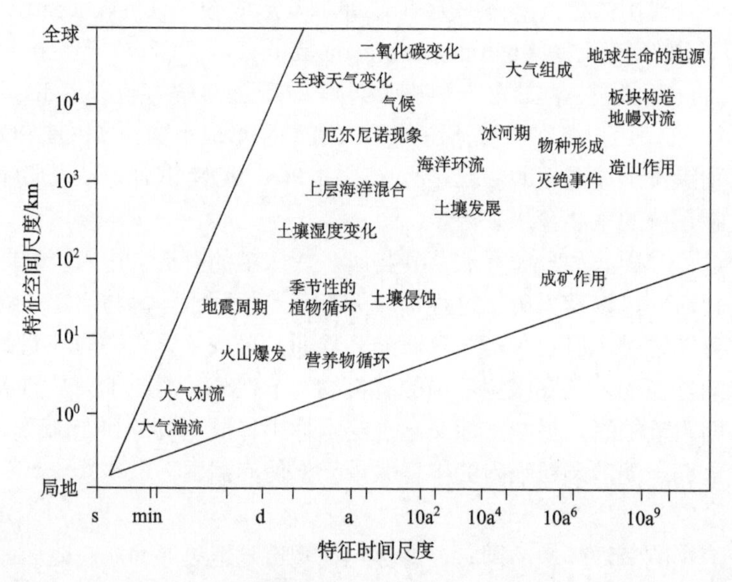

图 1.3　地球系统过程：特征空间尺度和特征时间尺度（陈效逑，2001；来自 NASA 地球系统科学委员会）

从时间上，全球变化可分为5个特征时间尺度（陈效逑，2001）：

①几百万年至几十亿年，发生在地质历史时期，主要受地球行星演化规律与进程的调制；

②几千年至几十万年，发生在第四纪晚期以来，主要受到地球轨道参数如偏心率、黄赤交角和岁差等变化的影响；

③几年至几百年，发生在年际、年代际到世纪际，主要受太阳活动、火山活动、大气和海洋环流长期变化、ENSO等自然因子和大气温室效应增强等人为因子影响；

④几天到几个季度，发生在数天至一年之内，主要驱动因子是太阳辐射量输入的年循环；

⑤几秒到几个小时，发生在数秒到一天之内，主要与太阳辐射量输入的日变化有关。

从空间上，大致可以分为4个特征空间尺度：全球尺度，20000km以上；区域尺度，100～20000km；地方尺度，10～100km；局地尺度，10km以下。

对海洋中的过程，通常分为大尺度（～1000km，如大洋环流、行星波等）、中尺度（～100km，如中尺度涡）、亚中尺度（～10km）和小尺度（<1km，如海浪）（郑全安，2018）。

地球系统中各种事件和过程的时间尺度和空间尺度是相关联的。一般来说，较大空间尺度对应较大时间尺度；较小空间尺度的时间和过程，其时间尺度也较小。图1.3包括了地球各学科研究过的很多现象：从大气湍流到地幔对流，从季节性的植物循环到地球生命的起源。目前这些过程或现象中还没有一个已被充分认识，因为我们对其过程的相互作用还没有足够了解。尽管在这个图上我们将这些过程隔离开来，但它们仍受其他过程的影响。若要认识这些过程，必须加强地球系统科学研究。

（三）全球变暖

全球变暖是全球变化的突出标志。多个数据资料都清晰地显示，1930年以来全球平均温度不断升高，尤其是1975年以来温度增幅速率明显加快。相比观测记录开始的1880年，全球平均温度增长超过1.2℃，其中三分之二的增温发生在1975年以后，温度增长速率为每十年增长0.15～0.20℃。20世纪80年代以来，每个连续十年都比前一个十年更暖。2015～2019年更是有完整气象观测记录以来最暖的五个年份，其中2016年最高，比1881～1910年平均温度高出1.25℃，其次是2019年，高出平均值1.1℃，之后为2015年、2017年和2018年。2020年1～7月的温度数据显示，其平均温度已超过2019年，很有可能成为新的最热年份。根据英国气象局Hadley中心的HADCRU重建资料计算陆地和海洋平均温度距平序列，可以发现自1850年以来，陆地和海洋都有增暖，陆地增温速率大于海洋，并且近四十年温度上升速度非常快。有研究称北半球高纬度地区比低纬度地区增温快、增温幅度大（Solomon et al.，2009）。海洋变暖占气候系统中所储存能量增加的主要部分，占1971～2010年间积累能量的90%以上，其中只有约1%存储在大气中。在全球尺度上，海洋表层温度升幅最大。1971～2010年期间，在海洋上层75m以上深度的海水温度升幅为每十年0.11°C（置信区间为0.09～0.13°C）（IPCC，2014a）。

全球变暖可能导致极地海冰和冰川融化、海平面上升、极端天气事件增加和旱涝格局发生变化等，进一步威胁到人类生存条件。1979 年以来，北极地区的海冰覆盖面积持续下降，每十年减小 13.1%，其中 2012 年最小，2020 年成为了第二小年份。与此同时，全球海平面持续上升，1993 年以来的卫星观测数据显示上升速率高达 3.4 mm/a（Hay et al.，2015）。气候暖化还导致干、湿区的季节降雨对比更加明显，高纬地区和赤道太平洋地区的降雨会增加，中纬度和副热带地区降雨则会减少；同时季风影响的区域会增加，季风降雨增强，影响时间也会延长。全球平均温度升高，热浪发生频率也在增加，而热浪发生会威胁人类健康，造成农业减产、能源危机等严重后果。

中国是全球气候变化的敏感区和影响显著区。根据 2020 年《中国气候变化蓝皮书（2020）》，1951～2019 年中国年平均气温每十年升高 0.24℃，升温速率明显高于同期全球平均水平。20 世纪 90 年代中期以来，中国极端高温事件明显增多，2019 年，云南元江（43.1℃）等 64 站日最高气温达到或突破历史极值；1980～2019 年，中国沿海海平面变化总体呈波动上升趋势，上升速率为 3.4mm/a，也高于同期全球平均水平；降水方面，1961～2019 年，中国平均年降水日数呈显著减少趋势，极端强降水事件呈增多趋势，年累计暴雨（日降水量≥50mm）站日数呈增加趋势，平均每十年增加 3.8%。各区域降水量变化趋势差异明显，青藏地区降水呈显著增多趋势；西南地区降水呈减少趋势；其余地区降水无明显线性变化趋势。

二、全球变化的研究方法

（一）步骤

地球系统科学是全球变化研究的基础。需要从地球系统整体观出发，将大气圈、水圈、岩石圈和生物圈之间的相互作用，地球上物理的、化学的、生物的基本过程之间的相互作用以及人类与地球之间的相互作用联系起来进行综合集成研究。其研究步骤通常由四部分构成：现象观测和数据积累；对观测数据进行分析和解释，从物理、化学和生物学的规律出发，建立有关地球过程的定量关系；在前两项的基础上建立概念模型和数学（数值）模型（实验）；验证模型，并用它对未来的变化趋势进行统计预测和预报。

（二）尺度简化

全球变化包含了从百亿年到几秒的多个时间尺度。要描述地球上所有过程和变化的动力学系统将是一个非常复杂的数学力学问题，超出了我们目前的研究能力。因此，实践中常常对动力学模式进行修改简化，以便于检验某种时间尺度的过程或解决某些特定的问题。

地球系统科学研究，就是试图用现代系统思维方式和科学系统观，以及整体观和演化观、（行星）全球观、相互作用观、复杂性观、学科交叉与统一化观，把地球系统作为一个有层次结构，并在社会环境系统中不断进化成极其复杂的自组织系统，从而形成大科学时代的地球科学系统观。坚持地球系统科学观，就易于透视由认识系统和知识系统构成的非常抽象复杂的地球系统科学的全景。

三、影响全球变化的自然和人为因素

（一）自然因素

1. 地球轨道变化

地球轨道包括公转轨道椭圆率、黄赤交角以及岁差的微小变化，都可以改变阳光照射地球表面的时间和地点，从而影响到达地球的太阳热量，引起气候变化。米兰科维奇理论认为，上述三要素的变化是驱动第四纪冰期旋回的主因。

2. 太阳活动

观测显示太阳活动具有周期性，如太阳黑子具有 11 年的周期。太阳活动的变化反过来又会改变太阳内部和周围的磁场活动。这个磁场改变会使得大量的带电粒子进入低层大气，进而聚集成水滴，然后形成云。地球云量的大幅度增加可能导致全球气温下降。其他太阳活动，如太阳辐射波长变化也可能改变大气温度。

3. 自然森林火灾

自然森林火灾，特别是长期的大规模火灾，会对全球温度产生影响。当植被燃烧时，储存的碳会释放出来，温室气体（如 CO_2）也会增加。这些温室气体会截留太阳能，不可避免地导致大气变暖。同时，产生的烟尘和有害气体也会造成空气污染。

4. 火山喷发

当火山爆发时，可以一次向大气中喷出数百万磅[①]的 CO_2。CO_2 是主要的温室气体之一。大气中 CO_2 含量的突然升高会导致地球出现短暂的变暖期。此外，火山爆发有时会释放出其他温室气体，如甲烷、二氧化硫、硫化氢、氢气、一氧化碳和氯化氢。也有观点认为，在过去的几百万年里，火山活动累计增加了温室气体，导致全球变暖。

5. 冻土融化

北极和南极地区分布着大范围的永冻层。对这些天然碳储存区的扰动，如太阳活动的变化、天然森林火灾和火山爆发等，都可能导致永久冻土大规模融化，进而导致温室气体大规模释放到大气中。由于多年冻土中的碳已经离开大气几千年，这些固存的碳突然释放到大气中，必然导致碳循环和其他自然过程的失衡。

（二）人为因素

1. 人口过剩

人口过剩是全球变暖的另一个原因。随着人口的增加，更多人的呼吸将导致大气中

① 1 磅=0.453592kg。

更多的CO_2，而CO_2是导致全球变暖的主要温室气体，CO_2的任何显著增加都可能导致气候变化的灾难性影响。

2. 发电厂

据研究显示，造成全球变暖的温室气体44%来自世界发电厂的排放物。虽然石油和煤炭是最糟糕的，但各种形式的发电厂都会造成有害排放。它们的巨大规模和集中的排放量超过了当地环境所能抵消的程度，从而影响到整个世界。

3. 交通运输

卡车、汽车、轮船、飞机、火车和其他任何使用矿物燃料驱动的工具被认为是全球变暖的第二大原因。科学家认为交通运输造成的污染占全球变暖总量的 33.3%。实际上解决方案并不像换成电动汽车那么容易，因为这些电动汽车仍然是由化石燃料驱动的制造厂制造的。

4. 农（牧）业

尽管农业给人类带来了无数的好处，但同时也产生了甲烷和CO_2等废气。随着农场的规模越来越大，效率越来越高，它们产生的废弃气体已难以被当地植被吸收。此外，农作物施肥也是一个重要影响。因为这些肥料多会产生N_2O，当它被雨水冲走或暴露在阳光下（太阳会将气体释放到空气中），就会对大气和环境产生毁灭性的影响。

5. 森林砍伐

森林砍伐破坏了森林和雨林，这些森林和雨林是过滤CO_2和N_2O的主要来源。工业产生的每一个便利品都需要成本。为了阻止森林砍伐，只有真正改变我们的消费习惯。

6. 化石燃料钻探

不管是钻探天然气还是石油，钻探作业都会释放出气体，并产生环境无法轻易中和的污染源。

7. 垃圾填埋

当垃圾堆在垃圾填埋场分解时，它们不仅释放出N_2O和其他不利于环境的气体，而且也释放出大量的热量。

（三）自然和人类对全球变暖的贡献比

科学家使用各种不同的统计和物理方法估计了人类和自然对全球变暖的贡献。他们普遍发现，人类是过去 150 年、100 年、50 年、25 年等观测到全球变暖的主要因素。事实上，许多人得出结论，近几十年来，自然效应实际上一直在向降温方向发展（Gillett et al.，2012，2021）。

Stott（2003）还分析了全球不同区域人类和自然对气候变化的影响。他进行一系列探测分析，确定了20世纪北美洲、南美洲、亚洲、非洲、大洋洲和欧洲六个独立陆地区域的温度变化原因。结果显示，在所分析的所有陆地地区，都有明显的人为变暖趋势。

综上，在自然和人为影响下，全球环境尤其是全球气候发生了重大变化。为更好应对气候变化，世界气象组织（World Meteorological Organization，WMO）和联合国环境规划署（United Nations Environment Programme，UNEP）于1988年共同成立了政府间气候变化专门委员会（Intergovernmental Panel on Climate Change，IPCC），自1990年起，IPCC组织编写出版了一系列与气候变化相关的评估报告、特别报告、技术报告和指南等，对各国政府和科学界产生了重大影响，被决策者、科学家和其他专家广泛使用。它已经是评估与气候变化相关科学的国际机构。

2008年开始，中国国务院对外发布《中国应对气候变化的政策与行动》白皮书，2018年中国气象局开始每年发布《中国气候变化蓝皮书》，为应对全球变化提供中国智慧、中国方案和中国力量。

第二章　海洋与大气之间的物质和能量交换

作为地球系统和地球圈层的重要组成部分，海洋与大气共同提供了我们人类赖以生存的“流体环境”（fluid environment）。它们都具备流体的基本特征和相似的地球流体运动规律，同时二者物理性质又有所不同。海洋与大气紧密联系，并通过海气界面交换动量、热量和气体、颗粒等物质。海气界面上的热量和水汽通量是大气和海洋模式中非常重要的边界条件，也是确定天气系统和气候变化的物理机制及发展规律重要的参量之一。本章将重点介绍海洋与大气物理性质的异同联系，以及海气界面上的物质和能量交换过程。

第一节　海洋与大气的基本物理性质

一、海水的基本物理特性

整体来看，海水主要是无机盐的水溶液，并在其中溶解部分气体且悬浮着各种无机物和有机颗粒。海水本身的温盐等特性取决于其本身的组成成分，并且有明显的空间分布特征和时间变化。

（一）分子特性

海水的主要成分是水分子（H_2O）、少量的盐，以及溶解的气体等，可以看作一种成分复杂的多组分水溶液。但是整体来讲，海洋的许多特性可以归因于水本身的特性。

标准大气压下纯水的熔点为 0°C、沸点为 100°C，与同族元素的氢化物相比明显偏高。大部分物质固态比液态密度更大，但固态水比液态水的密度要低，纯水密度最大值出现在 4°C 时。纯水与同族元素不同的特性主要来自其分子结构：氧原子与两个氢原子相连，原子键的夹角为 105°，氧原子与氢原子间电性的差异使氢原子侧带有微弱的负电荷。由于这种极性，水分子间互相吸引并倾向于形成部分结构规则的水分子团。当纯水的温度升高到 0°C 以上，分子内能增大，抵消由于分子间的相互吸引形成部分规则结构的分子团的趋势，分子间可以更紧密，从而增大液态水的密度；但当温度升高到 4°C 以上后，分子运动的活跃程度随温度升高而增大，分子间距增大，水分子间的吸引相对作用减弱，水分子团减小，因此纯水密度最大值出现在 4°C。

与纯水相比，海水具有以下特点：

（1）密度更大。同其他液体一样，溶解在液态水中的任何物质都倾向增大水的密度。淡水的密度接近于 1.0×10^3kg/m^3，海水的平均密度约为 1.03×10^3kg/m^3。

（2）压缩性更低。溶解在海水中的盐等使分子间隙更小，更难以压缩。

（3）冰点/熔点更低。溶解在海水中的盐等物质阻碍水分子形成规则结构，密度只由热膨胀效应决定，海水最大密度对应的温度随溶解盐的增多而减小。当海水中溶解的盐浓度约为 25g/kg 时，冰点与最大密度对应的温度相同。

（二）盐度（salinity）

如第一章所述，海水是一种复杂的多组分溶液。1kg 海水中溶解的盐的克数，就是盐度 S。海洋中盐的溶解度约为 3.5%。盐度是一个千分比数值，没有单位。世界大洋中盐度变化范围很小，一半以上海水的盐度范围在 34.6～34.8 之间。

盐度的定义虽然简单，但是实际应用中海水盐度的测量还是经过了很多尝试。目前较常用的盐度是基于海水电导率定义的实用盐标（practical salinity units，PSU）。该方法以海水样本电导率与温度为 15°C、一个标准大气压下、质量比为 32.4356×10^{-3} 的 KCl 溶液电导率的比值 R 来确定，当 R 值精确地等于 1 时，实用盐度正好等于 35（UNESCO，1981）。这一定义的适用范围为 $2<S<42$。

1. 水平分布

大洋表层海水的盐度主要受降雨和蒸发影响，近岸海区受陆地径流影响较大，极地和亚极地海区还会受到结冰和融冰过程的影响。总体来说，表层海水的盐度随纬度变化呈 M 形分布：副热带海区蒸发强，盐度最大，并向赤道和高纬度海区减小（图 2.1）。盐度最高值和最低值一般都出现在大洋边缘的海盆中，前者是由于浅海蒸发强，后者则是因为边缘海受陆地径流冲淡水的影响更大。盐度的水平差异随深度的增大而减小，大洋深处的盐度接近均匀分布。

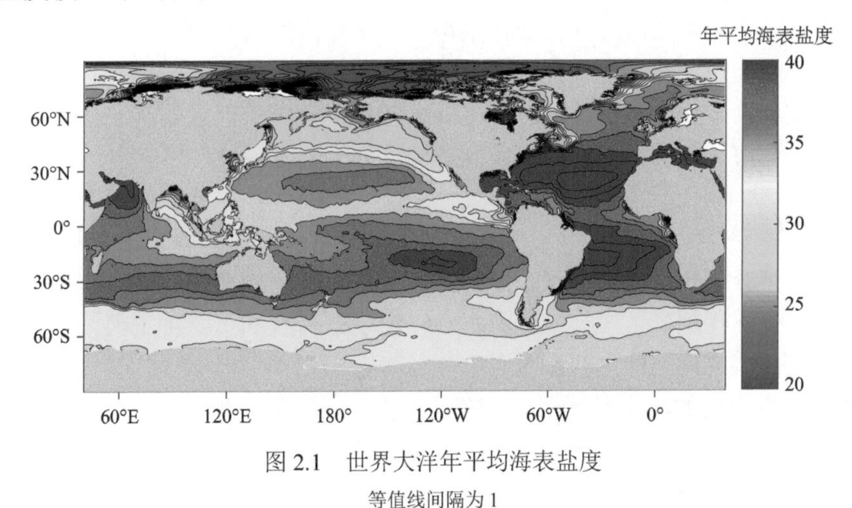

图 2.1　世界大洋年平均海表盐度

等值线间隔为 1

（根据 World Ocean Atlas 2018 数据集气候态平均数据绘制，数据网址：https://www.ncei.noaa.gov/access/world-ocean-atlas-2018/bin/woa18.pl?parameter=s[2021.7.8]）

2. 垂向结构

盐度的垂向结构较为复杂。如图 2.2 所示，盐度较低的海水分布在赤道表层很薄的水层中和中高纬海区的上层，副热带海区表层盐度高的海水下沉并向赤道方向扩展，形成高盐水。南半球副热带海区向下伸展的高盐水具有大洋垂向上的最高盐度，并可向北穿越赤道到达 5°N 左右，北半球高盐水相对范围则较小。高盐水之下是由中高纬度表层下沉的低盐水，在 500～1500m 的深度范围内向赤道扩展。中层低盐水之下是高纬度海区下沉的深层水（北大西洋）和底层水（南极），盐度略有升高。

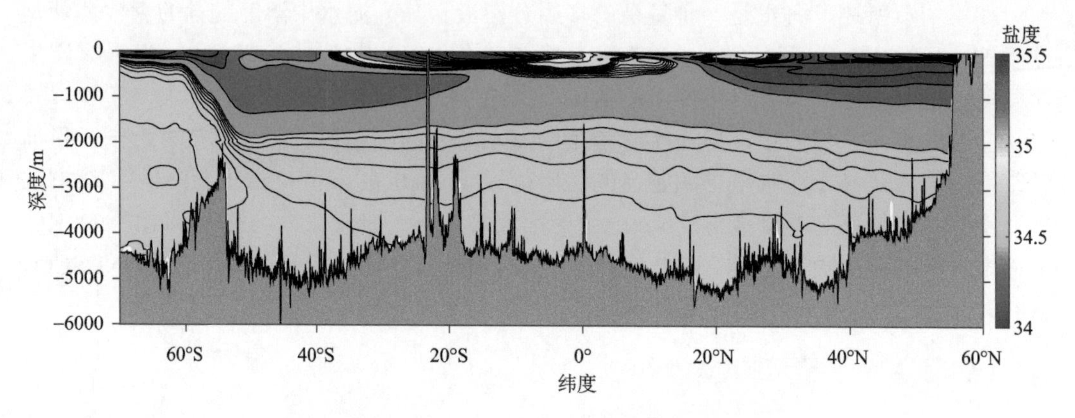

图 2.2 太平洋 135°W 准经线方向断面上的盐度分布

等值线间隔为 0.2，其中 34.6～34.8 部分加密至间隔为 0.02

（根据 World Ocean Atlas 2018 数据集气候态平均数据绘制，数据网址：https://www.ncei.noaa.gov/access/world-ocean-atlas-2018/bin/woa18.pl?parameter=s[2021.7.8]）

3. 时间变化

短期来看，大洋表层盐度的日变化很小，变化范围通常小于 0.05%，下层盐度的短期变化则主要受到内波对水层抬升的影响，变幅可能超过表层。长期来看，海水盐度的年变化受蒸发、降水、径流、结冰、融冰和大洋环流等影响因素的年变化导致，但不同影响因素在不同海区起的作用和重要程度不同，因此各海区盐度的年变化规律也不相同。

（三）温度和热量

温度反映了分子热运动的剧烈程度，是海水最重要的物理特性之一，也是海洋调查中第一个被测量的物理参数。大部分海洋中，温度是密度的主要决定因素；在中纬度上层海洋，温度是决定声速的主要参数。

海洋中，约 75%的海水温度在 0～6℃之间，50%的海水温度在 1.3～3.8℃之间。整体来看，海水温度随纬度的增加而降低，大体呈条带状分布；垂向上来看，海水温度总体随深度增加呈下降趋势。

1. 水平分布

大洋表面水温变化范围在−2～30℃之间，年平均值约为 17.4℃，其中太平洋最高（19.1℃），印度洋次之（17.0℃），大西洋较低（16.9℃）。大洋表层水温随纬度变化规律主要取决于入射的太阳辐射和海洋向外的长波辐射之间的热量平衡。再加上太阳辐射强度和与太阳高度角相关的日照时长的季节变化等因素的影响，低纬度海区的海表面平均温度比高纬度海区要高。海表温度还受到季风及洋流的影响，等温线大致与纬线平行，但在暖流区域略向高纬度弯折，寒流区域向低纬度偏转（图 2.3）。

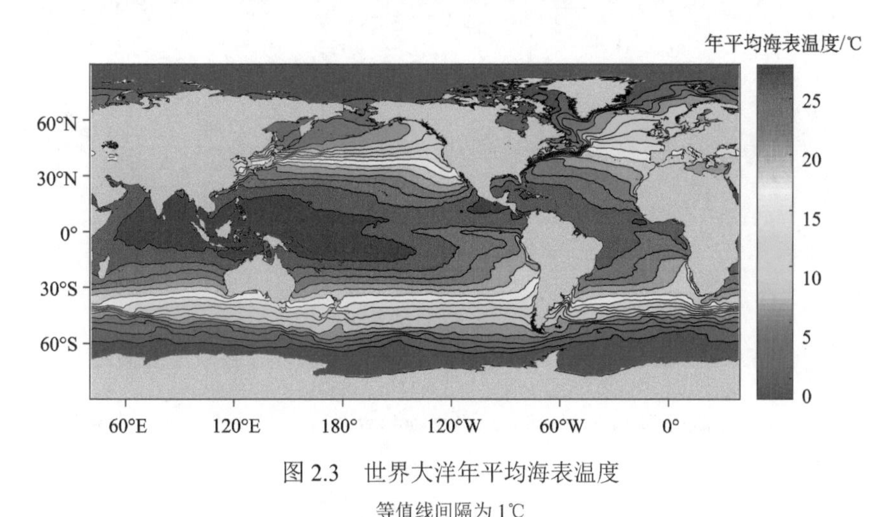

图 2.3　世界大洋年平均海表温度

等值线间隔为 1℃

（根据 World Ocean Atlas 2018 数据集气候态平均数据绘制，数据网址：https://www.ncei.noaa.gov/access/world-ocean-atlas-2018/bin/woa18.pl?parameter=t[2021.7.8]）

随着深度的增加，海水温度的经向差异逐渐减小。在 500m 深度处，大洋西边界中纬度海区出现明显的高温区，这主要是受西边界流的影响；1000m 深度处，经向差异更小，大西洋东部的地中海外侧、印度洋海区的红海、波斯湾附近有明显的高温区，这主要是由于高温高盐水溢出扩散或高盐水下沉形成；4000m 深度处大洋水温度分布较均匀，整个大洋温差基本不超过 3℃；大洋底层受南极底层水影响，水体性质均匀，温度约 0℃。

2. 垂向结构

海水温度随深度的增加而不均匀递减，水温变化范围可由海表的 30℃降至海底之上的–1℃，跨度非常大。中低纬度的大洋中，海洋上层一二百米（真光层）内，由于风场的搅拌等作用，海水混合比较均匀，温度在垂向上变化不大（图 2.4）。我们将这一深度称为混合层（mixing layer）。由于太阳辐射在向海水深处传播的过程中迅速衰减，混合层之下不太厚的深度内海水温度迅速减小，该层称为温跃层（thermocline）。温跃层以下，水温随深度的增加逐渐降低，但幅度很小。极地和高纬度海区的海水温度从海面到海底都较低，垂向分层结构并不明显，没有明显的温跃层。大洋温跃层所在的深度随纬度变化大致呈 W 形分布（图 2.4 中等温线密集的深度），在赤道海域上升，在副热带海区下降，之后随纬度升高又逐渐上升，至亚极地海区可升至海面。

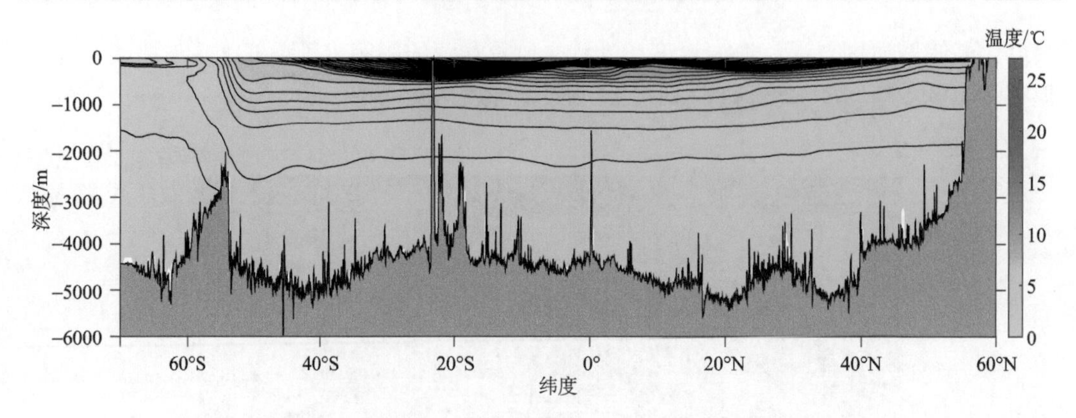

图 2.4　太平洋 135°W 准经线方向断面上的温度分布

温度等值线间隔为 1℃，最大值为 27℃，最小值为 0℃。等值线密集的深度一般对应该纬度温跃层深度（根据 World Ocean Atlas 2018 数据集气候态平均数据绘制，数据网址：https://www.ncei.noaa.gov/access/world-ocean-atlas-2018/bin/woa18.pl?parameter=t[2021.7.8]）

3. 时间变化

大洋水温的短期变化很小，日变幅一般不超过 0.3℃。影响水温日变化的因素主要有太阳辐射、海洋内部的波动以及近岸海区的潮流等。水温的日变化规律基本上是晴天比多云天气变幅大，平静海面比大风天气的变幅大，低纬度海域比高纬度海域的变幅大，夏季比冬季变幅大，近岸比外海变幅大。

大洋表层温度还表现出年变化规律，这主要是受太阳辐射的年变化影响。赤道和极地海区太阳辐射冬夏变化均不大，表层水温年变幅一般小于 1℃，副热带海区的年变化最大。另外，由于海陆分布差异和洋流结构不同，南半球表层水温的年变化要小于北半球。

除此之外，大洋水温还受到气候变化的影响，表现出多年变化的规律，如第三章介绍的受周期为 2～7 年的厄尔尼诺-南方涛动现象影响，水温表现出相应的变化规律。

（四）密度

海水的温度、盐度在很大程度上决定了海水的密度。同时，海洋不同深度的密度也有所差异。海水中某一深度的压强 P 取决于在这一深度之上海水的总重量。因此随着深度的增加，海水压强增大。压强每增加 1dbar 深度增加量略小于 1m。

大气压强通常用单位 bar 来度量，$1\text{bar}=10^5\text{Pa}$；而海水的压强通常用 dbar 来表示，$1\text{dbar}=0.1\text{bar}=10^4\text{Pa}$。当空间上两点间存在压强差异时会产生“压强梯度力”，方向由压强高的一侧指向压强低的一侧。海洋中，海水向下的重力大部分被向上的压强梯度力平衡，即海水不会向下加速运动。当海水垂向静止时，重力和压强梯度力平衡，这一现象在海洋学中称为“静力平衡”。

一般来讲，海水密度随温度升高而降低，随盐度、压强增大而增大。一个标准大气压下，纯水的密度 $\rho=1000\text{kg/m}^3$，盐度为 35 的海水密度 $\rho\approx1028\text{kg/m}^3$。相同条件下海水密度>纯水密度，因此海洋学中一般用海水和纯水密度的差值——密度超量（density anomaly）σ 表示海水密度：$\sigma=\rho_{海水}-1000$。在海洋调查中，海水现场密度难以直接测量，通常用以海水的压强、温度、盐度为参数的经验公式——海水状态方程来计算。

1. 水平分布

世界大洋表层海水的密度取决于温度和盐度，沿经线方向从赤道向两极逐渐增大，最小值出现在赤道偏北3°N左右，最大值出现在极地海区。随着深度的增加，密度的水平差异不断减小，至底层已基本均匀。

2. 垂向结构

密度的垂向结构主要取决于海水温度。随着海水温度沿深度的不均匀递减，海水密度不均匀增大。通常密度等值线的形状与该断面的等温线基本一致，如图2.4所示，太平洋中低纬度海区上层温度均匀的深度范围内密度基本也是垂向均匀的；与温跃层深度基本一致的水层内密度随深度迅速增大，该水层称为密跃层（pycnocline）；密跃层之下的深层海水密度随深度缓慢增大。高纬度海区密度的垂向变化很小。

3. 时间变化

海水密度的日变化非常小，深层有密跃层存在时可能受到内波对水层的升降作用产生日周期及更短周期的变化，但没有规律可循；海水密度的年变化与温度、盐度的年变化有关，不同海域有不同的表现特征。

（五）声学特性

众所周知，声波是纵波，通过压缩介质进行传播，介质的压缩性越低声速越大。声波在固体和液体介质中传播比气体中快，在真空中无法传播。海洋中声速约为1500m/s。海水的压缩性依赖于海水的温度、压强，并在一定程度上依赖于海水盐度。海水温度每增加1K，声速增加约4.5m/s；盐度每增加1，声速增加约1.3m/s；压强每增加1000dbar（深度增加约1km），声速增大16m/s。总体来看，声速随温度、盐度和深度的增大而增大。由前文海水温度、盐度、密度的垂向结构可知，表层暖水和底部高压导致声速在海洋表层和底层较大，中间为极小值。低频声波可以在中间层传播非常远的距离，因此声速极小值层被称为声呐定位通道（sound fixing and ranging，SOFAR）。

海洋中声波强度随传播距离的增大而减小，这主要是由于：

（1）传播损失。随传播距离增大，等压球面面积增大，单位面积上的能量减小。

（2）吸收和散射衰减。吸收的声波能量主要转变为热能和化学能，依赖于声波的频率；散射主要是由声波遇到悬浮颗粒和气泡等产生的反射造成，与声波频率无关。

海洋中对声学特性的利用主要有如下几点。

（1）被动接受系统：利用水听器接收海洋中存在的声音，如鲸、鱼、潜艇等发出的声波。对频谱的分析有助于确定声波来源。

（2）声呐（sonar）：通过主动发出的声波遇到障碍物（如海底等）反射回来的时间测量距离。

（3）遥测和定位（telemetry and tracking）：如果物体装备了声学传输装备，则可以被定位和追踪。

（4）流速测量：主要利用多普勒频移的原理。若声源和观测点（悬浮颗粒）的相对位置发生改变，在观测点反射回的声波与发出的声波频率之间有差异，根据频率差异的大小判断观测点的相对速度。声学多普勒流速剖面仪（Acoustic Doppler Current Profiler，ADCP）是现代海洋调查中常用的观测仪器。

（六）光学特性

光在真空中的传播速度为 3×10^8m/s，在海水中降为 2.2×10^8m/s。光在海水中的强度随传播距离指数衰减，这主要是水分子、海水中溶解的盐、有机物和悬浮颗粒物共同作用的结果。对海水中光衰减的观测表明，太阳辐射的强度随传播距离减小，但不同波长的光衰减率不同。短波和长波波段被迅速吸收，蓝绿波段的可见光则几乎可以穿透任意深度并且易被散射，因此肉眼看起来海水是蓝色的。海水颜色的变化由悬浮物和溶质的颜色或者海面入射光的成分变化引起。光在海水中的衰减主要有两方面原因：

（1）吸收。电磁能量转化为其他形式的能量，如热能或化学能。海水中吸收光的有藻类（浮游植物）、无机和有机悬浮颗粒、溶于水的有机化合物、水本身等。

（2）散射。改变电磁辐射能量的方向。

二、大气的基本物理特性

与海水相比，大气密度更低，热容量小，但压缩性强。地球表面温度较高，因此大气是底部加热的，其垂向和水平方向的对流决定了局地天气状况。大气对太阳辐射吸收的地区差异驱动了大气本身的环流，这种大尺度的大气流动可对太阳辐射进行有效再分配，与海洋环流一起决定了气候条件及其变化。

（一）重力

由于地球万有引力的作用，在地球表面的任意一点，大气都向其下垫面施加垂直向下的作用力（重力）。单位体积的气体重力为 $F=\rho g$。将单位面积上的大气作用力从地球表面积分到大气层顶，即可得到地球表面的大气压。海平面高度处的大气压平均值约为101300Pa，密度约为 1.25kg/m^3。随着高度的增加，大气压强 p 和密度 ρ 近似呈指数衰减。气压随高度衰减非常快，海面大气压的一半（约 50000Pa）所处的高度约为 5.5km。

（二）湿度

如第一章所述，大气是若干气体的混合物。不考虑水蒸气的纯净大气称为干空气，此时大气可近似看作理想气体；含有水汽的大气称为湿空气。大气中的水汽仅占地球总水量的 0.001%，其主要来源是水面（特别是海洋表面）的蒸发。大气中的水汽在全球水循环过程中的作用至关重要，且与水汽相变等相关的潜热释放等对全球热量输运、大气的物理特性等也有重要影响。

与水汽相关的几个概念如下。

（1）水汽混合率 w：某一固定体积空气中水蒸气的质量 m_v 与干空气质量 m_d 的比值。

（2）比湿 q：单位质量湿空气中含有的水蒸气的质量 $q \equiv m_v/(m_v+m_d)=w/(1+w)$。

（3）饱和水汽压 e_s：考虑一个密闭空间，其底面被温度为 T 的纯水覆盖，初始状态空间内的气体为干空气。之后水开始蒸发，空气中水分子增多，水蒸气压强增大，蒸发同时水蒸气凝结成液态水。当空间中的水蒸气压强增大到凝结速度等于蒸发速度时，即水的气相与液相达到平衡，我们称水蒸气在温度 T 下达到饱和，饱和状态下水蒸气的压力称为温度 T 下的饱和水汽压。大气中水蒸气的饱和度/饱和水汽压随温度升高而增大。

（4）饱和混合率 w_s：固定体积中气体中的水蒸气达到饱和时水蒸气的质量 m_{vs} 与干空气质量 m_d 的比值。水蒸气与干空气均遵从理想气体方程，因此有 $w_s=0.622e_s/(P_a-e_s)\approx 0.622e_s/P_a$，其中 P_a 为总气压。

（5）相对湿度 RH：大气中实际水汽混合率与饱和混合率的比值。$RH \equiv 100w/w_s \approx 100e/e_s$（$e$ 为实际水汽压）。

（6）露点 T_d：在压强不变的情况下，气体中的水蒸气达到饱和所需下降到的温度。

前面我们已经了解到，对流层中大气温度随高度增高而降低，同时水蒸气饱和度随温度降低而减小。将湿气团绝热抬升，假如气团含有的水蒸气已饱和，气团继续上升时过饱和的水蒸气凝结成水，释放潜热，使周围空气温度增大。因此湿空气的温度随高度递减的速率要比干空气小。绝热过程中湿空气随高度递减的速率称为湿绝热直减率，其值取决于温度和压力。低层大气中，湿绝热直减率在 20℃时约为 4℃/km，在 10℃时约为 5℃/km。与此相对应，低层大气的干绝热直减率约为 10℃/km。

（三）光学特性

对于太阳辐射来说，地球大气相对透明，大部分太阳辐射可以穿透大气层到达地球表面。对地球表面释放的长波辐射来说则不透明——大气会阻碍长波辐射穿透大气层，造成温室效应。长波辐射的吸收、再释放主要是大气分子的作用引起的，同时云中的水滴也起到重要作用（Wallace and Hobbs，2006）。

太阳辐射通过大气遇到空气分子、尘粒、云滴等质点时，会发生散射，即辐射方向的改变：太阳辐射以质点为中心向四面八方传播开来。如果空气分子的直径比太阳辐射的波长小，则波长越短的波被散射越厉害。因此，雨后悬浮物较少的大气中，太阳辐射中波长较短的青蓝色光容易被空气分子散射而呈“雨后天青色”。如果太阳辐射遇到直径比波长大的质点，虽然也被散射，但这种散射是没有选择性的，即辐射的各种波长都同样被散射。如空气中存在较多的尘埃或雾粒，一定范围的长短波都被同样地散射，使天空呈灰白色。

（四）层结与垂向对流

由于地球表面对太阳辐射的吸收和释放长波辐射，总体来讲大气处于“底部加热”的状态。对流层中大气温度随高度的增加而减小，产生垂向温度梯度，即大气层结。与此同时，大气的密度和压强也随高度增加迅速减小。干空气块或未发生水汽相变的湿空气块，在绝热上升（下降）过程中由于膨胀（压缩）产生温度随高度变化的现象，称为干绝热过程。空气块的运动，会使大气形成不同的温度层结。当实际大气的垂向温度梯度超过干绝热直减率时，大气不稳定，产生垂向对流。大气的对流运动将低空的热量向高空输送，称为对流热输送。随着垂向对流向上挟带热量，大气温度直减率减小，直到辐射与对流达到平衡，对流不再继续。

（五）水平梯度效应

如果地球表面的温度完全由太阳辐射决定，不考虑海陆差异，那么随纬度增加，被吸收的辐射通量减小，导致大气产生经向温度梯度，形成水平压强梯度，从而驱动空气运动。而大气的水平运动又会在经向上输送热量，使水平温度梯度减小。

大气水平和垂向受热都不均匀，在低纬度地区低层大气受热上升向高纬度地区运动，在高纬度地区向周围释放热量，温度降低，密度增大而下沉，因此大气在热带得到的热量向量级输送。Hadley 环流是受热力驱动的直接环流圈，可以将热量从热带传输到较高纬度地区（详见第三章）。

三、海洋与大气的区别和联系

如前文所述，海洋与大气均为大尺度流体，但其物理特性有显著差异。海洋与大气通过海面接触，因此海洋与大气本身既有区别又有显著联系。

（一）区别

宏观来看，海气界面是非常稳定的、明显的。界面上密度、光学有明显的不连续性。约 80%到达海面的太阳辐射总能量在 10m 深的上层海洋被吸收。海水密度约为大气的 800 倍，比热容则为大气的 4 倍，因此海洋储存热量的能力比大气要高很多。对比来看，单位面积的大气柱（从地表到大气层顶）温度升高 1K 所需要的热量只能使单位面积上 2.5m 厚的水柱温度升高 1K，或蒸发 4mm 的水，或融化 30mm 的冰，因此海洋对气候的调节能力远高于大气。海洋的热容量大，3.6m 深的海水储存的热量与整个大气层相同，表层海洋能够储存大量热量，因此海面温度的冬夏变化量比陆地表面小得多。大气与海洋的物理性质对比见表 2.1。

表 2.1　大气与海洋的物理性质对比

物理性质	密度/（kg/m^3）	盐度/湿度/%	温度/℃	吸收辐射/%	比热容 /[kJ/（kg·℃）]	加热位置	层结
海洋	1025	～35	–2～30	51	4.1	顶部	稳定（相对）
大气	1.2～1.3	0～100	>–75	19	1.03	底部	不稳定（相对）
比例	800				4		

（二）联系

由于其流体特性，大气与海洋在静力学和动力学上均有很多相似之处，如从静力学方面看，大气与海洋都是层结流体；从动力学方面看，大气与海洋均有大尺度的地转流和地转风、小尺度的湍流、中尺度的锋面和涡旋等运动。

1. 层结

密度、压缩性等物理特性有较大差异、加热位置不同，大气与海洋都是层化流体，密度均随所在位置的降低而增加。层结的存在可以在很大程度上抑制垂向运动。层结的特性对于对流的发展有重要的影响，而大气与海洋的层结均可用稳定度来度量。层结稳定度也称为静力稳定度，表示重力和垂向压强梯度力对流体垂直位移的影响。当流体微团绝热上升，若其在新环境下的密度大于周围流体的密度，微团倾向于回到原位置，则称这种层结是稳定的；若微团倾向于留在新位置，则层结是中性的；若微团倾向于远离原先的位置，则层结是不稳定的。大气与海洋中不稳定的层结均易引发垂向对流，层结越不稳定则对流越强。垂向对流会减小垂向密度梯度，直到达到稳定状态。

2. 地转风和地转流

大气中，由于太阳辐射分布不均匀，部分区域（如赤道附近）吸收的辐射能量较多，空气较稀薄、温度较高；部分区域吸收的辐射能量较少，空气密度较大、温度较低。整体来看，大气中气压分布不均匀产生水平气压梯度力，使空气由压强高的位置向压强低的位置运动。由于科氏力的影响，运动的大气在北半球向右偏转，在南半球向左偏转。当气压梯度力与科氏力相当时，大气运动稳定下来，在不考虑外力的作用下，空气大致沿着等压线做水平匀速运动，这种大尺度的运动现象称为地转风。背风而立，北半球高压在右，低压在左。由于不同层等压面之间温度水平分布不均匀，地转风随高度产生变化，这种现象称为热成风。

与此类似，在不考虑摩擦和风场作用的较深的理想海洋里，由于海水密度分布不均匀、海面倾斜等，产生的水平压强梯度力也会驱动海水的水平运动。当水平压强梯度力与科氏力平衡时，海流沿等压线运动。在北半球顺流而立，右侧为高压，这种海流称为地转流。

3. 锋面和涡旋

性质不同的两种气团（水体）之间的狭窄过渡区称为锋区，而由于锋区的宽度比长度小得多，故可看作一个面，即锋面。大气中锋面的高度可以延伸至对流层顶。大气锋面附近，气压和温度梯度很大，空气很不稳定，常有系统性的上升运动。海洋中也存在温度/盐度在水平方向急剧变化的温度锋或盐度锋，一般在大洋西边界急流区或垂向运动强烈的上升流区附近较为常见，锋面附近水体不稳定性较强，多形成涡旋。

海洋中存在直径为几十到几百公里、寿命为几个月甚至几年的涡旋。它们与大洋中大而稳定的环流相比显得很小，但与许多肉眼能见到的瞬时即逝的小涡旋相比，又显得很大，故名中尺度涡旋。它们类似于大气中的气旋或反气旋，只是水平范围小一些，故又称天气式海洋涡旋。按水体旋转的方向，海洋涡旋又分为气旋式涡旋和反气旋式涡旋。

4. 湍流

当着眼于局部运动时，我们会发现，海洋与大气的运动并非规则有序的准水平运动（层流），而是呈现出一种看起来混乱的、无规则的三维运动状态，称为湍流。J. O. Hinze在他的著作 *Turbulence* 一书中提出，湍流的更为确切的定义应该是流体运动的一种不规则的情形。在湍流中各种流动的物理量随时间和空间坐标而呈现出随机的变化，因而具有明确的统计平均值。研究发现，湍流运动具有随机性、扩散性、耗散性、有旋性、记忆特性和间歇现象等特点，运动极不规则。湍流运动的存在使流体在垂向上翻转，促进了动量、热量、物质等在大气、海洋内部和海气界面上的垂向输运。

第二节 海洋与大气之间的能量交换

地球作为太阳系的一颗行星，太阳辐射是地球上海洋和大气运动、水循环、生物生长的主要能量来源。由于组成成分及物理性质等的差异，大气与海洋吸收太阳辐射的能力并不相同，所以局地海气间产生热量差异。海洋与大气之间可以通过海气界面交换太阳辐射、感热、潜热等热量。另外，大气内热量的空间分布不均匀导致了大尺度的大气环流，风应力作用在海面上，由于摩擦等效应，风应力挟带的动量向下输运，引起海洋表层的流动和海浪等物理过程，从而导致海洋内各种尺度的运动。

一、太 阳 辐 射

（一）太阳辐射光谱

太阳内部剧烈的核反应使得太阳内部温度高达上千万开，表面温度也几乎快达到6000K。高温的太阳以电磁波的形式向外辐射能量。对我们来讲，太阳可以看作黑体，而根据斯特藩-玻尔兹曼（Stefan-Boltzman）定律，黑体的总放射能力与它本身的绝对温度的四次方成正比：

$$E=\sigma T^4 \tag{2.1}$$

式中，σ 为 Stefan-Boltzman 常数；T 为绝对温度（K）。太阳辐射能量分布在不同波长（频率）的电磁波段上，按波长的太阳辐射能分布称为太阳辐射光谱。根据普朗克定律（Planck's Law），单位波长上的能量密度为

$$u(\nu,T)=\frac{4\pi}{c}I(\nu,T)=\frac{8\pi h\nu^3}{c^3}\frac{1}{e^{\frac{h\nu}{\kappa T}}-1} \tag{2.2}$$

式中，ν 为频率；c 为光速；h 为普朗克常数；κ 为玻尔兹曼常数（$\kappa\approx1.38\times10^{-23}$J/K）。

太阳辐射的波长范围在 0.15～4μm 之间。在这段波长范围内，又可分为三个主要区域，即波长较短的紫外光区、波长较长的红外光区和介于二者之间的可见光区。太阳辐射的能量主要分布在可见光区和红外区，前者占太阳辐射总量的 50%，后者占总量的 43%。紫外区只占总量的 7%。

（二）太阳常数（solar constant）

地球大气上界单位面积上太阳辐射能量为 1.38kW/m^2，称为太阳常数。严格来说，太阳常数是在日地平均距离的条件下，地球大气上界垂直于太阳光线的单位面积、单位时间上所接受的太阳辐射能量。因为到达大气上界的太阳辐射与日地距离的平方成反比，所以在远日点和在近日点的太阳辐射强度与太阳常数就有一定差异。在近日点垂直于大气上界的太阳辐射强度比太阳常数大 3.4%，而在远日点则比太阳常数小 3.5%。

在长时间尺度上，太阳黑子活动等太阳内部变化使得太阳表面辐射能量有所变化，达到大气上界的太阳常数也有一定变化，因此可能引起气候的长期变化。全球气候变化研究中，有很多工作探究了全球温度与太阳常数变化的关系。例如，Lean 等（1995）基于太阳黑子和光斑（亮点）的变化，研究发现太阳辐射的变化率为每百年 0.2%，这种变化引起的全球平均表面温度的改变为 0.4℃。此外，基于过去一个世纪深海温度测量器和船载温度计的观测，White 和 Cayan（1998）发现海表温度在 12 年、22 年和更长时间周期上均有微小变化。地球对太阳变化响应的观测结果与海气耦合气候系统模拟的结果一致。许多气候和天气的其他方面的变化也被归因于太阳常数的变化，但其相关性存在争议（Hoyt and Schatten，1997）。

（三）地球公转和自转

太阳常数在一定程度上代表垂直到达大气上界的太阳辐射强度，但到达地球表面的太阳辐射强度在不同纬度和不同时间不一致，这与地球公转和自转有关。

地球绕太阳公转的轨道为近圆形，平均半径为 1.5×10^8km。轨道的偏心率很小，约为 0.0168。因此，地球在远日点与太阳的距离是近日点（最接近太阳的时候）的 103.4%。出现近日点时发生在每年一月，确切时间以大约每年 20min 的幅度变化。2020 年的近日点出现在 1 月 5 日。地轴与地球公转轨道平面的夹角为 23.45°。地球的倾角使得春分（3 月 21 日）和秋分（9 月 21 日）时太阳正好位于赤道正上方。

由于地球公转轨道的偏心率，地表接收到太阳辐射的平均最大值发生在每年的 1 月初。而由于地轴的倾斜，热带以外的任何地点接收到的太阳辐射最大值发生在 6 月 21 日（北半球）或 12 月 21 日（南半球）左右。

如果太阳辐射可以迅速、有效地在地表重新分配，最高温度应该出现在 1 月。相反，如果热能不能快速重新分配，北半球的最高温会出现在夏天。很显然，太阳辐射的热能没有被风和洋流迅速地重新分配。

由于南、北回归线之间地区的太阳高度角较大，而北回归线以北和南回归线以南地区的太阳高度角随纬度增高而减小，所以到达地球大气上界的太阳辐射沿纬度的分布是不均匀的，低纬度多，随纬度的增高而减少；由于南、北回归线之间地区的太阳高度角在一年中的变化较小，而中、高纬度地区的太阳高度角在一年中的变化较大，所以低纬度地区太阳辐射强度的年变化小，高纬度地区太阳辐射强度的年变化大。

二、热量交换

太阳辐射到达大气上界面后，一部分被反射回太空，其余部分在经过大气吸收、散射、反射后到达地球表面。如图 2.5 所示，到达太阳层顶的太阳辐射约为 342W/m^2，在向地球表面传播的过程中部分被云和大气中的物质吸收，部分被反射回外太空，只有约 55%的短波辐射可以到达地球表面。到达地球的太阳辐射有一小部分被反射回去，反射的太阳辐射与到达地球表面的太阳辐射的比率即为反照率（albedo），这一数值大小与地表特征有关。总体来讲，只有不到一半的太阳辐射被地面或海洋吸收。

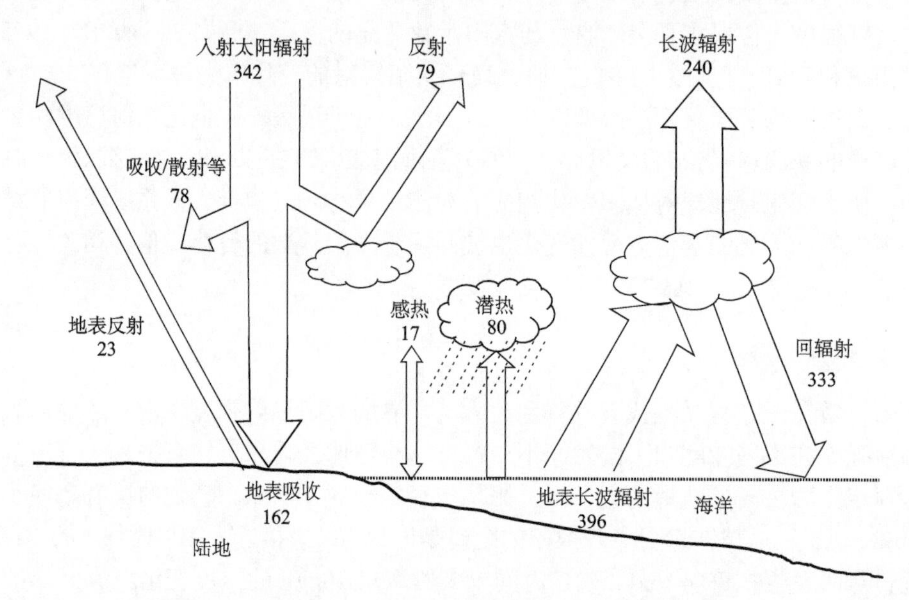

图 2.5　大气-海洋/陆地间的热量交换（单位 W/m^2，数值参考 Kiehl and Trenberth，1997 修改）

被地球吸收的太阳辐射大部分集中在热带海洋的上部（Kallberg et al.，2005）。热带大气透明度太高，从而无法吸收大量的辐射。想象学校里一个寒冷、晴朗的冬日，太阳照射一整天，但空气依然寒冷，可如果你穿着黑色外套，站在有风的室外，太阳会很快使你的外套暖和起来。像加热外套表面一样，阳光会穿过大气加热海洋的表面。大部分的海洋看起来是深蓝色，甚至是黑色的。海表吸收了太阳位于高空时所辐射热量的 98%。

海洋吸收的热量会随着蒸发而损失（确切地说是释放潜热）。我们可以将这想象成是海洋出汗。蒸发的水蒸气被信风带到赤道辐合带并凝结为雨。水蒸气的凝结释放潜热，加热空气。温暖的空气上升，凝结成雨，释放更多的热量。热带海洋的大部分区域年降雨量超过 3m（约 8mm/d，图 2.6）。

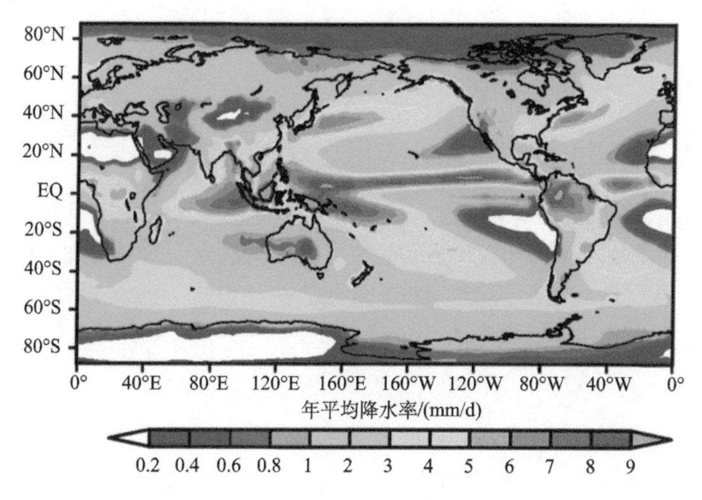

图 2.6　1979～2014 年间年平均降水率（Adler et al.，2017）

热带地区的对流风暴持续时间短，但可以产生强降雨。据估计，40%的热带降雨强度超过 3cm/h。最强的降雨通常发生在太阳位于当地正上方时。在赤道上，这种现象每年发生两次，分别在三月和九月，因此赤道上有 2 个雨季和 2 个旱季。离赤道地区越远，两个雨季逐渐变成一个，越接近于一个雨季和一个旱季的季风气候。北半球的雨季为五月到七月，南半球为十一月至次年二月。

海洋还可以通过红外辐射（能）向大气损失热量，这种现象也大多发生在热带地区。红外辐射被热带地区大气中的水蒸气吸收，可以对大气进行进一步的加热。如图 2.5 所示，地球表面发出长波辐射，其中一部分被云和温室气体吸收，同时大气向地面和太空发出长波辐射，因此地球表面的净长波辐射通量远小于其向外辐射的能量。此外，海洋与大气间还可以通过感热、潜热等方式交换热量。

海气间的热量交换由进入海洋的太阳辐射、海洋净长波辐射、感热和潜热通量共同决定。海洋局地净热通量表达式可以写为

$$Q = Q_{sw} - Q_{lw} \pm Q_{sh} - Q_{lh} \tag{2.3}$$

式中，Q_{sw} 为进入海洋的太阳短波辐射；Q_{lw} 为海洋净长波辐射（即海面有效回辐射）；Q_{sh} 为海气界面的感热通量；Q_{lh} 为潜热通量。各项向上为正。

（一）太阳短波辐射

海洋对太阳辐射的吸收率可根据式（2.4）进行计算：

$$Q_{sw} = Q_{I0}(1 - a_s)(1 - 0.7n_c) \tag{2.4}$$

式中，Q_{I0} 为无云情况下到达地球表面的太阳辐射净通量，方向向下；a_s 为海表反照率；n_c 为天空被云覆盖的部分。

通过海气界面进入海水的太阳辐射绝大部分被海水吸收转化为热能，其中大部分能量被水分子吸收。溶解在海水中的盐可微弱地吸收紫外线，悬浮物和浮游生物根据其种类和浓度不同可吸收不同量值的太阳辐射。同水分子类似，液态水可吸收大部分红外辐

射和部分可见光辐射，海面数米之下没被吸收的蓝绿光部分散射回大气，因此海水看起来是蓝绿色的。

（二）海面有效回辐射

海洋接收到太阳短波辐射和来自大气的长波（红外）辐射，同时也向大气散发长波辐射。入射能量和海水长波辐射损失的能量间的平衡决定了海表的辐射情况。决定海水长波辐射量值的参数是海表面温度。海洋向上的净长波辐射热量通量（单位为 W/m^2）可以由下面的经验公式进行估算：

$$Q_B = 0.98\sigma T_s^4\left(0.39 - 0.05\sqrt{e_a}\right)\left(1 - 0.6n_c^2\right) \tag{2.5}$$

式中，$\sigma=5.7\times10^{-8}W\cdot m^{-2}\cdot K^{-4}$ 为 Stephan-Boltzman 常数；T_s 为海表温度；e_a 为标准高度（10m）上的水汽压（mbar），典型值为几十 mbar（大气压略高于 1000mbar）。两个括号内的负值项 $-0.05\sqrt{e_a}$ 和 $-0.6n_c^2$ 分别表示被云和温室气体阻隔或反射回的通量。完全被云覆盖的天空可以减少 60%的辐射损失。

（三）感热通量

海洋与大气的直接接触使热量可以在两个介质间通过热传导进行传递，这种单位面积上的热量交换称为感热通量。微观上来讲，这种交换方式是通过两种流体间的分子碰撞进行的，热量从较热（运动较活跃）的分子向温度较低（运动较慢）的分子传递。感热通量依赖于近海面大气和海表面的温度差。海面上大气的湍流运动和强风可加强高层大气与近海面大气的混合，增大海洋与大气的接触，从而促进感热的传递。海气间的感热通量很难直接测量，一般用经验公式进行估算：

$$Q_{sh} = \rho_a C_H u(T_s - T_a) \tag{2.6}$$

式中，Q_{sh} 为海洋向大气传递的感热通量；C_H 为表征大气湍流程度的函数，其典型值为 0.83×10^{-3}（层化大气）和 1.10×10^{-3}（强混合大气）；T_s 为海表温度；T_a 为低层大气的温度，一般取海面上 10m 高度处的值作为近海面气温的代表值。海气间的温差一般不超过 2℃，因此海气间通过感热传递的热量量值很小。

（四）潜热通量

当海水蒸发时，水蒸气吸收海洋中的热量进入大气，在大气中凝结成水滴或冰晶——通常变成云，所挟带的热量释放到周围大气中。这种热量的传递是通过水分子的相变进行的，称为潜热通量。这部分的热量输入可增加大气中云的浮力，使其到达对流层更高处，有助于在大气中生成新的压强梯度，从而驱动大尺度大气运动。

海洋向大气传递的潜热通量可由式（2.7）计算：

$$Q_{lh} = L_v E \tag{2.7}$$

式中，E 为蒸发率，单位为 $kg/(m^2\cdot s)$；L_v 为水的蒸发潜热，即 1kg 水变为水蒸气需要的热量，通常取 $L_v=2.5\times10^6 J/kg$。海面上数毫米内的大气中水蒸气是饱和的，蒸发率取决于这一薄层与整个行星边界层内水汽含量的梯度。海水的蒸发率很难直接测量，通常用经验公式来进行估算：

$$E = C_E \rho_a u (q_s - q_a) \tag{2.8}$$

式中，$C_E \approx 1.5 \times 10^{-3}$ 为一个无量纲的参数；q_s 和 q_a 分别为海面饱和大气（此处大气温度同海表温度相同）和海面上 10m 高度处的比湿，单位为 g/kg。

三、动量交换

风速大小决定了海气界面水平运动的主要特征。通常用到的海气界面的动量、热量、水汽、气体等通量的参数化公式都依赖于海面风速大小，通常用海面上 10m 处的风速来表示（Ronbinson，2010）。风吹过海面，向海洋施加作用力，将动量从大气传入海洋，使水体混合，产生各种尺度的运动。

（一）海气边界层

海洋与大气之间的物质和能量交换在海气界面两侧的薄层内进行。贴近海气界面的薄层称为黏性次层/片流副层，这一薄层内分子黏性占主导地位，动量、热量、物质等传递主要通过分子扩散作用进行，流体特性在垂向上差异巨大；黏性次层之外，大气和海水均为湍流状态，该层内湍流运动传递能量、物质的速度比分子扩散快几个量级。大气、海洋的湍流混合层表现为两个相互独立的、由湍流混合作用控制的、流体特性垂向均匀的"块体"，由大气、海洋的黏性次层分隔开来（Ronbinson，2010）。大气一侧的边界层称为行星边界层，它是大气中最低的一个层次，通常厚度为 1～1.5km（图 2.7）。在这一层内，大气运动充分湍流化，引起的湍流黏性力的量级与压强梯度力和科氏力大小相当或更高。行星边界层由下向上又可进一步划分为黏性次层、常通量层和埃克曼层。在常通量层内，由于湍流的作用该层大气混合均匀，水平动量等物理参数在垂向上的输送不随高度改变，因此海气间物质、能量的输运通常在该层内进行观测。

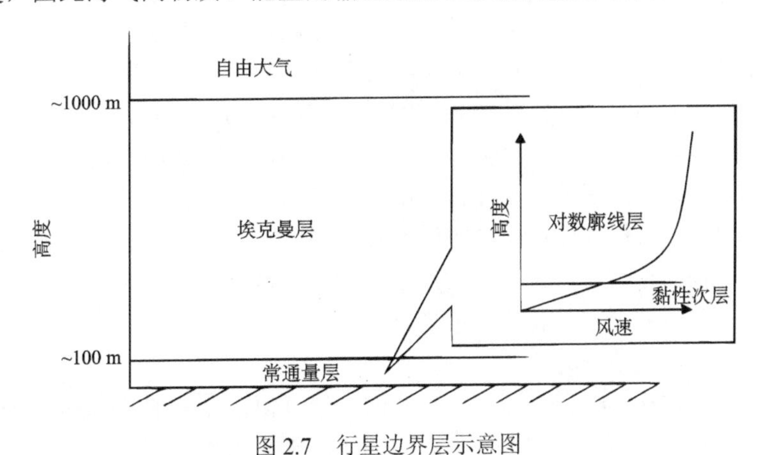

图 2.7　行星边界层示意图

（二）风应力

海洋学和流体力学中，风作用在大的水体之上的剪切应力称为风应力，即风作用在水体表面的力平行于表面的分量在单位面积上的大小。风应力受到风速、海水表面风浪的波形（不规则表面形状）、大气层结的影响，其大小 τ 可通过风速剪切或拖曳公式进行估算：

$$\tau = -\rho_a \overline{u'w'} = \rho_a C_D \left(U_{10} - U_0\right)\left|U_{10} - U_0\right| \tag{2.9}$$

式中，ρ_a 为大气密度；u' 和 w' 为大气湍流扰动速度的水平和垂向分量；U 为风速大小，下标 10 和 0 分别为标准高度——海面上 10m 和海气界面上的值；C_D 为动量传输系数，通常称为拖曳系数。早期研究中，人们认为拖曳系数为常数，后来发现拖曳系数应该与风速有关，当风速低于 6m/s 时，$C_D \approx 1.1\times10^{-3}$，高风速条件下 C_D 也趋于稳定，对于中等风速条件（$6\text{m/s}<U_{10}<22\text{m/s}$），通常用线性关系来对 C_D 进行拟合：

$$C_D = (a + bU_{10}) \times 10^{-3} \tag{2.10}$$

（三）动量传输形式

大气主要通过两种方式向海水输送动量：

（1）通过黏滞应力——切应力引发平均流。常通量层内风速随高度的对数分布使近海面风场形成垂向梯度（剪切），为动量向海水中传递提供途径。一般来说这种剪切流是不稳定的，因为在这种流动中倾向于产生小的扰动，使流动变成湍流状态。湍流由小涡旋组成，其存在会改变剪切的结构。上层速度较大的气团倾向于向下运动，低层速度较慢的涡旋倾向于向上运动，产生净向下的动量传输。这些动量以拖曳的形式传到海面。显然，这种应力大小取决于风速和剪切的大小。海表获得动量开始运动，同样也对其下一层的水体形成拖曳，驱动下层水体运动，在海水中形成剪切流。这种剪切流同样也是不稳定的，上层速度较大的水体微团倾向于向下运动，下层速度较小的水体微团倾向于向上运动，形成湍流混合，使动量从海面进一步向下传输（Bigg，2003）。

（2）正压力脉动导致海面波动及向深水传播的近惯性波动。表面波动又因其非线性产生次级波流，而伴随近惯性波动的则是近惯性流。自然界的风具有显著的湍流性质，当它吹行于水面时，后者受到的正压力是不均匀的，从而产生水面起伏，形成波动。变化着的压力和其产生的波动均由频率不同的成分构成，当压力和波动中同一频率的成分间发生共振时，该频率的波动成分随时间增大，风浪通过“共振”这一机制生成。

风场能量输入海浪仅限于一个非常狭窄的范围内。大气输入的动能通过不同频率的各成分波之间的非线性相互作用向高频和低频传递。随着大气动量的输入，风浪不断成长，大气能量传输的结果使得风浪的波高不断增大，直到波浪形状变得不稳定而破碎，这种破碎浪称为白浪或白冠，属于溢波破碎。

近岸波浪破碎可大致分为三类：

（1）溢波（spilling breaking wave），在波峰附近出现少量浪花，浪花逐渐向下沿波面蔓延，波面前侧布满泡沫，波浪消失。它一般出现于深水波陡较大、水底坡度较小的情形。

（2）卷波（plunging breaking wave），波面随着深度的变浅而变得不对称，直至前侧成为铅直，进而向前卷倒而破碎。它出现于深水波陡较小而水底坡度较大的情形。

（3）崩波（surging breaking wave），当海底坡度非常大时，其波峰基本上保持不破碎，以一种具有湍流特点的水体移向海岸，滑上岸坡然后退回海中，有些类似驻波的振动。这种现象的一个极端情形就是形成直立的防波堤，波峰直接拍打在防波堤上而破碎。

根据实验室观测，波浪破碎损耗大约40%的动量，其中有近50%输送给平均流，另外近50%用以维持破碎水体气泡的形成和湍流混合。波浪破碎是强非线性过程，也是海气间的强交换过程。波浪破碎形成的白冠可卷入大量气体，促进海气间的气体交换。气泡破碎形成的射流和飞溅液滴等则促进了海洋向大气中的水体、气溶胶等物质传递。

第三节　海洋与大气之间的物质交换

海洋与大气间可以通过海气界面交换气体、颗粒物等物质，如CO_2在海气间的交换是全球碳循环的主要组成部分，海洋向大气逸散的固体颗粒物等则是大气中凝结核的重要组成成分。由于其物理特性的差异且在海洋、大气中的含量不同，这些物质的交换速率并不相同，且受到不同物理参数的影响。

一、水 汽 交 换

地球上97%的水在海洋中，海洋提供了陆地上几乎所有的降水。海气界面上的水汽交换通量的变化可以改变水汽循环的强度，从而影响天气的发展过程和调节气候系统。当海洋中的水蒸发时，可吸收海洋中的热能转变为气态进入大气中。水蒸气向上扩散，并随着大气运动水平移动，当空气中的水蒸气过饱和并遇到合适的凝结核时，再次凝结成液滴，将挟带的热能释放到大气中，完成海洋向大气的潜热输运。另外，蒸发和降雨也可以通过产生水平方向的密度梯度来驱动海洋环流。蒸发减少表层海水中水的含量从而增大溶解盐的浓度使盐度增大，从而增加表层水的密度；降雨则对海洋输入淡水，减小表层海水的盐度，从而降低海水密度。虽然蒸发—降雨过程产生的密度梯度对局地海洋环流的驱动作用在整体上弱于风生流，但部分区域蒸发/降雨的作用较为重要，如地中海对大西洋北部环流的影响归根结底是受该区域强蒸发的控制；红海和波斯湾的蒸发率也非常显著（Bigg，2003）。

作为一种重要的温室气体，大气中的水汽对能量平衡有非常重要的意义。如果水汽只能通过分子扩散输送，那么在海气界面上，水蒸气只会向上扩散，直到大气中的水汽饱和。然而，太阳辐射不均匀（辐射效应）驱动了大气运动，如垂向对流——大气底部加热多于顶部而引起的垂向低层大气上升高层大气下沉，水平对流——热带辐射总体多于极地，由水平压强梯度导致的空气水平流动等，大气并不总是饱和的。当低层大气上升，温度随周围空气降低，水蒸气饱和度减小，水汽过饱和凝结成水，最终作为降水落到地球表面；水汽含量降低的大气随水平运动移动到其他位置，再次向下运动时变得不饱和，当其降到足够低的高度时（行星边界层上界），部分比较干燥的空气被卷入涡流中带到海面附近，继续容纳蒸发的水汽，并受热上升，形成水汽循环。

蒸发量与降雨量的差值（$E-P$）取决于大气环流的结构，蒸发量最大值出现在副热带高压带，降雨量的极大值则分布在中纬度西风带区和赤道辐合带（ITCZ）。东西方向上也存在蒸发—降雨的不均匀性。大西洋由于蒸发强于降雨，盐度比其他海域高约 5%。这一差异是现代海洋全球输运的驱动因素之一。$E-P$ 经向分布的差异可能是过去 2 万年间全球海洋环流结构巨变的原因之一。

二、气 体 交 换

海洋是水溶性气体的巨大储存池，通过海气界面的各种过程释放或吸收气体，是可溶性气体的源或汇（Wallace and Hobbs，2006）。可以预见，非活跃性气体如氮气和惰性气体等在全球大洋中应有相近的浓度。另外还有些气体是人类活动产生的，如含氯氟烃（Chlorofluorocarbons，CFCs）和过量的 CO_2。这些气体在海洋中的浓度分布有助于研究海水由表面向深海的运动。对于仅由人类活动产生的气体（如 CFCs），海洋是单纯的汇。但由于 CFCs 化学性质不活泼，这些气体向大气中释放的速率远大于海洋的吸收速率，海洋这一“汇”的作用很小。某些气体（如 CO_2）在水中较活跃，海洋可吸收远大于其在大气中比例的质量，因此海洋是重要的碳汇。

气体在海气界面的交换速率取决于气体的分压、在海水中的溶解度和气体交换速率。如果离开海洋的某种气体分子与同一时间内由大气进入海洋的数量相同，则认为该气体交换达到平衡，并且海水中该气体已饱和。大气中的气体在海洋表层中通常接近于饱和状态，甚至由于波浪破碎卷入气泡的溶解带入更多气体而常常处于过饱和状态。

对于某一种气体，如果大气中没有其他气体并且海气两侧气体交换已经达到平衡态，该气体的溶解度决定了海洋吸收这一气体的难易程度。但对流层中的大气是许多气体的混合物，且驱动气体通过海气界面的作用力是气体在两种介质中的浓度差（或分压差），因此某一气体穿过海气界面进入海洋的通量可以利用经验公式进行估算：

$$F_{gas} = s \cdot k_T \cdot (P_a - P_s) \tag{2.11}$$

式中，s 为某一气体在海水中的溶解度；P_a 和 P_s 分别为该气体在大气和海洋中的分压；k_T 为该气体的交换速率，代表由于海况和大气稳定性引起的交换速率的变化。

平静海面和稳定层结的大气仅能产生较慢的气体交换，因为这一状况下海表大气更新缓慢且气泡卷入非常少；相反，粗糙海面（波涛汹涌）和强风可以促进海表气体的更新并通过大量气泡的产生有效促进分子扩散从而大幅提高气体交换率。当风场强到足以引起波浪破碎时，海况和交换速率会产生突变，因此通常用风速作为海况和 k_T 变化的表征量。除此之外其他影响交换速率的物理量也需要考虑，如低风速时气体的溶解度对 k_T 的影响不可忽略，如风速为 4～5m/s 或更低时可与水发生化学反应的 CO_2 的交换速率比 O_2 高 50%左右；而高风速时波浪破碎泵入惰性气体的速率则高于泵入化学性质活泼气体的速率。波浪破碎时卷入大量气体在海面形成大面积的白冠，白冠由强富氧水组成。因此波浪破碎是大气中气体进入海水中的重要通道，强风区和破碎的波浪可以显著增加表层海水中溶解氧的含量。影响海气间气体交换率的因素还有热量输送。如果大气较湿润且海洋温度较低，局地热通量进入海洋，水汽在海表凝结从而降低进入海洋的气体通量。

三、颗粒物交换

大气中的主要颗粒物为气溶胶。广义来讲，气溶胶是指地面到大气层顶的大气中悬浮的各种微小颗粒物。这些颗粒物的主要来源包括灰尘、烟灰、海盐等。除此之外，植物释放的有机化合物、液体酸滴、其他物质碰撞所致的物理或化学反应产生的颗粒物也提供了部分气溶胶。这些颗粒物通过强风卷入、火山喷发、烟囱口飘走等方式进入大气，海浪破碎时会形成大量飞沫（spray），将海水液滴甩入大气中，其中一部分液滴中的水在落回海面前蒸发，溶解的盐等物质被大气边界层中的湍流运动滞留在空气中，作为大气凝结核（气溶胶）的一部分。另外，波浪破碎可以向海水中卷入大量的气泡，大部分气泡在其中的气体被溶解前返回海面。由于气泡中的气压高于大气压，气泡在海面破碎并在气泡底端形成小股射流（Wright and Colling，1995）。这种射流分裂成若干液滴，其中一部分落回海面，但有一部分被风迅速带走。落回海面的射流液滴可以进一步激起飞溅液滴，进一步向大气中输送水滴和盐等颗粒。

气溶胶主要通过两种方式影响气候：

（1）通过改变进入大气的热量直接影响气候。不同物理特性的气溶胶以不同的程度散射或吸收太阳辐射，其中浅色或透明颗粒物倾向于散射太阳辐射，从而使地球表面降温；深水颗粒物质则倾向于吸收太阳辐射，使大气升温而对地球表面产生遮蔽。

（2）通过影响云的形成和发展方式等间接影响气候。干洁大气中水汽凝结核较少，云中液滴较大；气溶胶含量高的大气中（如污染大气等），云中液滴的粒径小，更易反射太阳辐射，导致地球表面降温。目前气溶胶间接作用导致气候变化的程度尚未确定。

气溶胶可通过干沉降和降雨两种方式离开大气到达地面/进入海洋。海表接收的来自大气的颗粒物，其中一部分是由海表释放出去的，另一部分则来源于大气中物理、化学过程中更小颗粒物或气体的凝结，大部分是由陆地表面流入海洋或被大气环流带入海洋（这部分物质可能来源于几千公里之外）。这些物质的进入从多方面影响海洋环境，如影响浮游植物的营养物质供应等。另外，海洋也通过蒸发、气泡破碎、飞沫等持续向大气输入颗粒物质。

综上，海洋与大气不是孤立的，两种流体之间紧密联系，相互作用，是动量、热量、能量和物质的耦合系统（coupled system）。海气界面活跃的物质和能量交换也塑造了全球的天气和气候特征。

第三章　热带海洋大气相互作用与主要的气候变异模态

低纬度赤道两侧盛行信风的热带地区是驱动全球气候变化的引擎，是认识和预测气候变化的关键区（刘秦玉等，2013；朱乾根等，2015）。热带海表温度常年较高，全球降水也主要集中在热带。热带印度洋-西太平洋海表面温度（sea surface temperature，SST）≥28℃的西北太平洋暖池（western pacific warm pool，WPWP）集中了全球40%的暖水，是全球海温最高、海气热量交换最剧烈的区域，也是全球台风的主要发源地之一（黄荣辉等，2016）。热带太平洋南美东部海域存在一个水温较低的冷舌区（李建平等，2013）。热带太平洋东部冷舌区与西部WPWP区显著的降水纬向差异，是热带海洋大气相互作用的直接例子。

东北和东南信风辐合所形成的ITCZ是热带地区主要的大型天气系统，主要由深厚的对流云组成，雷暴、台风、热带云团等的生成和发展也与它有关。ITCZ位置有明显季节性移动的特征（Bischoff and Schneider，2014），在亚洲季风区，ITCZ位置的季节变动十分明显。热带大气将热带太平洋、热带大西洋和热带印度洋以及南海联系在一起，构成了统一的热带海洋大气耦合系统。各种短、中、长期天气过程必与其相关的平均大气环流和大洋环流过程为背景，而热带大气环流和大洋环流的异常变化也会导致天气和气候的异常。本章主要讨论热带海气相互作用形成的大气和海洋的基本环流，以及产生的年际信号和年代际气候模态等。

第一节　热带海洋大气系统

一、热带大气环流

（一）Hadley环流

1735年英国气象学家George Hadley第一次提出南北半球尺度的单圈环流假说。之后，随着观测资料的增多以及对大气环流认识的深入，美国气象学家Rossby于1941年提出三圈环流理论。该理论认为地球自转和太阳辐射存在经向分布差异，使得南北半球在经向方向上形成三个闭合环流圈，低纬度地区的环流圈为Hadley环流（图3.1）。Hadley环流圈形成的原因可简述为：热带洋面加热赤道附近对流层低层暖湿空气，导致上升运动并伴随凝结潜热释放，高空变成干冷空气分别向南向北移动。以北半球为例，向北移动的气流受到地球科氏力作用向右偏转，在30°N附近偏转为西风，因此高空干冷空气在此堆积并下沉。到达近地面气流又向南向北移动，向南一支同样受科氏力作用，偏转为东北信风，由此形成闭合的经向环流圈。关于Hadley环流的动力机制研究也可参考Held和Hou（1980）的研究。也有研究发现，火星上也有类似的闭合环流圈。作为最重要的大气环流之一，Hadley环流能将热带地区的能量和角动量传输到副热带地区（Hu et al.，2018）。从图 3.1 可以发现 ITCZ 为 Hadley 环流的上升支，对应下界较暖，而副热带高压为其下沉支，对应下界较冷，因此 Hadley 环流也是热力驱动的直接环流圈。低纬度干旱和沙漠地带的形成与 Hadley 环流下沉支密切相关（Charney，1975）。Hadley 环流的边界代表其范围，包括热带和部分副热带区域。

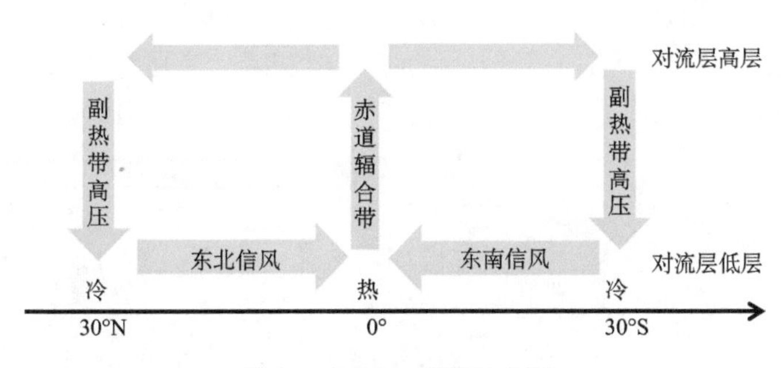

图 3.1 Hadley 环流示意图

根据 Oort 和 Yienger（1996）的定义，对纬圈平均经向风进行垂直积分得到质量流函数（mass stream function，MSF），以此来代表 Hadley 环流的强度和位置，正值（负值）表示顺时针（逆时针）环流，绝对值越大（小），表示南北质量输送作用越强（越弱）。Hadley 环流的强度和位置对海温的增加很敏感，如其强度会随 ITCZ 地区海温的增加而增强，而随下沉支对应区域的海温增加而减弱，其位置会随着下沉支靠近热带一侧海温的升高而向极地移动（Zhou et al.，2019）。由多年平均的 MSF 纬向-高度剖面可以发现，Hadley 环流的位置和强度有明显季节变化，冬半球环流较强。近半个多世纪以来，热带和 Hadley 环流有向极扩张的特征，这是大气环流对全球变暖的响应，这种变化会对全球副热带地区的经济和气候产生深远影响（Seidel et al.，2008；Lu et al.，2007；Xia et al.，2020）。随着温室气体的增加，Hadley 环流的向极扩张趋势在增加（Lu et al.，2007），而扩张速率因观测资料和模式的不同则有所差异（Grise and Davis，2020）。在季节尺度上，Hadley 环流扩张的速率也存在差异（Hu et al.，2018）。Hadley 环流的向极扩张意味着其下沉支对应的亚洲热带干旱区有向极地移动的趋势。在热带地区，使用各种度量标准来定义 Hadley 环流的宽度，如副热带急流的位置、副热带对流层顶高度的最大经向梯度、最大向外长波辐射、最大海平面气压、副热带降水减蒸发的零线等，这些指标通过强调热带大气的不同属性来表征 Hadley 环流的宽度（Hu et al.，2018）。

（二）**Walker** 环流

美国气象学家 Bjerknes（1969）将热带太平洋赤道附近由海温和气压纬向梯度驱动的环流定义为沃克（Walker）环流。其形成机制可简述为：赤道东太平洋气温相对于西太平洋偏冷，水汽偏少，因此该地空气较重，容易下沉，近地面气压偏高。西太平洋地区存在 WPWP，暖湿空气较轻，受热易辐合上升，气压偏小，对应高空气体堆积，空气向周围辐散。赤道太平洋高空纬向方向上有一支向东的气流到达太平洋东岸，低空为东风气流，由此形成闭合的纬向环流圈，即 Walker 环流。气候平均状况下，赤道太平洋和印度洋分别存在一个明显的顺时针和逆时针 Walker 环流[图 3.2（a）]，太平洋 Walker

环流作为热带气候系统最突出的特征，也是 ENSO 的重要组成部分。Walker 环流上升支所在区域海面温度高，地面降水较多，而下沉支对应海温低，降水少[图 3.2（b）]，环流上升支和下沉支对应的海洋中存在上升流和下降流。太平洋和印度洋共享的 Walker 环流上升支位于印度尼西亚—菲律宾一带的海洋性大陆及 WPWP 地区，如果赤道中东太平洋海表温度出现异常偏暖，Walker 环流上升支会出现反向或者东移。观测和模拟对 Walker 环流的年际变化趋势存在矛盾，模式认为随着气候变暖，其强度有减弱趋势（Zhao and Allen，2017），而观测资料显示则有增强趋势（Chung et al.，2019）。

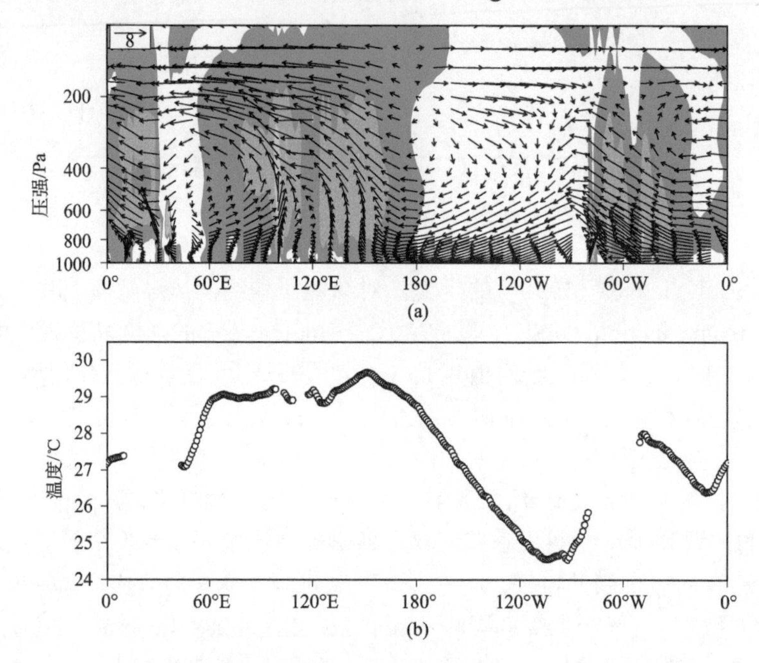

图 3.2 赤道 Walker 环流（a）与海温（b）分布的关系

（a）中阴影表示上升；资料分别来源于日本气象厅 JRA-55 再分析资料和英国气象局哈德莱中心 HadiSST 资料

（三）热带季风环流

季风是指近地面冬夏季盛行风向接近相反且气候特征（主要指降水）明显不同的现象。亚洲季风是全球季风最明显的区域，根据盛行风所处经度和纬度的不同，亚洲季风可以分为印度季风（也称南亚季风或西南季风）和东亚季风。这两个系统相互独立又相互影响（丁一汇等，2013），东亚季风又可分为南海热带季风和东亚副热带季风，南海热带季风通常又被叫作南海季风。南海季风连接印度季风和东亚季风。由于海陆热力性质差异，夏季欧亚大陆升温快气压低，热带洋面升温慢气压高，因此印度季风和南海季风低空盛行西南风；冬季风向基本相反，但强度较夏季风偏弱。热带季风区冬、夏季降水差别也很大。

南海季风是典型的热带季风，主要有澳大利亚高压、越赤道气流、西南季风、西太平洋高压、高空南支东风急流和北支东风急流（梁必骐，1991）。稳定而强大的季风是南海上层环流的主要驱动力。冬季南海地区低层为东北季风，高层为西南气流，一般当亚洲大陆冷高压明显加强、冷空气南侵数次后，东北季风就会在南海稳定建立。夏半年低空为西南季风，高空为东北气流并伴随有东风急流，7 月是西南季风盛行期。夏季风主要来源于南半球越赤道气流，但不同时期的南海夏季风来自不同的越赤道气流。2018 年南海夏季风于 6 月 1 候暴发，暴发时间较常年（5 月 5 候）偏晚 2 候；于 10 月 1 候结束，较常年（9 月 6 候）偏晚 1 候；南海夏季风强度指数为 1.14，强度明显偏强。从逐候强度指数演变来看（图 3.3），南海夏季风在夏季（6～8 月）表现出明显偏强的特征，除 6 月 1 候、6 月 5 候至 6 候、7 月 6 候至 8 月 2 候偏弱以外，其余时段都明显偏强。进入 9 月以后，南海夏季风较常年偏弱。2018 年东亚副热带夏季风较常年显著偏强，强度指数为 4.31，为 1951 年以来最强。夏季风暴发后，我国汛期降水开始显著增强，因此南海夏季风监测是每年气候服务的重要内容（任素玲等，2018）。

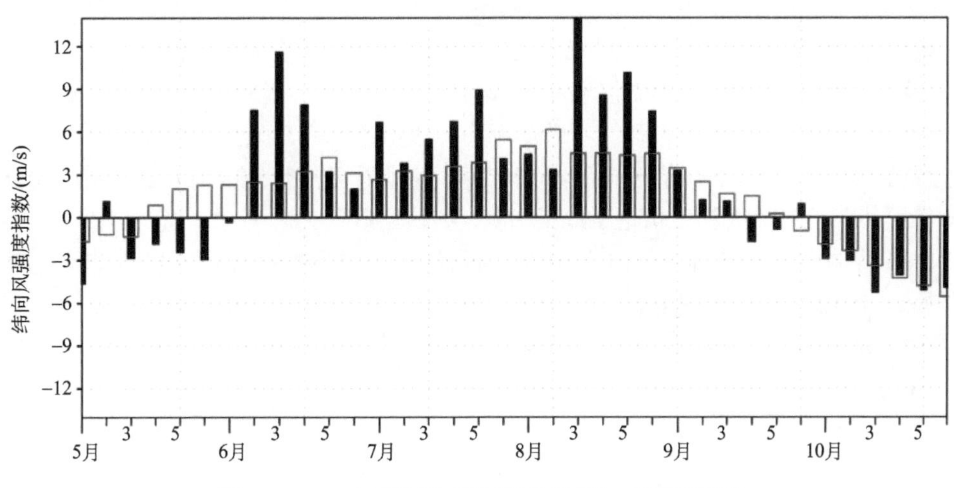

图 3.3　2018 年南海季风监测区逐候纬向风强度指数

红色方框表示常年值；据中国气象局《2018 年中国气候公报》

二、热带海洋环流

海域中海流首尾相接，形成相对独立的海洋环流系统。海洋环流可以联系世界各大洋，使各大洋的水文、化学要素及热盐状况保持长期相对稳定。海洋环流分为风生环流（又称表层环流）和热盐环流。世界大洋环流属于大尺度海流系统，是由大尺度的大气环流系统和热盐分布共同决定的。全球上层海流主要的表层流系有赤道流系、西边界流、西风漂流、东边界流和极地环流。北太平洋、北印度洋和北大西洋上存在顺时针反气旋式的大洋环流，而南半球则存在逆时针反气旋式的大洋环流，这种现象主要由大气低层风应力驱动所造成。在赤道太平洋上，存在一支由西向东的强劲赤道逆流（Vallis，2017）。

（一）赤道流系

热带海域受信风驱动作用，表层海水具有大规模稳定且定向流动的特点。与两半球信风带对应的分别为南赤道流（south equatorial current，SEC）和北赤道流（north equatorial current，NEC），亦称信风流。SEC 和 NEC 均从东向西流，横贯大洋，最强的 NEC 和 SEC 分别出现在北半球冬季和南半球冬季。南北赤道流流幅较宽（约 1000km），深度达 500m 左右。太平洋南赤道流在 5°N 和 15°S～20°S 之间流动，北赤道流在 10°N～25°N 之间流动。大西洋南赤道流在 0°～20°S 之间流动，北赤道洋流在 10°N～20°N 之间，而印度洋季风洋流性质明显。赤道流对南北半球水量交换起重要作用，特别是大西洋。同时赤道洋流使东海岸的气候变暖，湿度更高，而西部则处于干旱状态。印度洋东部东南侧的南赤道流具有很强的季节内变化，变化周期为 40～80 天，变化的水平尺度为 100～150km（Feng and Wijffels，2002）。

赤道洋流达到大洋西岸，一部分海水由于南北方向风应力分布不均和海水补偿作用而折回，从而形成北赤道逆流（north equatorial counter current，NECC）和赤道潜流（equatorial under current，EUC）。北赤道逆流从西向东流，季节特征明显，最大流速可达 1.5m/s，为高温低盐海水（张学洪等，2013）。赤道大西洋有明显的南北赤道流和赤道逆流，季节特征明显。赤道潜流位于赤道海面以下，流动于 2°S～2°N 之间，轴心位于赤道海面下 100m 处，流速更强。赤道洋流和赤道潜流海区，表层水以下都存在着温度和盐度的跃层。从图 3.4 数值模拟的结果也可清楚地看见热带地区的几支海流，温跃层（20℃等温线深度）纬向梯度可达 100m 左右，温跃层以上为暖海水，温跃层以下为冷海水。NECC 从暖池自西向东在 5°N～10°N 之间流动，且该地区的海表面高度相对较高。模拟的赤道潜流（EUC）可达 250m 的深度，轴心约位于 90m 深处（张学洪等，2013）。

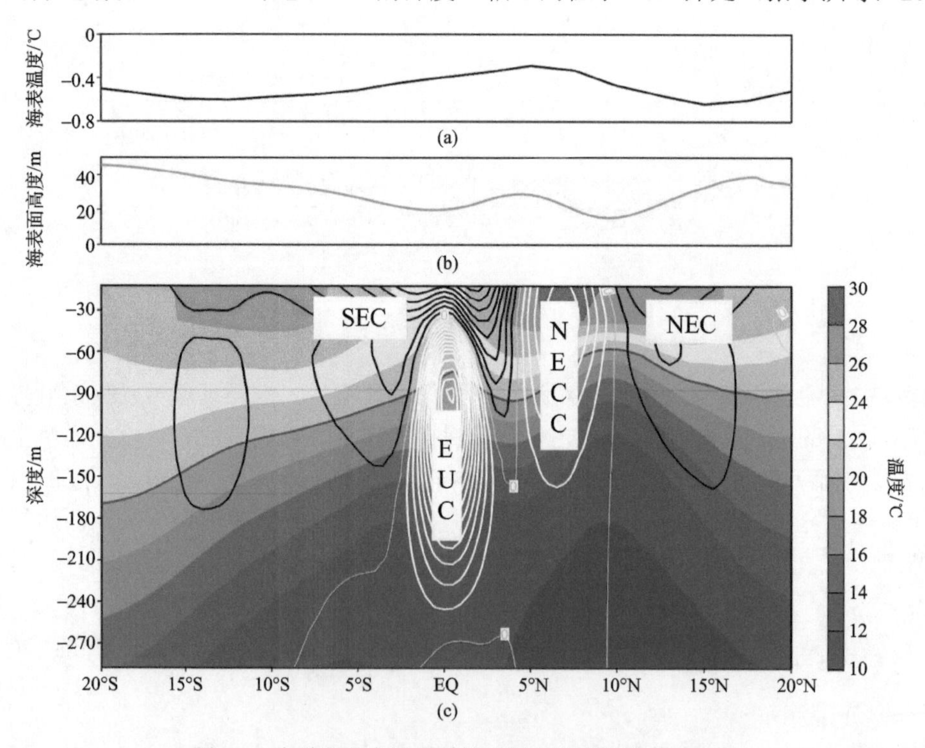

图 3.4　赤道海洋赤道流系剖面图（张学洪等，2013）

（a）海表温度；（b）海表面高度；（c）白线和黑线分别代表东向和西向海流，蓝色粗线表示 20℃等温线，阴影区表示海温

南北赤道流到达大洋西岸有一支向高纬度流去的暖流，流速较大，流幅较窄较深，具有高盐和高水色的特点，常称为西边界流。西边界流主要是由科氏力随纬度变化所致，全球最典型的两个西边界流分别为黑潮和湾流。

墨西哥湾暖流又叫湾流，为全球最大暖流，最早是由西班牙探险家德莱昂于 1513 年发现。该洋流源于墨西哥湾，流速强，沿北美洲东岸向北大西洋东北方向流去，形成北大西洋暖流。湾流将热带的热量传输到中高纬度，对北大西洋温带气旋和低云的形成以及沿岸地区和国家的气候有重要影响（Minobe et al.，2008）。黑潮即日本暖流，因其高温高盐且表层海洋生物丰富，在水的折射作用下，使得水色呈现深蓝色，远看似黑色，因而得名黑潮。黑潮是北赤道流到达菲律宾东岸分叉北上的暖流，它是西太平洋最大的海流，黑潮具有明显的季节变化特征（Rudnick et al.，2011；Wu et al.，2014）。影响黑潮的因素除大尺度风外，还有热带海温异常，局地风应力和地形等，数值模拟结果显示大气中温室气体增加会使黑潮强度增强（Sakamoto et al.，2005）。黑潮是连接中国近海和太平洋的主要输送通道，生物资源丰富，且蕴藏着巨大洋流能。北太平洋热量的向极输送主要集中在黑潮及其延伸体附近，黑潮区域的海温异常不仅与大气环流及东亚季风的进退有密切关系，也对中国气温和降水有影响。

（二）南海环流

南海面积约 $3.5\times10^6km^2$，平均水深 1800m，最大水深 5000m。南海海区既有水深 100m 的宽广大陆架，又有险峻的大陆坡和广阔的深水海盆，还有众多岛屿和暗礁。南海海盆通过吕宋海峡与太平洋相通，其中巴士海峡最深，其海槛深度可达 2400m，是连接外洋的主要深水通道（Hu et al.，2020a）。作为地球上最主要的半封闭海盆之一，在季风、海峡水交换以及复杂地形影响下，南海环流呈现出独特的三层结构以及远强于大洋的混合特征。南海表层环流具有明显的双涡结构，其季节变化和空间特征明显，北部冬、夏季均为气旋式环流，南部则冬季为气旋式环流，夏季为反气旋式环流。南海中层和深层分别为反气旋式和气旋式环流，无明显季节变化。南海中深层水体的垂直交换会影响营养盐、溶解氧的空间分布，但其影响机制尚不清楚（王东晓等，2019）。南海还是中尺度涡活跃海区，太平洋扰动、黑潮入侵、季风场强迫和局地流场不稳定等是南海中尺度涡形成的主要机制（王桂华等，2005；郑全安等，2017；Xie et al.，2020），黑潮对南海环流的影响主要在北部（苏纪兰，2005）。南海作为紧邻印度洋的太平洋边缘海，对热带太平洋和印度洋动力过程都有所响应，并在两大洋相互作用中发挥重要作用（Fang et al.，2009；Qu et al.，2009；Wang，2019）。

三、热带海洋与低纬大气环流的相互作用

海洋与大气之间热量、动量和物质的交换以及这种交换对大气、海洋各种物理特性的影响及改变称为海气相互作用。热量的交换主要为海表长波辐射及海水蒸发的相变潜热向大气输送热量的方式，动量交换主要是通过大气风应力给海洋输送动量，而物质交换主要是蒸发、降水过程中水汽以及海气界面 CO_2 等的交换。热带海气相互作用影响全

球气候，Bjerknes（1969）强调热带海洋对全球气候的驱动作用。

热带海洋通过释放感热和潜热加热大气，大气对流活动释放的潜热进一步驱动大气环流，对流的强度和位置决定了热带大尺度环流的强度和分布。纬向风、纬向温度梯度和赤道温跃层倾斜之间的相互作用（Bjerknes 正反馈机制）形成了 Walker 环流和对应的海洋环流体系（Stull，2015）。当赤道中部或者东太平洋海温异常时，会伴随纬向风应力异常、纬向温跃层深度异常、纬向气压梯度异常、Walker 环流异常等现象，印度尼西亚、菲律宾、南美沿岸等地的降水也会发生异常。我们把这种海温异常现象叫作 ENSO（关于 ENSO 的详细介绍见本章第二节）。当赤道中东太平洋海温异常偏暖达到峰值后的 3～6 月后，印度洋、南海和大西洋会出现海温的异常，海温异常会强迫大气环流异常，从而影响到天气和气候（Klein et al.，1999）。印度洋热带辐合带的形成、强度和位置，副热带高压的强度和位置以及热带气旋的发生发展均与热带海温有密切关系。同样，在印度洋附近，海陆温差造成了世界上最显著的季风区，而季风环流的建立与维持对海温的重新分布又有明显的影响。

四、热带海温异常对中纬度环流的影响

热带海温异常是影响大气环流的重要因子，Webster（1981）研究表明海温异常主要通过海表面对大气的非绝热加热强迫大气产生对流，进而影响大气环流。热带海洋是全球气候变化的强信号区，大气对于热带海表温度异常的响应比对中纬度海表温度异常的响应要明显得多。大气桥（atmospheric bridge）是指热带地区海温异常信号通过大气遥相关（atmospheric teleconnection）机制影响中纬度地区。太平洋、大西洋和南大洋都存在“大气桥”（Klein et al.，1999；Alexander et al.，2002），关于“大气桥”的进一步介绍可参考本章第二节和第三节。

第二节　厄尔尼诺-南方涛动

厄尔尼诺-南方涛动（ENSO）是影响全球气候年际变化异常最重要的气候模态，伴随着赤道中东太平洋海温异常的海洋大气相互作用过程。ENSO 可以造成全球气候异常，显著影响社会生产和生活。因此，对 ENSO 现象的发展演变、物理机制及其气候效应等方面的研究具有重要的科学和现实意义，也是海洋和大气科技工作者长期一直关注的重要问题（任宏利等，2020）。

一、厄尔尼诺的确定

一般每隔几年，南美沿岸秘鲁一带的海温在圣诞节前后会急剧上升，我们把这种现象称为厄尔尼诺（El Niño），El Niño 是西班牙文“圣婴”的意思。1997/1998 年超强厄尔尼诺事件爆发后，引起全球许多地区的气候异常，我国长江流域、嫩江和松花江流域遭受百年不遇特大洪水，造成极大的人员伤亡和财产损失。与 El Niño 现象对应的冷事件则称为拉尼娜（La Niña），1998 年 5 月 El Niño 事件结束后，7 月爆发强 La Niña 事件，

赤道中东太平洋海温在当年冬季异常偏冷。

美国气候预测中心（Climate Prediction Center，CPC）在赤道太平洋附近定义了 4 个关键海区（图 3.5），以此判断 El Niño 事件是否发生。CPC Niño 指标是基于 Niño 3.4 区（代表赤道中东太平洋）海温异常构造的海洋尼诺指数（oceanic Niño index，ONI）。规定 ONI 值在≥0.5℃（或≤–0.5℃）并至少持续 5 个月，即发生 El Niño（La Niña）事件。这种类型的气候异常事件最早被关注到，也被称为典型的或者东部型 El Niño 事件（eastern pacific type，EP）。由于 El Niño 现象具有多样性，关于确定其发生的指标较多（Trenberth，1997），也有学者（Cai et al.，2019）根据 El Niño 爆发的月份将其分为春季型和夏季型。

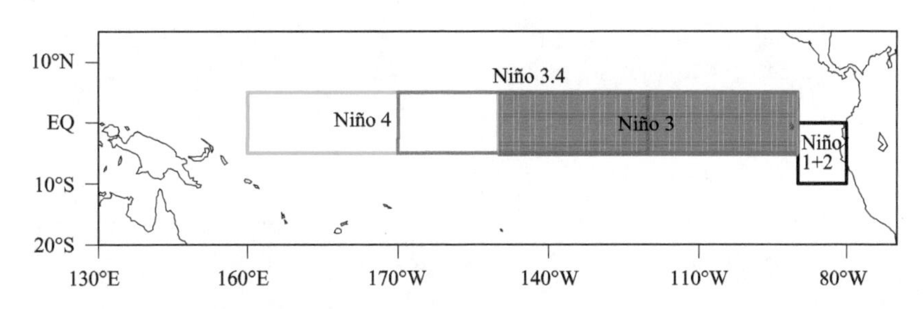

图 3.5 四个 Niño 海区（Niño1+2：10°S ～0°，90°W～80°W；Niño3：5°S ～5°N，150°W～90°W；Niño 4：5°S ～5°N，160°E～150°W；Niño 3.4：5°S ～5°N，170°W～120°W）

南方涛动（southern oscillation，SO）是指印度洋和东太平洋地区气压反相振荡，振荡中心位于赤道以南的现象。利用塔希提岛（Tahiti）和达尔文港（Darwin）的标准海平面气压差构造南方涛动指数（southern oscillation index，SOI）。SOI 为负（正）表示东太平洋气压低于（高于）印度洋气压。SOI 异常也意味着 Walker 环流的异常。

SOI 和 El Niño（La Niña）分别是热带太平洋气压和海温异常的纬向“跷跷板”变化，当 SOI 为负（正）值时，Niño 3.4 为正（负）值（图 3.6），对应关系很好，两者的相关系数达–0.71。Bjerknes 在 1960 年第一次提出 SO 和 El Niño 有显著正相关关系。因此将 SO 和 El Niño（La Niña）联合起来合称为厄尔尼诺-南方涛动。可以利用气压异常、海表面高度异常和向外长波辐射来定义 ENSO。ENSO 是热带太平洋海洋-大气相互作用最强的年际信号，海温异常和大气环流异常造成热带降水异常，通过大气遥相关作用也可影响全球气候环境。ENSO 对西北太平洋热带气旋生成位置（Wang and Chan，2002）和频数（占瑞芬等，2016）也有影响。

二、厄尔尼诺发生的频率、持续时间和强度

分析 1951～2019 年 ONI 可以发现（图 3.6），赤道中东太平洋海温异常呈正负交替变化，即 El Niño 和 La Niña 现象交替出现，对应 SOI 也呈正负变化，因此也将 ENSO 事件称为 ENSO 循环，周期为 2～7 年。Huang 等（2020）的研究发现，1999 年前后 ENSO 的循环周期发生了明显转变，由原来的 4～5 年为主转变为 2～3 年为主，并且这种转变是导致西北太平洋副热带高压 4～5 年主周期转变的原因。

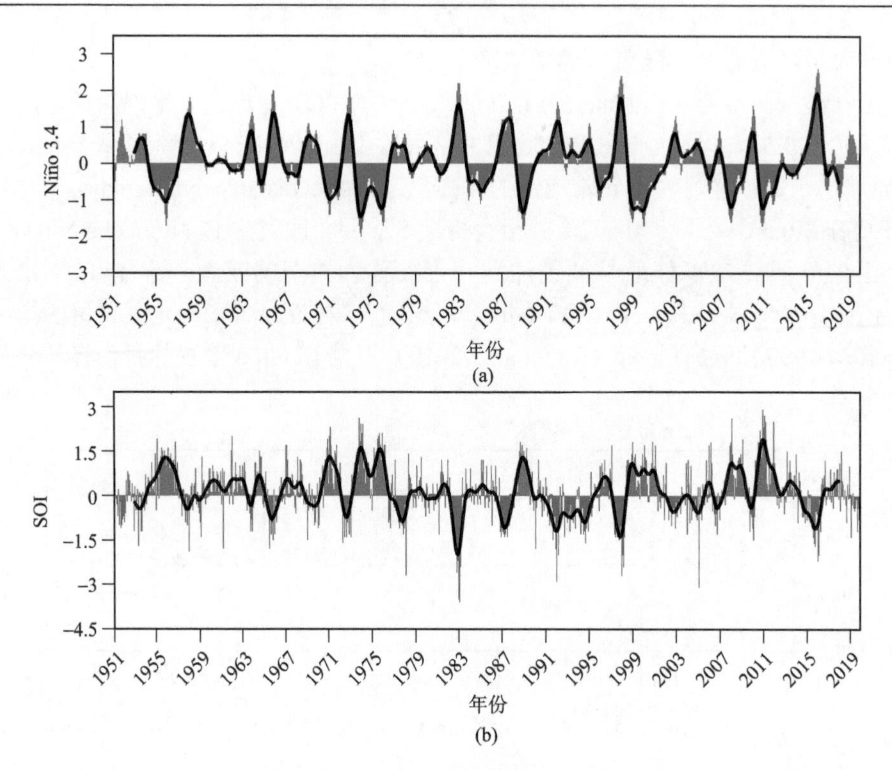

图 3.6　1951 年 1 月～2019 年 12 月 Niño 3.4 和 SOI 时间序列（黑色实线表示 2 年滑动平均）
数据来自美国国家海洋和大气管理局（NOAA）

ENSO 有显著的季节锁相特征。通常情况下 El Niño 爆发于春季或夏季，在冬季达到最强，次年春季或者夏季结束。强 El Niño 事件出现后往往出现强的 La Niña，但一般情况下 El Niño 强度强于 La Niña。1951～2019 年期间，最强 El Niño 发生在 2014 年 11 月～2016 年 5 月，Niño 3.4 指数高达 2.5，并伴随全球表面平均温度为 1880 年有记录以来最高，2015 年超出历史平均值 0.9℃。最强的 La Niña 发生在 1973 年 5 月～1976 年 4 月，Niño 3.4 指数高达–1.8，持续时间最久的 El Niño 发生在 1957 年 4 月～1959 年 3 月。ENSO 事件发生年冬季和次年夏季，全球很多地方气候都会产生异常，尤其是 El Niño 和 La Niña 发生年冬季，赤道太平洋和海洋性大陆的降水基本相反，日本、朝鲜半岛和北美西部以及非洲东南部气温异常反相，El Niño 发生年冬季，我国气温较常年偏高。2019 年为 El Niño 年，我国冬季气温偏高，中南半岛经历较严重干旱。

三、ENSO 事件的发展过程和成因

（一）发展过程

ENSO 事件有明显的季节锁相特征，典型 ENSO 暖事件（El Niño）发生发展过程按时间可划分为三个阶段，但需注意的是 ENSO 的多样性导致发展过程存在很大差异。

（1）先兆阶段。早春赤道太平洋 Walker 环流的上升支向东移动到日界线附近。在 El Niño 爆发之前，达尔文港和澳大利亚的海平面气压增加，日界线以西的信风减弱和邻

近日界线处的表层水轻微增暖，印度尼西亚的降水开始减少而日界线附近的降水增加，温跃层西深东浅。

（2）异常增长至成熟阶段。厄瓜多尔和秘鲁沿岸的海温距平不断向西延伸，10 月整个热带太平洋呈现异常暖状态。11 月～次年 1 月，El Niño 达到成熟阶段，此时热带太平洋出现大范围异常暖的表层水和次表层水以及异常西风，ITCZ 的位置更偏南，Hadley 环流加强，Walker 环流反向，温跃层东深西浅。

（3）衰退阶段。El Niño 爆发几个月以后，在距南美沿岸较远处，异常状态的幅度开始减弱，或者东南太平洋出现较冷海水并伴随强信风，然后向西传出，在 ENSO 爆发 12～18 个月后，整个太平洋恢复正常状态。

（二）成因

在 ENSO 循环过程中，国内外学者分别提出 Bjerknes 正反馈机制（Bjerknes，1969）、信风张弛理论（Wyrtki，1975）、延迟振子理论（Suarez and Schopf，1988；Battisti and Hirst，1989）和充放电理论（Jin et al.，1994）等来解释 ENSO 的成因。李崇银等（2008）认为 ENSO 循环实际是热带太平洋次表层海温距平的循环，而次表层海温距平的循环是赤道西太平洋异常纬向风所驱动的，纬向风异常则主要是异常东亚冬季风所激发。

Bjerknes（1969）正反馈机制认为赤道东太平洋海温正异常时，会使印度洋-太平洋地区的 Walker 环流上升支减弱并东移至日界线附近，海表面风场减弱导致东太平洋温跃层加深，风蒸发冷却效应减弱，上升流减弱，造成暖水堆积，最终形成一次 El Niño 事件。信风张弛理论认为当赤道太平洋信风松弛，即减弱甚至变为西风时，赤道上升流减弱，同时海洋会激发暖的东传开尔文波，从而使得东太平洋温跃层加深，引起海温正异常。信风张弛理论首次将海流和 El Niño 联系起来。延迟振子理论认为西风异常引起西传的罗斯贝波，其到达西边界反射变为东传冷的开尔文波，当传播到赤道中东太平洋时，会减弱海温正异常。该理论阐述的是负反馈机制。充放电理论认为在暖事件发展过程中，赤道海洋上层热容量正异常，当暖事件由成熟期过渡到衰减期时，赤道中太平洋西风异常导致异常 Sverdrup 输送，从而导致太平洋热容量负距平，海温降低。该理论阐述的也是负反馈机制。

研究 ENSO 的成因，对 ENSO 的预测和预报及其所产生的气候效应有重要意义。由于 ENSO 的多样性（Capotondi et al.，2017），上述研究只能部分地解释其发生发展及演变的过程。

四、ENSO 与中纬度大气环流

ENSO 事件通过“大气桥”影响中纬度大气环流。如赤道中东太平洋海温异常增暖，会加强 Hadley 环流对热量的向极输送，并进一步使得中纬度北太平洋海温变冷。“大气桥”机制在太平洋、大西洋和印度洋均存在，主要通过改变大气环流、罗斯贝波、地转流和热带气旋等强迫中纬度地区天气气候系统。赤道中东太平洋海表温度异常偏暖，使得赤道附近大气对流活动异常，加强 Hadley 环流上升支，副热带高压下沉气流更强，因此中纬度附近海表温度产生负异常，从而进一步影响中纬度大气环流、海水盐度和混合层厚度等。

El Niño 事件会造成大气环流异常，从而导致极端灾害天气的发生。在 El Niño 发展鼎盛期，赤道太平洋大部分地区大气有暖湿异常，印度洋东部、中南半岛、印尼及澳大利亚北部地区可能会有干旱发生，而印度半岛、孟加拉湾、菲律宾地区、我国南方大部分地区以及北美洲西部将会出现暖冬。因为 ENSO 成因的复杂性以及 ENSO 的多样性等问题，El Niño 事件对全球造成的气候影响仍具有很多不确定性。

五、ENSO 事件的观测和预报

由于 ENSO 事件对全球社会和经济会产生深远影响，因此对它的观测和预报对社会可持续性发展尤为重要。1985～1994 年的热带海洋和大气计划（Tropical Ocean-Global Atmosphere program，TOGA）在 20°S～20°N 投放了近 70 个浮标用以实时监测热带海洋和大气，2000 年日本海洋科技中心组织的 TRITON（Triangle Trans-Ocean Buoy Network）计划作为 TOGA 的一部分，在西北太平洋投放了更多浮标。TOGA 除投放浮标阵列外，还应用到了水面漂流器、Argo 轮廓浮标、潮汐仪、投弃式温度剖面仪和卫星探测技术等。这些观测设备构成了热带太平洋观测系统（tropical pacific observing system，TPOS），为 ENSO 的监测和预报提供可靠支撑（Chen et al.，2019）。1992～1993 年开展的海气耦合响应试验（coupled ocean atmosphere response experiment，COARE）获得了大量的单站和整个暖池的海气边界层和海气通量资料，从而帮助研究人员加深对热带西太平洋地区海气相互作用的认识和了解。随着卫星资料的加入，ENSO 的观测资料也越来越多。利用卫星监测热带降水、风速和海表温度，利用海洋浮标获取海表和次表层温度，利用探空气球监测全球天气和气候形势，利用超级计算机收集所有的天气资料并转化为可用的形式，输入模式中预测 El Niño 和 La Niña 事件。

ENSO 是迄今为止发现的全球气候和海洋环境异常最强年际信号之一，它已经成为长期天气预报和气候预测考虑的首要因素。系统对 ENSO 的预测是在 1982～1983 年发生强 El Niño 事件以后开始的。提前预报 El Niño 仍存在一些问题，如春季预报障碍（Wang et al.，2017），对于提前 6 个月的预报存在较大困难。最近，根据 Meng 等（2020）的研究成果获知基于信息熵理论可以将 ENSO 的预测时间提前 1 年，这为解决 ENSO 春季预报障碍问题提供了很好的思路。

目前，ENSO 预测模型有两种，即统计学模型和动力学模型。统计学模型中用到的方法有典型相关分析、主分量分析、主振荡分析、神经网络和马尔科夫链等方法。动力学模型有中等复杂程度耦合模式（intermediate coupled model，ICM）、混合型耦合模式（hybrid coupled model，HCM）、耦合环流模式（coupled general circulation model，CGCM）等（郑飞等，2007）。由于各种统计模型预报差别较大，基于动力学模型，采用集合预报的方法日益受到青睐。路泽廷等（2014）利用集合数值预测系统进行 ENSO 历史回报试验，结果表明系统预报的 Niño 3.4 指数与观测吻合较好，变化趋势、幅度和位相都比较一致，特别是提前三个月的预报相当准确，1995～2012 年主要的 5 次 El Niño 事件，6 次 La Niña 都被较准确地预报了出来。哥伦比亚大学国际气候与社会研究所（International

Research Institute for Climate and Society）曾预测 2015 年发生 El Niño 事件的概率在 80% 以上，绝大多数模式模拟结果显示暖事件将持续到 2016 年，事实也证明此次 El Niño 事件维持到了 2016 年，但 2016 年 1 月的 Niño 3.4 为 2.5，而大部分模式模拟的结果显著偏小。

我国国家气候中心研发的 ENSO 监测、分析和预测系统（System of ENSO Monitoring，Analysis and Prediction，SEMAP），从 2013 年春季开始，连续多次在国家气候中心组织的 ENSO 业务会商上应用并给出预报意见，效果良好，多次得到预报员采纳。该系统目前已发展至 2.0 版本。SEMAP2.0 综合利用了实时获取的全球海气分析和再分析资料（包括全球海表温度场、次表层海温信息、表面纬向风应力、三维洋流等变量），并基于国家气候中心第二代气候预测模式 BCC-CSM1.1m 季节预测输出数据，形成了新的 ENSO 监测指标集（ENSO 海温指数、两种 ENSO 类型的历史指数、热带太平洋海温异常、热带太平洋次表层海温异常、ENSO 在赤道地区的演化、ENSO 充放电指标、基于海温倾向反馈的 ENSO 指标），发展了独具特色的 ENSO 海温倾向动力诊断技术，同时运用最新研究成果建立了物理统计预报模型，构建了基于模式输出的后处理动力相似预报子系统，并将模式多样本集合预报纳入进来，从而建立了集成三种 ENSO 预报方案、动力-统计相结合的监测、分析和预报一体化业务系统。运用 SEMAP2.0 系统，可实现对近期一年 ENSO 变化情况和动力学反馈过程的实时监测，并能够为用户提供未来一年各 ENSO 指数和相关主要变量过程的预测。

ENSO 事件的各项特征参数（如振幅、频率、SST 变率等）对全球变暖如何响应，也是气候变化研究领域亟须解决的科学难题之一。An 等（2008）研究发现在温室气体排放增加情景下，次表层海温的响应延迟于表层海温，导致温跃层上方海温垂直梯度变大，同时纬向梯度也变大，El Niño 的振幅和频率将会加大（Ham，2018）。但是未来气候变化情景下，模式的结果仍然存在很多不确定性（Endris et al.，2019），Ying 等（2019）认为对于观测，目前的模式普遍高估了“热带大气环流对海温异常的响应”的敏感性。也有学者（夏杨等，2017）综述了全球变暖情境下 ENSO 特征的可能变化。以往的研究结果显示，以下与 ENSO 有关的现象在全球变暖背景下会显著增加，包括 ENSO Modoki 的发生频率、极端 El Niño 事件和 ITCZ 向赤道偏移现象、南太平洋复合带向赤道大幅度摆动现象、海温暖异常向东传播的 El Niño 事件，以及 El Niño 事件引起的降水异常等。

第三节　其他与热带大洋海温变异相关的年际和年代际变化

一、印度洋海盆模态和印度洋偶极子模态

印度洋约占世界总海洋面积的五分之一，它是世界四大洋中最小，地质最年轻，物理过程最复杂的地区。热带印度洋全年平均气温为 15～28℃；赤道地带全年气温为 28℃，有的海域高达 30°C。通过经验正交分解方法（empirical orthogonal function，EOF）对热带印度洋海温分解，发现第一模态 EOF1（解释方差为 41%）和第二模态 EOF2（解释方差为 10%），分别为海温空间变化一致模态和东西反向变化模态（图 3.7）。通常将 EOF1 叫作印度洋海盆（Indian Ocean Basin, IOB）模态，将 EOF2 叫印度洋偶极子（Indian Ocean

Dipole，IOD）模态。两个模态对应的时间系数变化特征也明显不同。

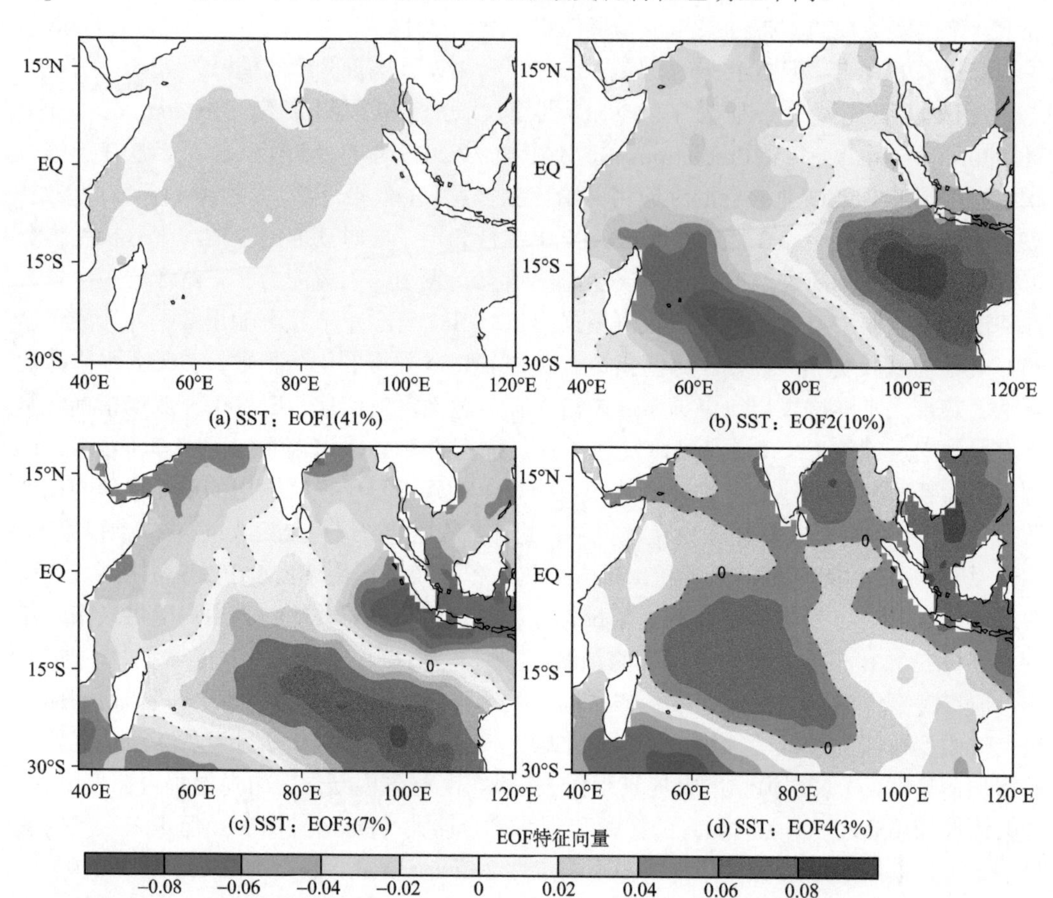

图 3.7　英国哈德莱中心 HadiSST 海温资料 EOF 分解的前四个模态（1980～2016 年）

（一）印度洋海盆模态

IOB 模态是热带印度洋海温海盆一致变化模态，这一模态是热带印度洋海温变化的最主要模态。它通常在冬季开始发展，次年春季达到最强。有学者认为 IOB 模态是热带印度洋通过“大气桥”（Klein et al.，1999；Lau and Nath，2000）或印度尼西亚贯穿流（Meyers，1996）等机制与热带太平洋相互作用的结果。当赤道中东太平洋 El Niño（La Niña）事件发展时，在冬季至次年春夏季，热带印度洋海温往往表现为全区一致增暖（偏冷）。Guo 等（2018）将 3～8 月的 IOB 模态分为三种类型，并研究其与 ENSO 的关系，进一步提出了热带太平洋春季纬向海温分布不对称性对夏季风影响的可能机制。观测和数值模拟的结果均表明 IOB 模态对北半球夏季气候有重要影响（Guo et al.，2018；Yang et al.，2009）。IOB 模态对应的时间系数呈显著的年代际增强特征，说明热带印度洋海盆尺度的海温有显著年代际增加特征。这也说明在全球变暖大背景下，热带印度洋海温也有全海盆一致偏暖的特征。IOB 模态指数可利用 20°S～20°N，40°E～110°E 区域平均的海温距平来定义，也发现其呈显著的年代际增加趋势。

（二）印度洋偶极子模态

IOD 模态是印度洋海温东西反向变化的模态，同时伴随纬向风和降水的纬向变化，因此 IOD 模态也被称为印度洋纬向模态。衡量 IOD 强度采用的是偶极子指数（dipole mode index，DMI），该指数是用热带西印度洋（10°S～10°N，50°E～70°E）和赤道东南印度洋（10°S～0°，90°E～110°E）的平均海表温度距平之差定义。当 DMI 大于 0，表明热带西印度洋海温偏高，称为正 IOD 事件；当 DMI 小于 0，则为负 IOD 事件。图 3.8 为 DMI 定义区域及时间序列，可以看到 IOD 呈年际波动，2019 年为很强的正 IOD 事件，

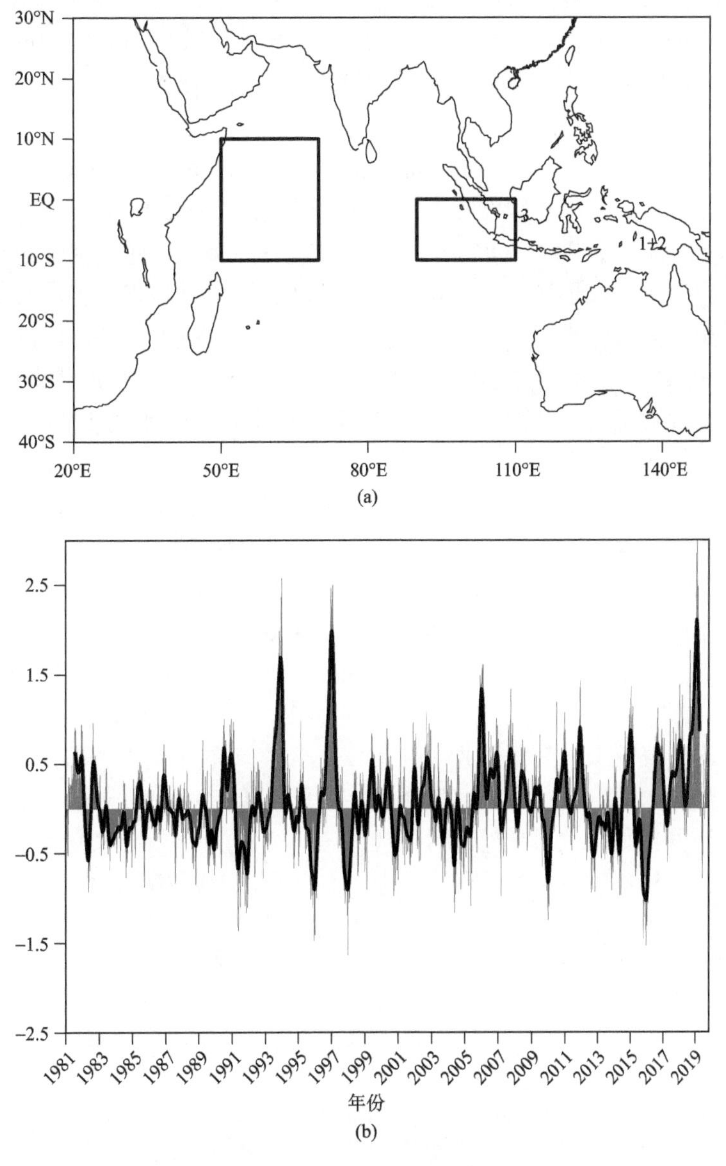

图 3.8　DMI 定义的区域（a）以及 DMI 时间序列（b）

黑线表示逐月序列；数据来源于 NOAA

统计发现平均正 IOD 强度要强于负 IOD。IOD 有很强的季节锁相特征。通常在夏季开始发展，秋季达到峰值，冬季很快衰减。正的 IOD 发展到成熟期，热带印度洋东南侧近赤道有负海温距平，西侧有正海温距平，信风明显偏强（Saji et al.，1999；Saji and Yamagata，2003）。

IOD 事件的发生对热带非洲、印度半岛和东亚夏季风都有重要的影响。正 IOD 事件发生时，热带印度洋东冷西暖，印度洋西侧对流活动异常活跃，东侧则相对萎靡。赤道东风加强，Walker 环流减弱或者反向，非洲东部出现大规模降水，而印度尼西亚一带却出现干旱。对于我国来说，正 IOD 事件的发生一般伴随着南方，特别是西南地区夏季降雨量的增多，西北地区夏季降雨量的减少，反之亦然。在 2019 年 IOD 达到近 60 年来最强，严重削减了 Walker 环流，导致印度洋低空出现异常东风，使得澳大利亚降雨量减少，天气极端干旱，同时适逢澳大利亚夏季，这种极端高温干旱天气，导致该地区森林火灾频发。

ENSO 和 IOD 两个年际气候变化模态都是通过 Bjerknes 正反馈发展的（McKenna et al.，2020b），并且与太平洋和印度洋的 Walker 环流有关。El Niño 发生时，经常伴随正 IOD，La Niña 发生时，伴随负 IOD。吴国雄和孟文（1998）借助“齿轮”耦合转动来形象地描述赤道印度洋与太平洋上空异常纬向环流相互影响并致使海温响应的过程，从而解释了这种正相关关系的成因（任宏利等，2020）。然而 IOD 和 ENSO 的关系也存在争议，有观点认为 IOD 是热带印度洋独立的海气耦合模态，也有观点认为 ENSO 是 IOD 事件的一个重要触发机制。全面理解 IOD 的动力机制，准确预测 IOD 的发生和未来变化趋势，是国际气候学研究领域面临的一个巨大挑战。

在气候变暖背景下，热带印度洋有明显增温，模式和观测均表明赤道印度洋出现了类似正 IOD 的变化，即西部增暖强于东部（Hui and Zheng，2018）。Zheng 等（2013）采用 17 个 CMIP5（Phase 5 of the Coupled Model Intercomparison Project）模式，研究称随着温室气体排放的增加，赤道印度洋也出现了类似正 IOD 的变化，西部增暖，东部变冷，赤道东风增强，赤道西侧温跃层变浅。Hui 和 Zheng（2018）利用 40 个 CESM-LE 模式模拟 IOD 内部变率不确定性对全球变暖的响应，研究表明 IOD 的变化幅度存在 50% 的不确定性，这也表明未来变暖情景下，IOD 内部变率的重要性。Cai 等（2019）的研究结果显示，强 IOD 事件和弱 IOD 事件对全球变暖具有不同的响应，未来强 IOD 的变率将会增加，而弱 IOD 的变率将会减小。全球变暖背景下，热带印度洋西部海温升温强于东部，导致对流区向西部移动，有利于赤道东风异常向西发展，强 IOD 事件发生概率增加。在全球变暖背景下，未来强的正 IOD 事件发生概率的增加，将意味着未来东非地区的洪涝灾害以及澳大利亚的干旱和森林火灾发生的概率也将增加。

二、大西洋尼诺和热带北大西洋海温变化异常

赤道大西洋海温纬向梯度与西风扰动也存在年际时间尺度上的周期变化特征，类似 ENSO 现象。海表面温度正（负）异常值在北半球夏季达最强，把这种现象称为大西洋 Niño（Niña）。当发生 Niño 事件时，赤道大西洋降水偏多，非洲北部降水偏少；反之，

降水异常分布相反。Nnamchi 等（2015）研究发现，尽管太平洋和大西洋 Niño 空间型类似，但大西洋 Niño 产生的机理与 El Niño 截然不同。El Niño 的产生主要是纬向风异常驱动的海洋动力过程，而大西洋 Niño 则主要为海表热通量控制的“热力过程”。

大西洋 Niño（Niña）为赤道大西洋年际变异的主要模态，它可通过加强 Walker 环流，促进当年冬季太平洋 El Niño 的发展，因而成为 ENSO 的有效预测因子。Jia 等（2019）利用 CMIP5 多模式数据及海气耦合模式实验，发现全球变暖将导致大西洋 Niño 对 ENSO 的影响减弱。热带大西洋海温的变率在 2000 年以后有明显年代际减小趋势，这种减弱是由 Bjerknes 海气正反馈的减小和海表热量通量负反馈增强所造成（Prigent et al.，2020）。

热带北大西洋海温对 ENSO 演化也会产生重要影响（Ham et al.，2013a，2013b）。Ham 等（2013b）利用观测资料和数值模拟证实春季热带北大西洋 SST 异常可以通过沿 ITCZ 的大气遥相关激发接下来冬季的 ENSO 事件。根据 Ham 等（2013b）的结果，春季热带北大西洋 SST 的增暖可以增强大西洋 ITCZ 区域的对流活动，从而引起 Gill 型的大气环流异常响应，在东北太平洋产生低层的气旋型大气环流异常。这种大气环流异常可以进一步引起从副热带东北太平洋延伸到赤道中太平洋的 SST 冷却，这种太平洋 SST 冷却可以进一步在其西侧引起西太平洋低层大气反气旋型环流异常，并在西太平洋会呈现出显著的东风异常，西太平洋东风异常的出现可以进一步加剧赤道太平洋的冷却而在接下来的冬季可以激发出 La Niña 事件。值得注意的是，这种由热带北大西洋 SST 激发的 ENSO 事件的 SST 异常出现在赤道中太平洋，因此是新型的中部型的 ENSO 事件，而不是传统的最大 SST 异常出现在赤道东太平的东部型 ENSO 事件。然而，大西洋 Niño 激发的 ENSO 类型倾向于 EP 型 ENSO（Ham et al.，2013a）。

热带北大西洋海温与大西洋 Niño 的季节锁相特征也存在差异。大西洋 Niño 的季节锁相是在北半球的夏季；而热带北大西洋的季节锁相是在北半球的春季。前一个冬季的 El Niño 暖事件可以引起接下来春季的热带北大西洋海表面温度的增暖。太平洋 ENSO 可以通过以下两种“大气桥”物理过程和机制来影响大西洋热带北大西洋 SST：一种是太平洋北美（Pacific North American，PNA）大气遥相关型；另一种是通过 Walker 环流和大西洋 Hadley 环流异常。这两种“大气桥”都可以影响北大西洋副热带高压的强度进而影响信风风速大小，因此可以通过改变海表面蒸发而引起热带北大西洋 SST 的增暖或变冷。热带北大西洋 SST 的异常在冬季 ENSO 的盛期开始发展，并在局地海气相互作用影响下在接下来的春季达到峰值。这两种大气桥可以建立 ENSO 与之后春季热带北大西洋 SST 之间的关联。

热带北大西洋海温和太平洋 ENSO 伴随的赤道中东太平洋海温之间可以发生跨洋盆的相互作用。Wang 等（2017）将这种热带大西洋和热带太平洋之间的相互作用凝练归纳成大西洋“电容器”效应。在 20 世纪 90 年代之后，显著增强的大西洋“电容器”效应可以引起太平洋气候（包括 ENSO 和西北太平洋副热带高压）的准两年周期变化的显著增强。Huo 等（2015）揭示出春季热带北大西洋的海温异常可以影响接下来西北太平洋夏季台风的生成频数，春季热带北大西洋海温异常可以作为西北太平洋台风生成活动的一个前期海温预报因子。

三、太平洋和大西洋年代际振荡

年代际变化的时间尺度问题，目前还没有较为明确和一致的定义。在气候变率及其可预报性研究（Climate Variability and Predictability，CLIVAR）计划中，将气象要素在10～100 年的变化纳入年代际研究的范畴。年代际气候变化是月、季、年际尺度气候变化的预测背景，也影响着更长时间尺度的气候变化，相当于叠加在长期气候变化趋势上的扰动，往往影响着年际和月际时间尺度的气候特征。相比于其他时间尺度，年代际变化的时间演变和空间型的研究结果具有更大的不确定性，这主要是因为缺乏足够多的高质量观测资料。北半球气象要素（如温度、气压、降水、风等）器测有 140 年左右的记录，但高空资料一般只有 60 年左右的长度。又由于我们对这种年代际时间尺度变率的影响因子和机理认识不足（Goswami et al.，2006），也会造成研究方法、结果以及预测等的不确定性。本节重点介绍海洋和大气中的年代际变化模态。

（一）太平洋年代际振荡

太平洋年代际振荡（Pacific Decadal Oscillation，PDO）是年代际时间尺度上的气候变率强信号，它既是长期气候变化上的扰动，也是年际变率的背景，具体表现为海温、海平面高度和海面风应力年代际异常。为衡量该信号的强度，由太平洋 20°N 以北的异常海温 EOF 分解第一模态时间系数计算出 PDO 指数。由图 3.9 可以看出冷暖位相在年代际尺度上交替出现，循环周期为 40～60 年，目前处于 PDO 冷位相。当 PDO 值大于 0，表示暖位相；反之，则为冷位相。

PDO 暖位相时，赤道中东太平洋及北美洲沿岸的海水表面温度异常温暖，北太平洋中部异常冷（图 3.9）；冷位相时基本相反。PDO 海温异常分布类似于 ENSO，但其时间变率和发生区域又与 ENSO 明显不同。PDO 可通过对 ENSO 的调制作用，从而影响东亚季风（Chen et al.，2013）。两者的协同作用会影响华南前汛期降水，如同时暖位相时，造成华南前汛期降水偏少，反之则偏多（Chan and Zhou，2005）。由于缺少全面系统的研究，对 PDO 成因还尚未定论（杨修群等，2004）。PDO 正位相有利于 El Niño 事件的发生，负位相则较有利于 La Niña 的发生，另外，在 PDO 正位相背景下 ENSO 暖事件的振幅比 PDO 负位相时明显更强，而模式对前者模拟较好但对后者模拟能力较差（任宏利等，2020）。

（二）大西洋年代际振荡

大西洋年代际振荡（Atlantic Multidecadal Oscillation，AMO）是发生在北大西洋区域空间上具有海盆尺度海表温度年代际冷暖异常变化的现象。利用北大西洋海表温度异常值定义 AMO 指数，用以衡量 AMO 的强度。AMO 大于 0，表示北大西洋海温偏暖，反之则偏冷。AMO 指数在 20 世纪 90 年代由负值转变为正值，发生了由负位相到正位相的位相转变，北大西洋的海温在 20 世纪 90 年代以后相比较 90 年代之前来说处于偏暖的状态。

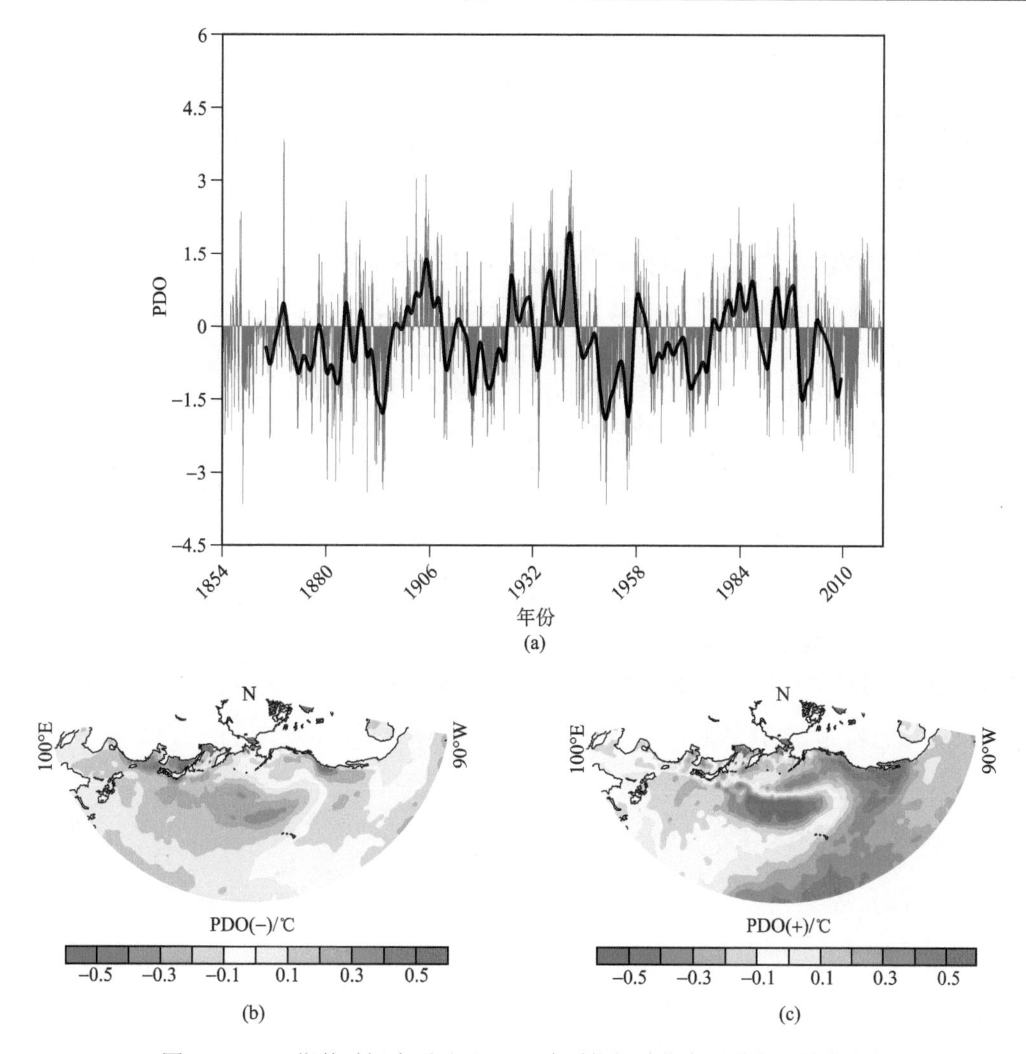

图 3.9　PDO 指数时间序列以及 PDO 冷暖位相时北太平洋海温异常分布

（a）黑线表示 11 年滑动平均；数据来源于 NOAA

数值模拟的结果显示 AMO 对巴西东北部和非洲撒哈拉降雨、大西洋飓风和北美洲以及欧洲等地的气候都有较大影响（Knight et al.，2006；Zhang and Delworth，2006）。由于 AMO 的长周期特征决定了必须有长时间尺度的可靠观测资料来验证，而目前仅有一百多年的观测资料，如果能有更长时间甚至千年尺度的可靠古气候资料将极大提高对 AMO 变化及其气候影响研究的确定性，并为未来气候预测提供科学依据。现今对于 AMO 的转变还不能预测。

四、北半球环状模与南半球环状模

环状模（annular mode）是指高纬度与中纬度地区之间海平面气压反相变化的大气遥相关现象（李晓峰，2015），南北半球分别有一个南半球环状模（southern hemisphere annular mode，SAM）和北半球环状模（northern hemisphere annular mode，NAM）。

由于北半球环状模可对天气和气候产生影响，被称为“北极厄尔尼诺”或北大西洋涛动（North Atlantic Oscillation，NAO）。它不仅影响长期、短期气候，而且能调节中纬度风暴强度和高纬度阻塞发生的频率以及整个半球的冷空气暴发频率（Thompson and Wallace，2001）。夏季 NAM 的经向尺度略小，范围更小（Ogi et al.，2004）。NAM 的变化也可以用亚速尔群岛和冰岛的海平面气压差衡量（Hurrell et al.，2003）。NAM 影响决定气候变化从美国东部沿海地区到西伯利亚，再从北极地区到亚热带大西洋，尤其是在寒冷的冬季，因此 NAM 的变化对社会和环境都很重要。

南半球环状模也称为南极涛动（Antarctic Oscillation，AAO），是南半球热带外环流变率的主模态，SAM 可以通过海气界面热量交换影响南半球热带外海温。NOAA CPC 利用 20°S～90°S 700hPa 高度场异常来定义 SAM 指数。SAM 正（负）位相时，中纬度风速减弱（增强），海温偏暖（偏冷），高纬度位势高度场偏低；高纬度风速增强（减弱），海温偏冷（偏冷）。这种 SAM 引起的南半球热带外海温偶极子型被称为南大洋偶极子（SOD）。12 月～次年 2 月 SAM 可以影响次年 3～5 月热带太平洋海温和 ENSO 强度。在全球变暖的背景下，SAM 表现出明显的上升趋势（郑菲等，2014）。根据 Hurrell 等（2003），Gong 和 Wang（1999）的定义，利用 NCEP/DOE 资料分别计算 NAM 和 SAM 指数，可以看到 SAM 有年代际上升的趋势，而 NAM 呈年代际振荡。

第四章　全球海洋水文动力环境对气候变暖的响应

海洋是地球环境和气候系统的重要组成部分，海洋在气候系统中的作用是海洋基础科学研究关注和聚焦的关键问题。当前，气候变化是人类社会面临的严峻挑战，已成为国际社会关注的焦点。全球变暖作为当前气候变化的主要特征，正在并持续对生态系统和社会经济产生重大影响。在全球变暖背景下，全球海洋环境已经并且正在发生着显著的改变。这些全球海洋环境的变化会对人类的生活环境、社会生产、生态系统等许多方面产生重要的影响。本章将重点介绍海洋水文动力环境在全球变暖背景下的变化，全球海洋化学和生物环境的变化见本书的第五章和第六章。

第一节　海洋在全球气候系统中的重要性

海洋在全球气候系统中的重要作用已经越来越被人们所认识，海洋在气候系统中的重要地位是由海洋自身的性质所决定的。海洋是重要的热量来源、水汽来源、碳的存储库和大气运动的调谐器。海洋与大气之间的相互作用是气候变化问题的核心内容，对于年际到年代际时间尺度的气候变化及其预测问题，只有在充分了解大气和海洋的耦合作用及其动力学的基础上才能得到解决。

一、海洋在气候系统中的地位

（一）海洋是重要的热量来源

地球表面约 71%为海洋所覆盖，全球海洋吸收的太阳辐射量约占进入地球大气顶的总太阳辐射量的 70%左右。海洋所吸收的太阳入射辐射中的绝大部分被储存在海洋中，这些被储存的能量将以潜热、长波辐射和感热交换的形式输送给大气，并且进一步驱动大气的运动。因此，海洋热状况的变化以及海面蒸发的强弱都将对大气运动的能量产生重要影响，从而引起气候的变化。

海洋环流在地球系统的能量输送和平衡中起着重要作用。由于太阳辐射存在纬度间差异，热带和两极分别存在辐射盈余和辐射亏损，为保持整个系统的热量和能量平衡，在低纬度与高纬度之间必须存在强的经向热量输送才能够保持系统平衡。海洋并非静止的水体，它存在着各种尺度的运动，海洋运动在热量和能量的输送和再分配中起着非常重要的作用，海洋环流在很大程度上维持着地球气候系统的热量和能量的平衡（杨海军，2018）。全球平均有大约 70%的经向能量输送是由大气完成的，还有 30%的经向能量输送要由海洋来承担。在不同的纬度带，大气和海洋各自输送能量的相对值也存在差别，在 0°～30°N 的低纬度区域，海洋输送的能量超过大气的输送量。海洋的输送量的最大值出现在 20°N 附近，在那里海洋的输送可以达到 74%（冯士筰等，1999）。在当前气候系统中，大西洋经向翻转环流（AMOC）是主要的热输送器，海洋经向环流将低纬度地区的热量源源不断地向高纬度地区输送。AMOC 贯通南北大西洋，在海洋表层将热量自南向北输运，热量在盛行西风带的平流作用下向东输送，给西欧各国带来温暖湿润的气候。因此，如果海洋对热量的经向输送发生异常，必将对全球气候变化产生重要的影响。根据 1957～2004 年期间在 25°N 附近的现场观测结果，AMOC 减弱了 30%，向北的海洋热量输送减少了超过 20%（Bryden et al.，2005）。强化观测表明，AMOC 具有非常强的短期气候变率，变动范围介于 4.0～34.9Sv（$1Sv=1\times10^6\ m^3/s$）（Cunningham et al.，2007）。平均 AMOC 强度与它的标准差在量值上是相当的，观测到的 AMOC 的变化与目前观测本身的不确定性的量值也是相当的，也与 AMOC 的短期变率相当（Church，2007）。从长期变化趋势来看，AMOC 是否减弱，以及它是否会引起北大西洋向极热量输送的减弱，是全球气候变化中很重要的问题。我们应当更深入研究海洋经向热量输送的结构及其维持机制，并密切关注变动气候背景下的经向热量输送的变化（杨海军，2018）。

（二）海洋是重要的水汽来源

海洋在全球水循环中也发挥着重要作用，全球海洋各大洋是整个地球系统水循环中重要的源汇项（冯士筰等，1999）。海洋通过输送淡水而闭合了地球系统的水循环，全球蒸发量的 86%和降雨量的 78%都集中在海洋上，海面蒸发和降水的微小变化将引起水循环的巨大变化。海水蒸发时会把大量的水汽从海洋带入大气，每年可以把 36000 亿 m^3 的水转化为水蒸气，这一过程也会从海洋中吸收大量的热量。大气中的水汽含量及其变化既是气候变化的表征之一，又会对气候产生重要影响。大气中水汽量的绝大部分是由海洋所供给的，尤其是低纬度海洋。因此，不同的海洋状况通过蒸发和凝结过程将会对气候产生重要的影响。

在全球变暖背景下，全球水循环也表现出显著的变化（Wentz et al.，2007；Durack et al.，2012；Zhang et al.，2019；Cheng et al. 2021）。Durack 等（2012）利用 1950～2000 年的海洋盐度观测资料揭示出全球水循环加快的变化趋势，结果显示地球表面每一摄氏度的增暖可以引起全球水循环加强 8%，在未来 2～3℃增暖的情况下全球水循环可能加强 16%～24%。Zhang 等（2019）的研究也揭示出全球变暖将加速全球季风区的水循环，同时能够增加干湿季节的对比度。研究结果显示，在未来全球变暖的情况下，我们将看到整个全球季风区的水循环加速，其中包含的各种循环通量（包括年平均降水量、蒸发量、总径流量和地表淡水通量等）都表现出增加的变化趋势。全球水循环的变化也可以给海洋盐度场带来强烈的特征。蒸发将海洋中的淡水带入大气，从而增加了海洋的盐度；降水使淡水返回海洋，从而减少了海洋的盐度。Cheng 等（2020）根据 1960 年以来的海洋表层到 2000m 深度的盐度数据得出了对全球水循环变化的新估计，研究结果提供了关于全球水循环在过去 50 年里已经出现加快的新证据。

（三）海洋是全球巨大的碳储库

海洋还是全球巨大的碳储库。Tolman（1899）就明确指出海洋在 CO_2 全球分布的调控中起着关键作用。海洋吸收了自工业革命以来人类活动排放 CO_2 的 48%（Sabine et al.，

2004)，成为人为 CO_2 最大的汇，对大气中 CO_2 的增加和温室效应的加剧起到重要的缓冲作用。从整体上讲，开阔海洋每年约从大气吸收的 CO_2 的量相当于 20Gt C（1Gt C = 10^{15} g C）(Takahashi et al.，2009)。一方面，海水可以直接吸收 CO_2。海水是一种很好的溶剂，可以直接吸收大气中的 CO_2 并在海洋中以碳酸盐的形式存在。另一方面，海洋生物也可以帮助吸收 CO_2。海洋生物能够通过新陈代谢来固定碳，如珊瑚虫能够通过新陈代谢把碳以碳酸钙的形式固定在海洋中。特别是在中高纬度海域，海洋混合作用和深对流将海洋表层的 CO_2 源源不断地带入深海，成为全球最为重要的碳汇之一。Watson 等(2020)的最新研究结果显示新估算的世界海洋吸收的碳比之前大多数模型计算结果所显示的量值要更多，在这个新的估算中有对海表面温度和表面以下几米深度取样之间的温度梯度数据进行了新的修正。

生物泵、溶解度泵、海水的化学缓冲作用等机制，都可以帮助海洋能够大量吸收人为排放的 CO_2（翟惟东和戴民汉，2010)。在低纬度和中纬度的大部分海域，由于海洋的显著层化作用，海洋所吸收的人为 CO_2 主要被局限在周转很快的海洋上层，通常需要通过生源颗粒的沉降作用将碳物质带入停留时间较长的深海或者海底沉积物中，这一过程就是生物泵作用。而在高纬度海域，表层海水因为高纬度大气的强烈冷却作用和海水结冰引起的盐度增加作用的影响而出现海水密度的增加，这种密度增加的海水挟带着所吸收的大量 CO_2 输入深海的过程，就是溶解度泵作用。通过溶解度泵作用进入深海的人为 CO_2 进而参与到由大洋输送带所主导的千年循环。海洋溶解度泵的运转效率在很大程度上取决于海水化学缓冲能力。大气中的人为 CO_2 一旦溶入海水就与海水中的碳酸盐体系等化学缓冲体系发生作用，绝大部分立即转化为碳酸氢根离子，而继续以游离 CO_2 存在的比例很小，这就是海水对 CO_2 的化学缓冲作用。如果没有海水对 CO_2 的化学缓冲作用，海洋溶解度泵每年能够吸收的人为 CO_2 量不足目前海洋每年吸收大气中人为 CO_2 量级的 5%（翟惟东和戴民汉，2010)。海水对 CO_2 的化学缓冲作用的存在能够大大增加海洋溶解度泵吸收的人为 CO_2 的量。

碳循环是碳的生物地球化学循环，即碳元素在这些碳库中以及碳库之间通过物理、化学及生物过程所进行的转化和交换。为了准确评价和预报未来的气候变化，正确认识碳循环及其与气候的相互作用是十分重要的（徐永福，2010)。如果不考虑人类活动的影响，每一个主要碳库的收支基本平衡，碳含量也大体保持稳定。人类活动增加了大气中的 CO_2 的浓度，进而影响了海洋和陆地的碳循环。在海洋碳循环方面，主要研究海洋如何吸收大气中的 CO_2，进入海洋中的碳如何在海洋内部转移和输送，以及这些过程的主控因子及其与气候变化的相互作用。海洋碳循环过程是生物地球化学循环研究的热点课题和中心内容。海洋生态系统通过生物颗粒的沉降作用也可以有效吸收 CO_2，其气候效应不容忽视。海洋环流可以对海水中的碳产生输运，垂向环流和混合可以将某些区域的碳输送到深水中，再从其他区域输送回海洋上层并排放到大气中。海洋中的浮游植物通过光合作用吸收海水中的 CO_2，将其转化为有机碳，部分有机碳会下沉到海洋深层，并在下沉过程中被氧化分解并转化为无机碳。这些过程就构成了主要的碳的海洋生物地球化学循环。碳的生物地球化学循环既受气候变化的约束又对气候变化有重要的反馈作用(Cox et al.，2000；Friedlingstein et al.，2001，2003；Wang et al.，2014；Friedlingstein，

2015；Jung et al.，2017），因此全球碳循环与气候的相互作用是一个非常重要的研究方向。

在全球变暖背景下，海洋吸收人为 CO_2 的能力是否会达到饱和也引起了科学家的高度关注（翟惟东和戴民汉，2010）。当前人为 CO_2 的持续高排放造成海水化学缓冲物质的迅速消耗，海洋吸收人为 CO_2 的潜力和效率可能也已经在下降。如果海洋吸收人为 CO_2 的能力趋于饱和，将使全球碳循环格局发生重大变化，进而影响人类赖以生存的基本环境条件。提高全球碳循环中对各个碳汇估计的准确性，揭示不同区域和不同生态系统的碳的生物地球化学过程的规律，阐明碳循环-气候变化相互作用的各种机制及反馈作用的大小是未来的主要研究目标。随着各种观测技术和模式模拟技术的逐步提高，对全球碳循环与气候的相互作用问题理解的深入将有助于我们对未来气候变化的预测。

（四）海洋是大气运动的重要调谐器

海洋可以通过海洋与大气之间的相互作用对大气运动产生调谐作用。由于海洋的热力学和动力学惯性使然，海洋的运动和变化相比较大气来说具有明显的缓慢性和持续性。海洋的这一特征一方面使海洋具有较强的“记忆”能力，可以把大气环流的变化通过海气相互作用将信息储存于海洋中，然后再对大气运动产生作用；另一方面，海洋的热惯性使得海洋状况的变化有滞后效应，如海洋对太阳辐射季节变化的响应要比陆地落后 1 个月左右。通过海气耦合作用还可以使较高频率的大气变化（扰动）减频，导致大气中较高频（较短周期）的变化转化成为较低频（较长周期）的变化。海水巨大的热惯性，为气候系统的低频变化异常提供了重要的时间尺度来源。观测和数值模拟结果均表明：海洋对大气运动的调谐作用是气候年代际变率产生的重要原因之一（吴立新和李春，2010；刘征宇，2018）。同时，对古气候资料的分析也揭示出海洋中强大而缓慢的热盐环流对千年尺度气候变率的重要作用。

海洋与大气之间的相互作用是影响气候变异的重要动力和物理过程，海洋通过海气相互作用过程影响着全球气候及其变化规律。海气相互作用实质是海洋与大气之间能量和物质交换、相互制约和相互适应的过程，是海洋和大气两个圈层相互联系的纽带，也是研究全球气候变化的关键科学问题之一（乔方立，2010）。海洋与大气之间的相互作用包括各种时间和空间尺度的过程，通常分为小尺度、中尺度（或者天气尺度）和大尺度（行星尺度）海气相互作用过程。在大尺度海气相互作用方面，最为典型的过程是厄尔尼诺，厄尔尼诺几乎已经成了一个家喻户晓的名词，经常被认为是世界各地天气和气候异常的罪魁祸首。厄尔尼诺通过改变热带大气的加热过程造成全球大气环流的异常，从而引起世界范围内的气候变化，包括洪涝和干旱灾害，对社会经济和生态系统产生极大的影响。研究热带海气相互作用机制并以此为基础进行短期气候预测是国际科学界关注的热点研究方向，也是最近年代海洋与大气科学最富有成效的领域之一（陈大可，2010）。关于热带海洋-大气相互作用的详细介绍见第三章。

海洋是全球水循环的重要组成部分，影响着全球的降水分布；海洋环流和大气环流共同在全球热量、盐分和淡水的再分配中起着关键作用，决定了主要气候特征的形成及变化；海洋的巨大热容量和运动惯性是气候变化预测的物理基础；海洋对 CO_2 等温室气体的吸收有效减缓了全球变暖。因此，海洋通过海气相互作用过程对全球气候变化具有重要的影响。大气对海洋的影响多属于动力性的，分为能量（动量和热量）输入和物质（降雨、CO_2等）输入；而海洋对大气的影响多属于热力性的。在大气风场的作用下，可以直接产生风海流和海浪，调节着海洋中的温度、盐度和密度在水平和垂向的空间分布。大洋环流可以在低纬度和中高纬度之间传递热量，帮助维持整个气候系统的热量平衡。大气的影响和作用并不仅仅限制在海洋上层，大气的影响还可以通过 Ekman 抽吸、大洋翻转环流等过程延伸到海洋的中下层甚至底层。海洋的海表面温度异常可以改变大气对流活动和大气热源，从而进一步激发和引起大气环流异常。大气环流的变化可以将信号储存于海洋中，然后再通过海洋异常对大气运动产生作用，这些海气相互作用的过程可以使较高频率的大气信号减频，导致大气中较高频的变化转化成为较低频的变化。海洋在气候变化中的控制性作用已经成为海洋与大气领域的共识，对海气相互作用过程认识的局限性也在一定程度上限制了气候变化预测的精确程度（乔方立，2010）。

二、海洋对减缓全球变暖的可能贡献

由于海洋独特的热特性，海水可以吸收大量的热量，而海水的温度不会发生太大的变化。因此，海洋的热性质使其成为最小化全球温度升高的理想选择。此外，海洋是地球上最大的剩余能量的储藏库。如果不是海洋，地球将会经历更大的温度上升。从本质上讲，海洋起到了吸热“海绵”的作用，在吸收热量的同时，自身温度没有增加太多，故使经历的变暖程度最小化。因此，海洋通过“热海绵”（thermal sponge）效应可以起到减缓全球变暖的作用（Trujillo and Thurman，2001）。

同时，海洋可以从大气中吸收大量的CO_2，因此海洋在减少大气中温室气体含量和减缓温室效应方面起着至关重要的作用。实际上，海洋大气系统中的绝大多数CO_2是在海洋中发现的，因为CO_2在水中的溶解度是其他常见气体的 30 倍左右。目前，人类排放到大气中的CO_2只有略少于一半存留在大气中，其余的大约三分之一会进入海洋，剩余的CO_2则会被陆地植物吸收。另外，通过海洋生物过程作用的生物泵效应也是海洋能够大量吸收人为排放的CO_2的一种主要机制。

第二节　海洋水文动力环境在全球变暖背景下发生的变化

海洋是全球气候系统的一个重要组成部分，在全球变暖背景下，全球海洋环境目前正经历着巨大的变化（Trujillo and Thurman，2001）。以下将从海洋温度和热含量、海洋热浪事件、海洋上层层化强度、海洋环流、海浪、海洋水团、极地海冰、全球海平面、台风活动、声音在海洋中传播速度等方面介绍海洋物理和水文动力环境在全球变暖背景下发生的改变。

一、海洋温度和热含量的变化

气候变化所导致的海洋升温会对全世界人类赖以生存的水文、生态和社会环境带来

严峻的挑战。海洋是地球上最大的太阳能收集器，全球海洋长时间储存和释放热量的巨大能力使海洋在稳定地球气候系统方面发挥了核心作用。越来越多的温室气体正在阻止从地球表面辐射的热量逃逸到太空中，大部分多余的大气热量被送回海洋。因此，在过去几十年中，全球海表面温度和上层海洋热含量显著增加（Levis et al.，2005；Church et al.，2011；Gouretski et al.，2012；Otto et al.，2013；Rhein et al.，2013）。Cheng 等（2021）揭示出全球海洋温度在 2020 年继续保持破纪录的趋势，自 1955 年以来海洋温度从表层到 2000m 深处达到了最高水平，2020 年全球上层海洋温度创历史新高。

海洋热量的主要来源是太阳辐射。此外，云层、水蒸气和温室气体释放出它们吸收的热量，其中一些热量也能够进入海洋。同时，波浪、潮汐和洋流不断地混合着海洋，把热量从温暖的纬度海域带到海温较低的纬度海域，再到更深层的海域。海洋吸收的热量从一个地方转移到另一个地方，但它不会消失，热能最终通过融化冰架、蒸发水或直接加热大气，重新进入地球系统的其他部分。如果海洋吸收的热量多于释放的热量，那么它的热量含量就会增加。了解海洋吸收和释放多少热能对于理解和模拟全球气候至关重要。

历史上，测量海洋温度需要船只在水中悬挂传感器或样本采集器，这种耗时的方法只能为地球浩瀚海洋的很少部分区域提供有限的温度观测。为了覆盖全球，科学家求助于卫星遥感观测。但卫星遥感观测主要提供海洋表面的信息，对于海洋内部垂向不同层次的信息并不能够提供。2000 年以来，科学家开始部署一个由数千个漂浮物组成的海洋观测网络，称为“Argo”，以观测海洋表层向下延伸 2000m 的状况。Argo 浮标可以在不同深度的海洋中漂流，能够进行海洋中不同深度层次的温度观测。Argo 浮标在 2005 年实现了接近全球的覆盖率。科学家不断地比较卫星、浮标和探测器的观测结果，以验证它们观测结果的合理性。利用观测结果可以计算全球平均海洋热含量的估计值，评估和对比海洋中的热量和地球气候系统其他部分的热量。为了确定全球海洋增暖的程度，科学家已经开始且正在对海洋温度进行全球监测。

海洋吸收了大部分增加的大气中的热量，观测表明全球海洋的海表面温度从 1970 年以来大约上升了 0.6℃，这主要是受到全球变暖的影响。然而，海洋温度的增温在全球的空间分布上面是很不均匀的，最强的增温出现在北冰洋、靠近南极大陆和热带海域。特别地，北极地区是全球变暖影响最强烈的地区之一，北冰洋和北极地区海表面温度的增温趋势表现出比其他海域更强的增温特征，并且在未来很可能会经历相当剧烈的变化，这种现象被称为北极放大（Arctic amplification）。北极放大现象可能与极地冰雪的反照率正反馈过程的影响有关。Previdi 等（2020）的最新研究结果表明，当大气 CO_2 增加时，在气候模型中北极的放大比海冰的损失更快，这说明大气过程本身就有能力引起北极的放大，表明北极放大现象的存在主要是快速的大气过程引起。不仅仅局限在海洋表面和上层海洋，即使在深水区也有迹象表明海水温度的增加和暖化。Meinen 等（2020）的研究提供了几十年来深海区域温度测量的记录，这些记录来自南大西洋西部阿根廷盆地西北部海底的系泊传感器，观测结果显示出深海温度的波动比科学家先前认为的要大，而且已有的观测在海底也可以检测到变暖的趋势。

根据 Dahlman 和 Lindsey（2020）的研究结果，在 1971～2010 年间上层海洋的变暖约占气候系统储热总量增加量的63%，而从700m以下到海底的升温又增加了约30%。在1993～2018年间，全球海洋0～700m深度范围内的热增量率为0.36～0.4（±0.06）J/（m^2 • s），700～2000m深度的热增量率为0.14（±0.0）～0.32（±0.03）J/（m^2 • s）。对于2000～6000m的深度，1992年9月～2011年5月期间，预计每平方米增加0.07（±0.04）J/s。1993～2018年，全深度海洋热增量率为0.57～0.81 J/（m^2 • s）。每平方米不到一瓦特似乎是一个很小的变化，但乘以海洋的总表面积（超过3.6亿km^2），就意味着全球能源的巨大不平衡。如果已经储存在海洋中的热量最终被释放出来，就会使地球在未来产生进一步的显著升温。

虽然温室气体的增加在大气中分布近似均匀，海洋的暖化却不是均一的，而是呈现出不同大洋的地域多样性和空间差异性（马建和刘秦玉，2018）。研究已经初步证实：这种空间非均匀增暖的主要原因是各个海盆的海气耦合模态和洋流结构的不同（Xie et al.，2010）。由于气候反馈的复杂性，以及海洋与大气之间相互作用的差异（Lu and Zhao，2012），温室效应在某些地区被显著增强（Liu et al.，2005），而在其他一些地区显著减弱。这些非均匀的海表增暖形态在不同历史观测数据集和众多未来气候模式预测中均有很大的不确定性，并且能够显著影响大气环流（Ma et al.， 2012）和降水空间分布（Chadwick et al.，2013）的变化，有的地方出现降水增多，而有的地方则出现降水减少和干旱。这些成果奠定了依据气候模式预估未来区域气候对辐射强迫响应的理论基础，极大地提高了海洋和大气动力过程在气候变化研究中的地位。海洋的扩散、潜沉和流动可以将海表增暖信号向海洋内部传递。海表面风搅拌和波浪导致的湍流混合会使暖化热量向深海扩散，而大洋翻转环流在高纬度地区潜沉和在热带上升，其对变暖信号的输运作用要更直观和显著，可以将高纬度地区暖水直接带入深层海洋。各海盆深层洋流的差异巨大，使得次表层及以下的海温变化在海盆之间的差异比海表更加明显（马建和刘秦玉，2018）。近年来几大洋（特别是大西洋与南大洋）深层水加热明显，可以作为全球变暖“停滞”过程中热量到达深海的重要证据之一（Chen and Tung，2014）。在全球海洋增暖背景下，各大洋气候变化的不同过程还远远没有被理解和解释清楚，弄清非均匀海洋增暖这个难题对于气候变化科学问题及应对研究至关重要。

Cheng等（2017）对1960～2015年全球海洋热含量的估算结果发现海洋储存的热量可能比之前估计的量值要高13%，海洋变暖的程度比我们想象的要更大。准确评估海洋的热含量是一项具有挑战性的工作，主要是因为海洋数据在空间覆盖方面的不足和不规则性。这个最新的研究采用了统计方法和模型输出结果相结合的方法，充分利用了Argo浮标的观测资料，提供了全球海洋热含量的全新的估算。新的估算结果显示，在1960～2015年期间海洋全深度的增暖量为33.5（±7.0）$\times 10^{22}$ J[相当于0.37（±0.08）J/（m^2 • s）的加热率]。其中，不同层次海洋对增暖的贡献率分别为：36.5%（0～300m层次）、20.4%（300～700m层次）、30.3%（700～2000m层次）、12.8%（2000m以下）。研究结果还显示，大约在1980年之前，全球海洋热含量的变化相对较小；然而，自1990年以来，大量的热量开始渗入海洋的深处，海洋热含量的增加越来越多地涉及海洋的深层。自1998年以来，所研究的所有洋盆都经历了显著的变暖，其中南大洋、热带/亚热带太平洋和热带/亚热带大西洋的升温最为严重。

Durack 等（2014）利用卫星高度计观测和气候模式发现南半球海洋上层 700m 的长期海洋变暖可能被低估了。这种低估是南半球观测和采样条件差，以及估算数据稀疏区域温度变化的分析方法存在的局限性所造成的。通过对这些局限性的改进和调整，全球上层海洋热含量变化估计值大幅增加（2.2～7.1×10^{22} J/35a），并对海平面、能源预算和气候敏感性评估等方面产生重要影响。考虑到与全球变暖相关的大部分过剩热量都在海洋中，这一研究对地球的总体能量估算方面具有重要意义。

Balmaseda 等（2013）的研究结果显示在最近时期深海出现了前所未有的变暖。研究利用新的基于观测的海洋再分析资料，发现热量被吸收到更深的海洋中，大约 30%的暖化发生在 700m 以下，这大大加速了气候变暖的趋势。敏感性试验表明，海面风的变化是引起海洋热垂直分布变化的主要原因。

Gleckler 等（2012）的研究结果进一步证实了人类活动是全球海洋变暖的主要原因。研究结果发现气候模型与过去 50 年观测到的海洋变暖是一致的，前提是气候模型中包括了 20 世纪观察到的温室气体浓度增加的影响。虽然这项研究并不是第一次确定人类对观测到的海洋变暖影响的研究，但它是第一次针对观测和建模不确定性如何影响人类负有主要责任的结论进行的深入研究。研究结果大大加强了过去 50 年中观测到的全球海洋变暖大多归因于人类活动的结论。通过使用多模式集合，能够更好地再现十年尺度的自然气候变化，这是检测和归因人为气候变化信号的一个关键方面。研究通过数值试验来确定观测到的海洋变暖信号是否可以仅用自然变化来解释，结果表明人类活动在其中起了主导作用，观测到的海洋变暖信号并不能仅仅用自然气候变化来解释。Bronselaer 和 Zanna（2020）揭示出海洋对人为排放的热量和碳吸收之间的线性关系。人为的全球表面变暖与累积碳排放成正比，这种关系部分由海洋吸收和储存的热量和碳决定。

全球海洋的温度预计还会继续上升（Collins et al.，2013）。海洋变暖的影响是深远的，并且这种变暖及其所带来的影响可能会持续很长的时间。例如，海水温度升高可能会影响对温度非常敏感的海洋生物。频繁发生的珊瑚白化事件就与海洋温度增暖具有密切的联系。海洋海水温度的升高还可能会影响海冰的分布、海洋的深层环流模式、厄尔尼诺/拉尼娜事件、台风/飓风活动等很多方面。目前，海水变暖而膨胀，从而导致全球海平面上升。再加上陆地上冰川融化的水，不断上升的海平面威胁着世界各地海岸线附近的人类生活和自然生态系统。海水变暖也与冰架和海冰变薄有关，这两种情况都会对地球气候系统产生进一步的影响。最后，海水变暖威胁到海洋生态系统和人类的生计。例如，温暖的海水危害珊瑚的健康，进而危害依赖珊瑚作为避难所和食物的海洋生物群落，最终依靠海洋渔业获取食物和就业机会的人们可能会面临海洋变暖的负面影响。

二、海洋热浪事件的变化

叠加在长期海洋变暖趋势之上出现的短期的海洋极端变暖事件，被称为海洋热浪事件（marine heatwaves）。海洋热浪是海洋温度极高的时期，时间可以持续数天至数月，在空间上可延伸数千公里，并可穿透数百米深的深海（Hobday et al.，2016a；Scannell et al.，2016；Benthuysen et al.，2018）。关于自然、物理和社会经济系统对海洋热浪事件的响应的研究在最近才刚刚兴起（Collins et al.，2019）。本节以下的内容主要参考了 Collins 等（2019）中对海洋热浪事件相关研究的总结。

在过去的二十年里，在所有的海洋洋盆都观察和记录到了海洋热浪事件的发生。最近发生的典型的海洋热浪事件包括：2013～2015 年东北太平洋海洋热浪事件，这一事件在英文名称中通常被称为“The Blob”（Bond et al.，2015）；2019 年夏季的北太平洋海洋热浪事件（Amaya et al.，2020）；2011 年西澳大利亚海域的海洋热浪事件（Pearce and Feng，2013；Kataoka et al.，2014）；2012 年西北大西洋的海洋热浪事件（Mills et al.，2013）等。

海洋热浪事件的生成、维持和消亡受主要的海洋和大气过程的显著影响。每个具体的海洋热浪事件之间可能存在较大的差异，取决于每个海洋热浪事件具体发生的地点和时间。全球海洋热浪事件最重要的驱动因素之一是厄尔尼诺现象（Oliver et al.，2018a）。在厄尔尼诺现象发生期间出现海温异常增暖，尤其是赤道太平洋中东部和印度洋海域。海洋热浪事件还可能与其他大尺度气候变化模态有关，如太平洋年代际振荡（PDO）、大西洋年代际振荡（AMO）、印度洋偶极子（IOD）、北太平洋振荡（NPO）和北大西洋振荡（NAO）等，这些气候模态的变化可以在区域尺度上调节海洋温度而促使海洋热浪事件的形成（Benthuysen et al.，2014；Bond et al.，2015；Chen et al.，2015；Di Lorenzo and Mantua，2016）。例如，西澳大利亚 2011 年的海洋热浪事件受到了拉尼娜现象加强引起的利文海流沿澳大利亚西海岸南移的显著影响（Pearce and Feng，2013；Kataoka et al.，2014）。2013 年出现的“Blob”事件与弱厄尔尼诺现象的遥相关的影响关系密切，厄尔尼诺现象驱动了东北太平洋的海平面气压异常，从而导致海洋热量损失较小（Bond et al.，2015；Di Lorenzo and Mantua，2016）。此外，极端暖海温的生成和消亡也可能是小尺度的大气和海洋过程引起的，如海洋中尺度涡旋或当地的大气天气模式等（Carrigan and Puotinen，2014；Schlegel et al.，2017a，2017b）。

伴随着人类活动引起的全球海洋温度的长期增暖（Bindoff et al.，2013），海洋热浪事件的发生变得更加频繁、广泛和强烈（Frölicher and Laufkötter，2018；Oliver et al.，2018a；Smale et al.，2019）。利用每日的卫星遥感观测的海表面温度数据的分析结果表明，1982～2016 年期间，海洋热浪事件的天数在全球范围内增加了一倍（Frölicher et al.，2018；Oliver et al.，2018a）。同时，海洋热浪事件的最大强度增加了 0.1℃，空间范围增加了 66%（Frölicher et al.，2018）。Hobday 等（2018）使用分类系统将海洋热浪事件进行分类，结果显示在过去的 35 年里各种类型的海洋热浪事件的发生率都有所增加，其中强度强的海洋热浪事件的增幅最大（24%）。在 2016 年，大约四分之一的海洋表面经历了持续时间最长或强度最强烈的海洋热浪事件（Hobday et al.，2016a）。在空间分布上，近几十年来海洋热浪事件在全球 38%的沿岸海洋中越来越常见（Lima and Wethey，2012）。在热带珊瑚礁系统中，自 1980 年以来周期性海洋热浪事件和相关珊瑚白化事件的间隔时间逐渐减少，从 20 世纪 80 年代初的每 25～30 年一次，到 2016 年左右统计的每 6 年一次（Hughes et al.，2018a）。由于缺乏具有高时空分辨率的海洋深层温度数据，目前还不清楚深海的海洋热浪事件在过去几十年中是否发生变化以及如何发生变化。

海洋热浪事件的变化趋势并不能够用自然气候变化来解释，可能更多地受到人为因素导致的全球平均海洋温度升高的影响（Frölicher et al.，2018；Oliver et al.，2018a；Oliver，

2019；Fumo et al.，2020）。气候模式的结果表明，全球 84%～90%的海洋热浪事件可归因于 1850～1900 年以来的温度上升（Fischer and Knutti，2015；Frölicher et al.，2018）。许多对单个海洋热浪事件的归因研究也支持人类活动和人为因素变暖的影响（Weller et al.，2015；Oliver et al.，2018b；Walsh et al.，2018）。如果没有人为因素引起的气温升高，许多海洋热浪事件是不可能发生的（Wang et al.，2014；Kam et al.，2015；Weller et al.，2015；King et al.，2017；Oliver et al.，2017，2018b；Newman et al.，2018）。正如气候模式预测 21 世纪海洋温度将长期升高，在持续的全球变暖下海洋热浪事件发生的可能性预计将进一步增加（Collins et al.，2013）。

在未来全球变暖的影响下，海洋热浪事件的发生频率、持续时间、空间范围和强度可能都会增加（Oliver et al.，2017； Ramírez and Briones，2017；Frölicher et al.，2018；Frölicher and Laufkötter，2018；Darmaraki et al.，2019）。基于 12 个 CMIP5 地球系统模式预测结果，在高排放温室气体浓度（RCP8.5）的情景下，全球范围的海洋热浪事件发生的概率在 2031～2050 年比 1850～1900 年高 20%～27%， 在 2081～2100 年高 46%～55%（Frölicher et al.，2018）。在 RCP8.5 情景下，海洋热浪事件的持续时间很可能从 1850～1900 年的 8～10 天增加到 2081～2100 年的 126～152 天（Frölicher et al.，2018），最大强度很可能从 1850～1900 年的 0.3～0.4℃增加到 2081～2100 年的 3.1～3.8℃。在低排放温室气体浓度（RCP2.6）情景下，不同海洋热浪事件指标的变化幅度将大大降低（Frölicher et al.，2018）。根据 CMIP5 模式的预测结果，海洋热浪事件发生的最大概率增加将发生在热带海洋（特别是热带西太平洋）和北冰洋，而南大洋发生的概率增加最小。

Hayashida 等（2020）对高分辨率海洋模式中海洋热浪的未来预测结果进行了分析。全球气候模型预测未来几十年海洋热浪由于全球变暖将加剧发生。这些模式的空间分辨率不足以解决和刻画在边界流区域非常重要的海洋中尺度变化过程，然而在这些区域发生的海洋热浪的社会和经济影响是巨大的。该研究比较了一个 0.1°高分辨率的海洋模式和 23 个较粗分辨率的气候模式中海洋热浪的历史变化和未来预测变化。在模拟过去和未来的海洋热浪时，西部边界流是模型与观测值最不一致的区域。粗糙分辨率模式中缺乏海洋涡旋驱动的一些变化过程，导致历史时期海洋热浪强度降低，而在未来几十年内出现强度加剧。高分辨率模型提供的关于西部边界流的更多空间细节对于更加有效地适应、规划和应对海洋热浪事件的气候变化是非常有价值的。

Laufkötter 等（2020）的研究结果也支持人类活动引起的气候变化可以使海洋热浪事件发生概率增加 20 倍以上。在前工业化气候中，每数百年至数千年才发生一次的最强烈的海洋热浪事件，在 1.5℃的升温条件下，预计将演变为十年至一百年的事件；在 3℃的升温条件下，将成为一年至十年的事件。研究结果也突显出人类活动对最近所有大型和严重的海洋热浪事件发生概率的巨大影响，并强调在进一步全球变暖的情况下，这些极端高温事件的重现期将大大缩短。最近的海洋热浪对海洋生态系统已经产生了严重的影响，这些系统需要很长时间才能完全恢复。因此，限制减排的气候目标对于降低重大海洋热浪事件影响的风险是必不可少的。

Amaya 等（2021）指出 2019 年西北太平洋海洋热浪被海洋混合层的年代际变浅的自然变化所放大，未来人类活动所引起的海洋混合层变浅可能将进一步增强海洋热浪。

当海洋混合层很厚时，它起到了缓冲极端海洋加热的作用；当海洋混合层变浅和变薄时，海洋就越容易增暖。这一研究结果显示出西北太平洋海洋混合层在最近年代的变浅，这些变化可以解释最近极端的海洋热浪事件，并指出未来随着全球气温持续攀升，海洋热浪事件可能将更加频繁和具有破坏性。

海洋热浪事件所带来的极高的海洋温度可以对海洋生态系统产生非常大的影响。最近的研究表明，海洋热浪事件在过去的二十年里显著影响了所有海洋洋盆的海洋生物和生态系统（Smale et al.，2019）。这些影响包括珊瑚白化和死亡（Hughes et al.，2017，2018a，2018b），海草和海藻的数量减少（Smale et al.，2019），以及海洋物种生存范围的转移（Smale and Wernberg，2013）。例如，2015/2016 年秋冬，北太平洋经历的海洋热浪事件对生态系统带来了毁灭性的破坏，包括超过 100 万只鸟的死亡和海洋生物的巨大损失。

Jacox 等（2020）的研究结果揭示出海洋热浪可以造成海洋生态系统的重新分布。该研究中引入了热位移作为一种海洋热浪的新度量物理量，这种热位移可以代表海洋生物为躲避潜在的高温胁迫可能需要移动的空间距离。研究使用基于观测的全球海表温度数据集来计算 1982～2019 年所有海洋热浪事件的热位移，计算出了某个物种避开海洋热浪而抵达它们偏好的温度生境（生境是指物种或物种群体赖以生存的生态环境）所需移动的最短距离。计算结果显示，在温度梯度小的热带，热位移可能会超过 2000km；但在温度梯度大的地区（如西边界流海域），位移可能只有几十千米。研究人员指出，这种由于海洋热量引起的生物短期位移，其实与长期变暖趋势引起的变化程度相当，这可以导致海洋生物的快速重新分布。这些结果扩展了我们对海洋热浪及其对海洋物种潜在影响的理解，揭示了哪些海域最容易受到热位移的影响，以及在预计的海洋变暖情况下这些过程会发生怎样的变化。研究结果还强调，海洋资源管理需要考虑到由海洋热浪驱动的空间变化，这种变化的规模与长期气候变化的影响相当，并且这些过程的影响效应已经在发生。

海洋热浪事件还可以通过遥相关影响陆地上的天气模式，导致干旱、强降水或大气热浪事件（Seager et al.，2015；Di Lorenzo and Mantua，2016；Feudale and Shukla，2007）。这种由海洋热浪事件引起的物理变化可能也会影响陆地上的生态系统和人类系统（Reimer et al.，2015）。例如，2017 年秘鲁沿海的海洋热浪事件引发的暴雨产生了大量山体滑坡和洪水，导致数百人死亡，同时基础设施和土木工程也受到广泛破坏。海洋热浪事件可能会导致重大的社会经济后果。例如，2012 年西北大西洋的海洋热浪事件对美国龙虾产业产生了重大的经济影响（Mills et al.，2013）。2013 年东北太平洋和 2016 年阿拉斯加海的海洋热浪事件期间也报告了渔业变化带来的经济影响。2013～2015 年的海洋热浪事件导致渔业行业损失数百万美元（Cavole et al.，2016）。2016 年发生在阿拉斯加海的海洋热浪事件导致的生态变化影响了人们的生存和商业活动。

应对海洋热浪的风险管理策略包括预警系统、季节性（数周到数月）预测系统和多年预测系统。自 1997 年以来，美国国家海洋和大气管理局（NOAA）已经利用卫星观测的海表面温度数据提供珊瑚白化的近实时预警（Liu et al.，2014）。从季节到年际的海表面温度预测也被用于或计划用于珊瑚礁之外的其他多个生态系统和渔业的早期预警系统，包括水产养殖、龙虾、沙丁鱼和金枪鱼渔业（Hobday et al.，2016b；Tommasi et al.，

2017a)。全球气候预测对预测沿海地区十年时间尺度上发生的暖或冷海温异常事件的预测方面具有显著的能力（Tommasi et al., 2017b）。新的观测技术（如 Argo 浮标）可能有助于进一步开发海洋内部热浪事件的预测系统。在描述海洋热浪事件的通用指标的使用方面还需要进一步推进。到目前为止，文献中对海洋热浪事件的定义通常是不同的，直到最近才出现了一种分类方案（采用第一类到第四类，类似对飓风的分类方法）（Hobday et al., 2018）。这样的分类方案可以很容易地应用于实际数据和预测当中，并可能提高公众对海洋热浪事件的熟悉程度。

三、海洋上层层化强度的变化

海洋上层的分层结构与海水密度在垂向的变化密切相关，上层海洋层结在气候系统和海洋生物地球化学过程中起着重要作用。由于全球变暖已经发生，全球平均上层海洋由于暖化信号的表面增强，海洋层结可能会得到加强（Rhein et al., 2013）。利用气候模式对未来气候预测的研究也表明，上层海洋层化强度将在 21 世纪得到加强（Capotondi et al., 2012；Fu et al., 2016；Moore et al., 2018）。

海洋上层密度分层的强度将影响海洋垂向混合的强度（Cronin et al., 2013；Qiu et al., 2004），这将进一步影响海洋上混合层的演变过程和混合层底部的卷挟过程。海洋上混合层的深度将影响海洋对大气强迫的响应，以及海洋内部海水的潜沉和通风过程，这些物理过程将影响到热量、碳物质和氧气在海洋中的分布。海洋上层的层结结构也会影响到光照和营养盐输运，从而对海洋初级生产力和海洋生物地球化学过程来说也是非常重要的。尽管加强的海洋上层层结可以为浮游植物群落提供更好的光照利用率，但是它也极大地限制和阻止了向海洋上层透光区的垂直营养供应（Doney, 2006）。以往的研究也支持海洋上层层结的变化引起的海洋生产力的变化（Chiba et al., 2004；Wallhead et al., 2014；Watanabe et al., 2005）。全球气候模式对未来预测的结果表明全球海洋平均初级生产力将减少，但是由于上层海洋层结的预计变化范围，对未来的预测结果仍然存在很大的不确定性（Fu et al., 2016）。量化上层海洋层结强度的变化不仅有助于了解海洋对导致全球变暖的辐射强迫的反应，而且有助于准确评估对海洋生物过程的影响。

Yamaguchi 和 Suga（2019）的研究结果进一步证实了自 1960 年以来全球海洋 40%的海域都发生的上层层化强度加强的现象，这种变化可能与全球变暖密切相关，并可能对海洋生态系统和食物链产生重要影响。研究中使用了 1960～2017 年的全球海洋温度和盐度观测数据，能够在尽可能大的空间和时间范围内考察全球海洋上层层化强度的变化。结果揭示出全球海洋平均层结增加量相当于气候平均值的 3.3%～6.1%，热带海域的海洋层化的增强在其中起着很重要的贡献。除了海洋表层的温度变暖的影响以外，海洋次表层的温度和盐度结构的变化对层化强度的长期变化也有重要影响。在北半球中纬度和高纬度海域，海洋层结强度的长期趋势表现出显著的季节性，夏季表现出比冬季更强的增加趋势。Sallee 等（2021）的研究结果也支持夏季全球上层海洋层化的加强。

Li 等（2020）使用最新获得的海洋温度/盐度观测计算浮力频率的平方来量化 2000m 深度的海洋层化强度的变化，结果显示近几十年来（1960～2018 年），全球海洋分层率大幅增加了5.3%，每十年增长率为0.90%。尽管盐度的变化在局部地区起着重要作用，但大部分的增加发生在海洋上部200m，并且大部分（>90%）是由温度变化引起的。这种稳定的海洋分层结构对海水的混合起到了屏障的作用，并且能够影响海洋中热、碳、氧和其他成分的垂直交换效率。Cheng 等（2020）发现海洋表面和次表层的盐度对比增加了，表明现有的盐度模式扩大了。研究通过评估海洋2000m上平均的高盐度和低盐度区域的盐度差异来量化这种对比（定义了SC2000来定量表示这种盐度差异值）。SC2000从1960～1990年增长了1.9%±0.6%，从1991～2017年增长了3.3%±0.4%（1960～2017年增长了5.2%±0.4%），表明近几十年来盐度差异的模式放大加速。海洋盐度呈现出“淡变淡，咸变咸”的变化趋势。

四、海洋环流的变化

传统海洋环流理论将海洋环流运动分为由海面风应力驱动的风生环流和由浮力强迫（来自温度和盐度的差异）驱动的热盐环流。在运动学上，可将海洋运动分成海洋上层的Ekman层，30～1500m的亚热带、亚极带和赤道流涡等，以及1500m以下由热盐环流主导的运动（林霄沛等，2018）。Ekman层通过海面风应力驱动海洋上层的Ekman流动，进而通过Ekman抽吸作用驱动海洋次表层的地转运动，共同形成风生环流。海洋深层的运动则主要受到深水形成带来的沉降和地形的影响，通过高纬度下降流和广大内区的缓慢上升流连接着上层运动。风生环流基本是水平流涡型的，而热盐环流往往是垂向翻转的贯通流（林霄沛等，2018）。从时间尺度上来说，风生环流要明显快于热盐环流，故风生绝热运动往往在年代际或以内的时间尺度占主导，而非绝热的热盐环流在多年代际振荡和更长时间尺度的运动中起主要作用。

（一）海洋深层环流的改变

深海热盐翻转环流又称为深海经向翻转环流，通常是指由于海水经向密度差异，依靠海水的温度和含盐密度驱动而形成的深层海洋闭合环流系统（Wunsch，2002）。海洋中最大尺度的热盐环流运动又被称为海洋的传送带，可以将大量的热量从温暖的热带海洋挟带到寒冷的高纬度地区，使得位于高纬度地区的欧洲和北美洲地区成为适合人类生存的大陆。同时，热盐环流还是连接各大洋的重要通道，是全球气候变化中最重要的控制因素之一（王伟，2010）。

人类对海洋热盐结构的认知起源于18世纪中叶，负责运送奴隶的船长Henry Ellis第一次记录了亚热带大西洋存在低温深层水的现象。在随后的200多年的时间里，人类改进了观测手段，对全球各个海域的温度和盐度进行了大量系统的观测，到目前为止对于全球海洋三维温盐结构已经有了一个比较清晰的了解（王伟，2010）。海洋主要的热通量和淡水通量皆来自海洋的表面，因此太阳对海洋的不均匀加热以及蒸发降水过程是造成目前海洋三维温盐结构的主要因素。这种空间分布不均匀的温盐分布是一种动态平衡的结果，必然有一个与之对应的环流场存在，这也就是人们所关注的热盐环流。然而对环流的认识要晚于对热盐结构的认识，直到19世纪中叶才首次给出了我们今天熟知的经向翻转环流的雏形（Richardson，2008）。随后100多年里，这种经向翻转环流的结构被不断地完善，尤其是在大西洋海域环向翻转环流可以一直贯穿到深海，并跨越赤道形成全球大传送带的重要环节。

在现代气候条件下，赤道温暖的海水随着大西洋湾流不断向北移动。海水在向北运动的过程中逐渐放出热量而变冷，再加上不断地蒸发，海水的盐度也不断增加。因此，当海水到达北大西洋高纬度时变得又冷又咸，从而引起海水的密度增大而沉入深海，成为北大西洋深层水团。水团在大西洋的深层以西边界流的形式向南流去，之后围绕着南极绕极急流，部分和形成于威德尔海的南极底层水混合，最终流向太平洋和印度洋，在那里上翻达到上层海洋而完成整个环流，简称“全球输运带”环流。通过这个过程，热盐环流会把低纬度地区多余的热量输运到高纬度地区，以维持全球气候系统的能量平衡，这种作用在北大西洋特别明显（Jayne and Marotzke，2001）。由热盐环流主导的热输运以及冬季的热释放，可以达到高纬度地区全年太阳辐射量的1/4，使得北美洲和欧洲比起同纬度的其他地区可以拥有更加温暖湿润的气候。因此，可以预想，一旦热盐环流停滞，全球热量平衡就会被打破，而北美洲和欧洲很可能就此陷入极度严寒（刘伟和刘征宇，2018）。

来自深海沉积物和计算机模型的证据表明，全球海洋深层环流的变化可以显著地影响气候（Srokosz and Bryden，2015；Buckley and Marshall，2016；Caesar et al.，2018；Thornalley et al.，2018）。北大西洋的环流是重要的深水来源，对这些变化特别敏感。推动深水环流的是高纬度地区（特别是北大西洋）的寒冷、密度高的表层水下沉。如果表层水因为温度太高和密度变低而停止下沉，那么海洋吸收和重新分配太阳辐射热量的效率就会大大降低，这将会显著地改变全球的热量在不同纬度的热传递和分配，从而引起显著的气候变异。许多科学研究表明，温室气体在大气中浓度的增加会改变海洋深层环流。这可能发生的一种方式是，气温升高将加快格陵兰岛冰川融化的速度，在北大西洋形成一层低密度的表层淡水。这种表层淡水可以抑制产生北大西洋深层水的下沉，重新组织全球海洋环流模式，并引起相应的气候变化。来自格陵兰岛的淡水可能将北大西洋洋流系统带到一个临界点，导致深水洋流的快速重组和气候的相应变化。有证据表明，大约8000年前来自北美洲的一个冰坝湖的淡水可以使北大西洋被其淹没，从而导致全球气候的迅速变化。在降水增加和海冰的加速融化的情况下，北大西洋可能会再次经历非常类似的情景。Galaasen等（2020）指出，在过去的50万年里，北大西洋深层水的形成受到了破坏，而北大西洋深层水是间冰期大西洋经向翻转环流的主要驱动力，北大西洋深层水的减少实际上是间冰期相对常见的现象。这一研究结果表明，在未来气候变暖的情况下，大西洋经向翻转环流的大幅减少或不稳定也可能发生（Stocker，2020）。

2004年灾难电影《后天》（*The Day After Tomorrow*）描述了由于海洋深层环流的变化而导致的气候迅速变化，让人们意识到气候突变可能给人类带来的巨大灾难（刘伟和刘征宇，2018）。该电影讲述了由于全球变暖导致大洋热盐环流停滞，打破全球热量平衡，各种极端天气事件（包括超级风暴、超强风暴潮、急剧降温）等随之出现，地球陷入了如冰河时期一般极度的严寒。在古气候资料中，热盐环流的停滞和类似《后天》所描述的气候突变在历史上确实存在过，不过发生的时间需要至少几十年，而不是电影中所述的几天。最著名的热盐环流停滞事件发生在 12000 年前左右的新仙女木事件（Cuffey and Clow，1997）。当时全球正从上一个冰河期结束后缓慢升温，北美洲、北欧和格陵兰岛地区冰川开始融化，大量冰川融水注入北大西洋，这些冰川融水最终导致了热盐环流在大概 12900 年前停滞。于是，北半球的高纬度地区突然开始降温，整个区域很快就回到了类似冰河期的样子，许多迁移到高纬度地区的动植物大量死亡。这次降温极其突然，在短短的十年内，地球平均气温下降了 7～8℃，低温状态持续了大概 1300 年之后才又开始出现气温的上升。由此可见，热盐环流在整个新仙女木事件中起着非常重要的作用，在此期间海洋热盐环流的停滞，直接导致了类似《后天》中的灾难场景。

在全球变暖背景下，北大西洋近年来的观测显示热盐环流一直在减弱（Smeed et al.，2014；Srokosz and Bryden，2015；Rahmstorf et al.，2015；Sévellec et al.，2017；Caesar et al.，2018；Thornalley et al.，2018；Boers，2021）。这种海洋深层环流的减弱趋势可能在 21 世纪进一步持续，计算机模型的计算结果表明，大西洋深水环流的持续减弱将导致一些长期的降温（特别是在北欧部分地区）。政府间气候变化专门委员会第五次评估报告指出，世界各国的气候模式都预估在未来的 100～300 年热盐环流会有所减弱却不会停滞（IPCC，2013）。然而，研究表明目前的气候模式所模拟的热盐环流普遍过于稳定（Stouffer et al.，2006；Liu et al.，2009），模式误差的存在使得模式在未来温室气体强迫下很难模拟出热盐环流的停滞，这可能会降低气候预估的准确性和可信度。Fu 等（2020）的观测表明北大西洋水文特性与大西洋经向翻转环流强度并非同步变化，这一结果明显不同于传统观点。大西洋经向翻转环流变异的物理过程和物理规律还需要在未来开展更进一步的研究。

（二）全球海洋环流系统平均动能的变化

风的驱动也是引起海水运动的重要因素，海洋上层的海洋环流主要是受到风的驱动而产生的风生环流。Hu 等（2020b）的研究结果揭示出，自 20 世纪 90 年代初以来，由于风影响的加强而导致全球海洋环流在过去 20 年里出现了加速，全球海洋平均动能显示出显著的增长，计算得到的全球平均海洋环流加速了 36%。

大尺度海洋环流是海洋物质和热量再分配的主要动力过程，在地球环境和气候系统中起着重要作用。海洋环流可以调节陆地的温度，尤其是在西欧这样的地区，相对温暖的水流使得马德里等城市的气候比处于同一纬度的纽约等城市的气候暖和。由于内部动力过程和自然变异性，不同地区的海洋环流对全球气候变暖的响应不同。而且目前还缺乏对全球海洋环流的系统和连续的直接观测。在温室效应增加和全球变暖背景下，区域洋流呈现出多样化的变化趋势，但全球平均海洋环流系统是否存在整体的变化趋势还不清楚。了解在全球变暖的背景下，大规模海洋环流将出现怎样的改变也是至关重要的。

Hu 等（2020b）使用了来自多个来源的海洋环流和风速数据，包括来自全球 Argo 浮标的观测和数值模拟结果，研究了全球平均海洋环流和平均海面风速的变化。研究结果显示，自 20 世纪 90 年代初以来全球平均海洋动能出现显著的增加趋势，表明全球平均海洋环流显著加速。动能增加的趋势在全球热带海洋尤为突出，其深度可达数千米。海洋环流的深部加速主要是由 20 世纪 90 年代初以来地球表面风的增强引起的。虽然这种变化可能受 90 年代末以来与太平洋年代际振荡有关的风变化的影响，但是最近的加速远远大于与自然变化相关的加速，并且远远大于自然变化所能解释的量值，表明最近全球风驱动的海洋环流系统的加速可能主要是受到长期趋势影响的表现。全球风驱动的海洋环流系统的加速可能导致热量和水质量传输的增强，因此，额外的能量将被更均匀地重新分配，并且海洋中的水循环也可能被加强。由于这种加速作用的深度，上层海洋的热量可能更有效地被转移到深海。

Zhang 等（2020）揭示出黑潮在全球变暖背景下通过台风和海洋涡旋的影响而得到加速的新机制。1993～2004 年台风强度在台湾岛东部区域显著提高，日益增强的台风通过与海洋涡旋相互作用导致黑潮加速，这一过程有效维持了黑潮向北的热量输运，增加了这一区域及其下游的海洋变暖程度，而海温的增加又将显著提高强台风在这一海域出现的频率。研究提出了台风通过影响海洋涡旋使黑潮加速，从而加剧气候变暖并最终进一步促进台风增强的正反馈机制。这一正反馈机制对黑潮流量增大和气候变暖有重要的加剧作用，也是造成未来台风进一步增强的重要原因。

全球海洋风生环流和热盐环流的长期变化趋势之间的联系与差别还需要在今后开展更多的相关研究去揭示和阐明。

（三）近岸及开阔大洋上升流系统的变化

上升流是由海洋表面流场水平辐散造成的深层海洋垂直涌升的海洋现象，可以分为沿岸上升流和开阔海域上升流（如赤道上升流）。在气候变化背景下，沿岸上升流及开阔海域上升流系统如何演变也是被关注的问题（杜岩和廖晓眉，2018）。

全球主要的沿岸上升流多分布在大洋的东边界，包括北美洲西海岸的加利福尼亚（California）上升流系统、非洲西北海岸加那利（Canary）上升流系统、南美洲西海岸洪堡（Humboldt）上升流系统和非洲西南海岸本格拉（Benguela）上升流系统。上升流海区通常是海洋中生产力高的海域和渔场，这是因为上升流能够将海洋深层的营养盐带至表层，从而促进浮游植物的繁殖和浮游动物与鱼类的集聚。大洋东边界上升流系统虽然仅占全球海洋面积的 2%以下，却可以提供 7%的海洋初级生产力和 20%的全球渔获量，为沿岸约 8000 万居民提供了生活食物保障（Pauly and Christensen，1995）。

大洋东边界上升流系统受到风场的显著影响，与全球变暖有关的风场的改变将会对上升流有着重要的作用。一些研究结果认为，全球变暖背景下大洋东边界上升流系统沿岸风和上升流会增强（Bakun，1990；Bakun et al.，2015；Wang et al.，2015）。Bakun 等（2015）认为在同样的大气增暖条件下，陆地的增温比邻近海域的增温快，海陆热力性质差异更加明显，从而促使沿岸风增强。在未来变暖情境下，海洋高压系统可能向极地移动，陆地低压系统加深，从而使近岸风场增强，离岸 Ekman 输运和沿岸上升流也随之加强。然而，Sydeman 等（2014）结合更多历史观测数据和古气候重建资料分析风场变化趋势时得到了不一致的结果：加那利沿岸上升流系统的风场长期变化不明显，甚至出现了下降的趋势；并不是所有大洋东边界上升流系统的风场都能够观测到增加，风场增强仅出现在加利福尼亚和洪堡上升流系统的个别海域。海气耦合模式的结果也不能得到大洋东边界上升流系统沿岸风一直增强的结论，与上升流模拟相关的某些过程（如云覆盖、海洋-陆地气压梯度）也不能很好地在模式中刻画，这些因素都增加了沿岸风和上升流变化趋势研究的不确定性（杜岩和廖晓眉，2018）。开阔海域上升流（太平洋、大西洋赤道上升流）的变化主要受到年际和年代际气候模态的调制，很难获得其长期变化规律（杜岩和廖晓眉，2018）。

海洋层结效应的强弱也会对上升流产生影响。在全球变暖背景下，海洋层化有增强的趋势，全球海洋平均层结增加量相当于气候平均值的 3.3%～6.1%（Yamaguchi and Suga，2019）。过强的海洋层结将抑制上升流的来源深度，营养盐输运量减少。气候变化引起的沿岸风场变化导致的上升流增强可能在一定程度上被海洋层结增强带来的影响所抵消，风场变化和海洋层结变化的叠加效应仍然是尚未解决的难题（杜岩和廖晓眉，2018）。

之前的研究结果很多是基于有限时间段内的观测，在很大程度上受到季节、年际、年代际气候事件的影响。长期的气候变化趋势将对上升流、沿岸风场、海水层结、海洋生物化学过程产生怎样的影响，有许多问题仍然亟待解决（杜岩和廖晓眉，2018）。

五、海浪的变化

海浪通常指海洋中由风产生的波浪，主要包括风浪和涌浪。在不同风速、风向和地形条件下，海浪的尺寸变化很大，通常周期为零点几秒到数十秒，波长为几十厘米至几百米，波高为几厘米至二十余米。在全球变暖背景下，全球海浪的波高和周期等物理属性特征也可能会发生改变（Young and Ribal，2019；Reguero et al.，2019；Morim et al.，2019；Alberto et al.，2020；Casas-Prat and Wang，2020）。

Young 和 Ribal（2019）利用 1985～2018 年期间的全球卫星数据，分析了海洋风速和波高可能存在的变化趋势。关于气候变暖将如何影响环境，两个经常被问到的问题是海面风速是否会发生显著变化以及对海浪可能产生什么影响。该研究分析使用了从 31 个卫星任务中获得的广泛数据库，包括三种类型（高度计、辐射计和散射计）的卫星遥感数据。分析结果表明，在 1985～2018 年这段时间内，平均风速和显著波高略有增加，而在极端条件下（第 90 个百分位）增加较大。最大的增加发生的海域位于南大洋。由于风速的变化趋势得到了所有三个卫星系统的确认，所以对结果的可信度得到了加强。

Reguero 等（2019）发现在海洋变暖背景下全球波浪能在最近时期出现增加。自 1948 年以来，全球波浪能（代表将风能转化为海面运动的能量）在全球范围内出现增加（每年 0.4%）。风产生的海浪可以驱动重要的海岸过程，决定了洪水和侵蚀，海洋变暖是影响全球海浪的一个因素。该研究结果表明，由于全球变暖，上层海洋变暖正在改变全球的波浪气候，使海浪变得更强。结果也表明波浪能是一个潜在的有价值的气候变化指标。

Alberto 等（2020）评估了到 2100 年全球极端风浪事件在未来的变化。研究结果显示，在未来将可能出现强度更强和更频繁的海浪，其中最大的增长出现在南大洋。如果全球碳排放量得不到遏制，在广大海洋地区极端海浪的频率和强度将增加 10%。相对比地，如果采取有效措施减少碳排放，减少对化石燃料的依赖，则增长率将显著降低。在这两种情况下，极端波浪的强度和频率增加最大海域都出现在南大洋。Morim 等（2019）

对全球波浪气候预测的集合数据进行了评估，结果显示，在未来高排放情景下，大范围海洋区域的年平均有效波高和平均波周期变化为5%～15%，平均波向移动为5°～15°。世界上大约50%的海岸线面临着波浪气候变化的风险，约40%的海岸线至少有两个波浪要素变量发生了剧烈变化。了解气候驱动对多变量全球风浪气候的影响对于有效的近海/沿海气候适应规划至关重要。

Casas-Prat和Wang（2020）的研究结果表明，由于气候变化，对北极沿海社区和基础设施造成破坏性影响的极端海洋表面波可能会变得更强。这项研究模拟了北冰洋的历史和未来的波浪气候，结果显示，到21世纪末，随着无冰季节的延长和秋季风暴的增多，最大波浪将显著地增高和变长。由于海冰的消退，北冰洋的波浪气候正在发生巨大的变化。过去在历史气候（1979～2005年）下每20年发生一次的极端波浪事件可能会在2081～2100年期间增加到平均每2～5年发生一次，到21世纪末，这种极端沿海洪水的发生频率可能会增加4～10倍。在北极地区，如波弗特海沿岸，年最大波高将比现在高出2～3倍。北极波浪气候受北大西洋远程产生的海浪的影响更大，这些海浪将能够传播到更高的纬度。由于涌浪影响的增加，预计大西洋和北极波浪气候之间的联系将加强。预计波浪条件的变化导致北极海岸线受到波浪驱动的侵蚀和淹没的可能性普遍增加，有潜在危险的极端海浪事件预计将变得更加频繁和剧烈。例如，波弗特海岸线就面临这样的紧迫问题，因为它影响到许多北极沿海社区，以及现有和新兴的北极基础设施和活动，其中一些已经在过去几年遭受到了剧烈的波浪所引起的破坏。

六、海洋水团的变化

海洋水团是指源地和形成机制相近，具有相对均匀的物理、化学和生物性质，而与周围海水存在明显差异的宏大水体（冯士筰等，1999）。大多数水团在海洋上表层附近形成并下沉（黄瑞新，2012），水团在形成之后将表层的海气相互作用信号传入海洋内部（许丽晓和谢尚平，2018）。水团的形成与潜沉过程，是海洋存储热量、淡水、CO_2、氧气等的重要通道，对气候变化具有重要影响（许丽晓和谢尚平，2018）。

全球气候变化背景下，各海盆纬向平均的温盐和密度变化趋势与水团的形成和输运路径密切相关（Durac and Wijiffels，2010）。水团温盐性质变化信号最强的位置一般都发生在水团的源地，如深层水最强的异常信号发生在南大洋和北大西洋表层（Schmidtko and Johnson，2012），而沿着水团的输运路径，该异常信号逐渐减弱。海表迅速增温使上层海洋层结加强，导致水团下潜深度变浅（许丽晓和谢尚平，2018）。这种变化也阻碍了表层溶解氧向深层的传递，已有结果显示海洋内部的溶解氧含量正在降低，对海洋生态系统造成了巨大威胁（Matthew et al.，2016）。

Silvy等（2020）的研究结果揭示出海洋深层水团的变化在未来可能会加强。研究中使用了11个气候模型，定义了人类活动引起的温度和盐度的变化预计会从海洋内部密度的自然变化中显现出来的时间，使用了有无人类活动影响的模型模拟，以及结合了温度和盐度的分析来检测显著的变化及其可能的检测日期，也就是所谓的“出现时间”。南半球海洋受到气候变化的影响比北半球更快，早在20世纪80年代就可以检测到这种变化。

2010～2030年期间，北半球海洋会出现高于自然变化率的可探测变化，这意味着温度和盐含量的上升或下降可能已经发生。根据这些模型的预测结果，到2020年，20%～55%的大西洋、太平洋和印度海盆都有突发的人为信号；2050年达到40%～65%，2080年达到55%～80%。该研究利用全球海洋深层的气候模型和观测数据，首次计算出人类活动引起的温度和盐度的变化将超过自然变化的时间点，这是人类引起的气候变化的良好指标。世界海洋正在迅速变化，全球和区域的温度与盐度所发生的变化可能会造成广泛和不可逆转的影响。在南半球所看到的更迅速和更早的变化，强调了南大洋对于全球热量和碳储存的重要性，因为南大洋的表层水更容易到达深海。然而，目前在这一地区的观测和取样也特别有限，这意味着这些变化很可能在更长的时间内不会被发现。气候变化的影响在更深、更绝缘的海洋区域更难发现，那里的热量和盐分由于混合过程较弱而扩散速度较慢。研究结果强调了能够探测和监测持续的人为变化的海洋观测系统的重要性。为了监测气候变化对世界海洋的影响程度，并更准确地预测气候变化可能对地球产生更广泛的影响，有必要改进海洋观测并加大对海洋建模的投入。

Stevens等（2020）的研究结果显示出北大西洋副热带模态水水团在最近时期的减弱，表明海洋变暖限制了北大西洋副热带模态水的形成，并改变了北大西洋的海水性质结构，使其成为热量和CO_2的低效汇。北大西洋副热带模态水存在于中纬度北大西洋，它占整个中纬度北大西洋吸收CO_2量的20%，能够非常有效地将CO_2从大气中排出，是浮游植物的重要营养库。该研究使用了来自百慕大的大西洋时间序列资料、百慕大附近的水文站点的水文数据以及多种海洋再分析产品，来评估北大西洋副热带模态水特征的变化。研究结果发现，在2010～2018年期间，多达93%的北大西洋副热带模态水已经消失，这种损失伴随着北大西洋副热带模态水的显著升温（升温0.5～0.71℃），最终形成有史以来最弱和最热的北大西洋副热带模态水层。北大西洋副热带模态水的损失与每年露头量的减少以及位置向北偏移相关联，揭示出一个海盆环流尺度上的北大西洋副热带模态水水团生成减弱的信号。北大西洋副热带模态水的露头量与表层海洋热含量呈反位相关系，预示着未来北大西洋副热带模态水可能将在海洋持续变暖的情况下继续出现损失。

水团的变异除了受到海表面海气通量的影响外，也可能与海洋环流的变化有关。研究表明，全球变暖背景下，风生环流导致的主温跃层绝热调整也可能会影响热量在垂直方向上的再分配（Huang，2015）。海洋水团对气候变化的响应可以分为快响应（海洋上层）和慢响应（海洋中深层）过程（Long，2014），分别对应着海洋的风生环流绝热调整过程和热盐环流非绝热调整过程，水团的变异是由绝热还是非绝热过程主导需要深入研究（许丽晓和谢尚平，2018）。水团的变异特征不仅体现了海洋表层的长期增温趋势，同时包含年代际和多年代际变化的影响（Trenberth and Fasullo，2013）。水团的变异趋势究竟是由外部强迫（温室气体、气溶胶等）还是由内部变化（年代际和多年代际气候模态）主导，在目前还没有办法完全辨识和区分（许丽晓和谢尚平，2018）。另外，海洋中尺度涡旋等中尺度过程也会对水团的潜沉和耗散产生影响（Xu et al.，2014）。现有的气候模式普遍低估了中小尺度过程对水团形成与演化过程的影响，这将会影响我们对水团性质未来变化的预测能力（许丽晓和谢尚平，2018）。

七、极地海冰的加速融化

极地是全球气候变化最敏感和最脆弱的地区之一，其变化对全球气候变化具有指示和放大的作用（刘骥平，2010）。在全球变暖的大背景下，极地出现比其他地区更为显著的气候变化，尤其是北极海冰的快速减少、格陵兰岛和南极冰盖的快速消融最引人注目。计算机模型预测全球变暖将非常显著地影响到地球的两极。北极地区以北冰洋及其覆盖的漂流海冰（被陆地包围的海洋）为主；南极地区以南极洲大陆及其厚冰盖为主，包括延伸到海洋中的陆架冰（被海洋包围的陆地）。极地气候变化及其影响已成为国际上关注的热点科学问题。

北极地区是全球变暖影响最强烈的地区之一，而且在未来很可能会经历相当剧烈的变化，这种现象被称为北极放大。在过去的20年里，北极表面的气温上升了超过全球平均水平的两倍（Notz and Stroeve，2016）。北冰洋的温度变暖速度也超过了研究人员的气候模型所能预测的速度（Jansen et al.，2020）。归因研究表明，温室气体人为增加在推动观察到的北极海表面温度升高中起着重要的作用（Fyfe et al.，2013；Najafi et al.，2015）。通过气候模型研究普遍认为，温室效应最强烈的信号之一是北极海冰的消失。事实上，在过去几十年观测到的北极海冰的减少速度比模型预测的要快得多。1978年以来，卫星对北冰洋海冰范围的观测表明，北冰洋海冰正在急剧缩小和变薄。仅在1997～2007年期间里，北极海冰就损失了200多万km^2。北极海冰覆盖范围从20世纪50年代开始减少，平均北极海冰覆盖范围每十年大约减少 3%，其中以夏季的减少最为显著。夏季海冰的消融速度可以达到每十年减少约18%（Comiso et al.，2008）。2007年9月北极海冰覆盖范围比1979～2000年的气候平均值减少约39%，冰盖的面积已降至2005年之前的最低纪录以下，并且内部的冰异常稀薄。在夏季，甚至在北极也形成了大片的无冰海洋。气候预测的结果表明，到21世纪30～40年代北极夏季的海冰有可能完全消失（Serreze et al.，2007）。Boé等（2009）利用18个气候模式预测了未来海冰覆盖的演变，结果显示：在未来温室气体排放量中等的情况下，北冰洋在21世纪末之前就可能在北半球夏季出现无冰状态。Guarino等（2020）利用全耦合英国哈德利中心气候模型（HadGEM3）研究了北极在距今13～11.6万年之前的上一次间冰期是如何变得没有海冰的，利用该模型对未来进行的模拟结果表明，到2035年北极可能会变成无海冰的状态。Jahn和Laiho（2020）根据气候模型的模拟结果，发现北极液态和固态淡水储存量的变化可能已经受到气候变化的驱动。由于人为的气候变化，北极向北大西洋的淡水流量也可能很快开始出现超出我们过去观察到的变化范围的迹象。

Slater等（2021）结合卫星观测和数值模型显示，1994～2017年间，地球失去了大约27.4万亿t冰，包括北极海冰（7.6万亿t）、南极冰架（6.5万亿t）、山地冰川（6.1万亿t）、格陵兰冰原（3.8万亿t）、南极冰原（2.5万亿t）和南大洋海冰（0.9万亿t）。其中超过一半（58%）的冰损失来自北半球，其余（42%）来自南半球。由于山地冰川、南极洲、格陵兰和南极冰架的损失增加，自20世纪90年代以来，冰的损失率上升了57%，从每年0.8万亿t上升到每年1.2万亿t。在同一时期，南极和格陵兰冰原以及山地冰川的冰层减少使全球海平面上升了 34.6±3.1mm。大部分冰损失是大气增温造成的（68%来自北极海冰、山地冰川冰架崩解和冰盖表面质量平衡），其余损失（32%来自冰盖排放和冰架变薄）是海洋融化造成的。总而言之，冰层的这些元素占据了全球能量失衡的 3.2%。

Hu 等（2020c）揭示出北极海冰的流失导致出现更强烈和更频繁的海洋热浪。自 2005 年以来，北极地区的极端海温异常事件（即海洋热浪事件）时间更长、频率更高、强度更大，特别是在那些海冰覆盖不再持续整个夏季的地方。这一发现意味着，随着北极多年冰盖的持续减少，海洋热浪将更加普遍和强烈。

Voosen（2020）认为新的反馈过程也在加速北极海冰的消亡。最近时期北极夏季的冰层覆盖只占到 20 世纪 80 年代的一半面积，并且由于冰层较薄，冰层的总体积下降了 75%。由于北极变暖速度比全球平均速度快了近三倍，大多数科学家接受未来北极夏季无冰的必然性，北极夏季无冰也许最快在 2035 年发生。大气变暖并不是加速冰流失的唯一因素。增强的海流和海浪也在对冰层产生破坏作用。另外，北冰洋长期以来被困在海洋深层的热量也已经出现上升，这些海洋深层的热量现在正从下面融化冰层。这些因素和过程都促进了北极海冰的加速消亡。

气候的自然变率循环对北极海冰的范围变化起着一定的作用。一些学者提出了北极涛动（描述北半球中高纬地区气候变率的主要模态）引起的北极大气环流的变化（即动力过程）是近代北极海冰变化的主要原因（Moritz et al.，2002）。这一观点主要基于 20 世纪 70 年代末以来，北极涛动处于较强的正位相（即北极的海平面气压显著降低，绕极涡旋显著加强），其有利于北极海冰从弗拉姆海峡输出到北大西洋。然而，近年来的观测资料分析指出，北极涛动指数的变化与北极海冰的变化趋势并不一致，并不能解释近年来北极海冰的快速减少（Liu et al.，2004）。观察到的极地海冰的急剧下降可能并不能仅仅完全由自然变化来解释。北冰洋的海洋温度也在增加，导致海冰出现融化。在冰雪反照率正反馈过程的影响下，海冰的数量减少可能会进一步加剧该地区的变暖，因为海冰数量的减少将减弱对太阳辐射的反射，使得更多的太阳辐射可以进入海洋，这种冰雪反照率正反馈过程可以促使海洋温度进一步升高。研究人员担心北极可能正处于一个根本性的转变或转折点的边缘，这将导致北极只有季节性的冰层覆盖。伴随着全球变暖，北极海冰正由多年冰为主向一年冰为主转变，北大西洋暖水也向北冰洋内部不断扩展。这使得海冰热力学过程变得尤为重要，特别是大气-海冰-海洋间的辐射相互作用、海冰与海洋间的热通量交换等。研究北极海冰究竟在多大程度上由热力过程和动力过程造成，是预测北极夏季海冰未来变化的关键（刘骥平，2010）。

全球变暖也使格陵兰岛和西南极冰盖的冰量迅速减少。格陵兰岛和南极洲的大陆冰盖是地球表面除海洋之外的最大“水库”，所包含的冰融化是引起全球平均海平面上升的重要因素。从 2002～2007 年，格陵兰岛每年失去 150～250 km^3 的冰量。格陵兰岛冰盖表面的夏季融化也达到了前所未有的水平。与格陵兰岛冰盖一样，近年来西南极冰盖也在减少。南极洲自 1957 年以来已经以大约每十年 0.12℃的速率增温，总平均增暖约为 0.5℃。1977～2007 年，有大约 10 个主要的南极冰架崩塌（包括冰架的消失）。格陵兰岛和西南极冰盖的融化对全球海平面的升高具有重要的影响，估算得到的格陵兰冰盖融化对海平面的贡献为 0.24～0.55mm，而南极的贡献约 0.14mm（Rignot and Kanagaratnam，

2006)。格陵兰和西南极冰盖的快速消融意味着处于低洼地势的沿海地区将遭受破坏性的影响。格陵兰和西南极冰盖在 21 世纪消融的程度及其对海平面上升的贡献是有待解决的重要问题（刘骥平，2010）。Adusumilli 等（2020）利用卫星遥感感测提供了 1994～2018 年南极冰架融化速率的数据集，结果表明，自 1994 年以来，这些冰架已经经历了近 4000 亿 t 的损失，产生了大量的融水，这是冰架下海洋热量增加的结果。Sasgen 等（2020）利用最新的卫星数据，观测到 2019 年格陵兰冰盖的冰损失量达到（532±58）Gt，仅在 7 月一个月的冰质量损失就达到（223±12）Gt，格陵兰冰盖的冰损失量在 2019 年创下历史最多纪录。Briner 等(2020)通过将格陵兰冰盖的当代和未来质量损失率放在过去 12000 年的自然变化背景下，揭示了 21 世纪格陵兰冰盖的史无前例的质量损失，结果表明 21 世纪格陵兰冰盖的质量损失率将超过全新世的速度。Garbe 等（2020）对南极冰盖在不同程度的全球变暖情况下的稳定性进行了比较分析，展示了南极冰盖显示出许多温度阈值，如果超过这些阈值，冰的损失是不可逆转的。在全球变暖水平比工业化前水平高出 2℃左右时，由于海洋冰盖的不稳定性，西南极洲将长期局部崩塌。研究结果表明，如果不遵守《巴黎协定》(PA)，南极洲对海平面上升的贡献将大大增加并超过所有其他来源。

Shepherd 等（2020）研究结果指出格陵兰岛的冰层正在以比 20 世纪 90 年代快 7 倍的速度消融。研究中计算了 1992～2018 年格陵兰冰盖质量的变化，给出了迄今为止最完整的格陵兰冰层流失数据和图像。该项研究由来自 50 个国际组织的 96 名极地科学家组成的研究小组 The Ice Sheet Mass Balance Inter-comparison Exercise（IMBIE）完成，总共结合了 26 次单独的调查和使用了来自 11 个不同卫星任务的数据，包括测量冰盖变化的体积、流量和重力等。研究结果显示，自 1992 年以来格陵兰岛已经损失了 3.8 万亿 t 冰，足以将全球海平面升高 10.6mm。冰川流失率从 20 世纪 90 年代的每年 330 亿 t 上升到过去 2010～2020 年期间的每年 2540 亿 t，在 30 年内增加了 7 倍。Michael 等（2019）利用 Gravity Recovery and Climate Experiment（GRACE）和 global positioning system（GPS）的观测结果也证实了格陵兰岛的冰总量以逐渐增加的速度下降。格陵兰岛的冰总量减少的加剧主要是由气温和太阳辐射的变化所驱动的，持续的大气变暖将导致格陵兰岛的冰层融化，成为引起全球海平面上升的主要影响因素。

Hanna 等（2021）提供了截至 2019 年格陵兰岛每月气温数据的最新分析，主要集中在沿海观测站。1991～2019 年间，夏季（冬季）沿海地区出现了约 1.7（4.4）℃的显著升温。内陆和沿海气象站显示出夏季大致相似的温度趋势。在量化格陵兰岛海岸温度和格陵兰冰盖质量平衡变化之间的关联时，发现温度与总质量平衡的联系更紧密，而不是表面质量平衡。根据格陵兰海岸温度和 1972～2018 年期间的模拟质量平衡，每 1℃的夏季升温对应于每年格陵兰冰盖质量损失量为 116Gt。根据区域模型的预测结果，在 CMIP6 未来气候预测（SSP5-8.5 情景）下，预计格陵兰岛夏季气温进一步升高 4.0～6.6℃，并假设冰动力损失和冰盖地形与近期相似，线性外推法得出了相应的全球海平面上升贡献到 2100 年为 10.0～12.6cm。然而，这种估计结果可能代表了未来格陵兰冰盖变化的一个下限，因为这里没有考虑由冰雪反照率正反馈等过程引起的信号放大效应。

Lai 等（2020a）将南极冰盖断裂形成的简单理论与机器学习技术相结合，以确定冰架的哪一部分最容易破裂，并最有可能在崩塌时导致地表冰盖的持续下降。大气变暖可能加速南极冰盖的后退，因为它增加了地表的融化，融水流入的影响可以扩大冰盖的裂缝，可能进一步引发冰架崩塌。支撑冰盖的冰架崩塌将进一步加速冰的损失和海平面上升。这些研究结果可以帮助我们更好地评估南极冰架崩解的后果，预测下一个崩塌的冰架将可能发生的位置，以及这将如何影响地面上的冰排放到海洋中的过程。

极地冰雪的加速融化也会影响到极地地区的生态系统。北极海冰的快速减少意味着那些依靠海冰生存的动物（北极熊、海象等）将面临严峻威胁。北极熊需要一个漂浮的海冰平台来捕获它们的猎物。随着北冰洋冰越来越少和冰层栖息地的逐渐缩小，北极熊将更难找到足够的食物和合适的巢穴。根据美国濒危物种相关法案，北极熊栖息地的破坏非常严重，2008 年北极熊被列为濒危物种。北极熊的繁殖和存活率都可能会显著下降。研究表明，到 21 世纪中叶北极熊可能会失去近一半的夏季海冰栖息地，而这反过来又可能会使目前北极熊的数量减少三分之二。此外，北极地区的人类居民也受到缺乏海冰的影响，海冰的变化可能会引起海洋物种栖息地的迁移，导致一些食物来源变得越来越少。北极居民们抱怨他们居住地的天气正在变化，北极风暴在北极海冰数量最少的年份有明显增强的趋势。

极地冰雪的变化也可能会引起一系列的气候效应和连锁反应，包括冰雪反照率正反馈过程的变化、海洋深层环流的变化和全球海平面上升等。大气环流是由极地冷源和赤道热源共同作用的结果，海冰的高反照率大大减少了极地对太阳辐射的吸收，使极地成为全球气候系统的冷源。极地冰雪的快速融化将改变冰雪反照率正反馈过程，进一步反馈和影响全球气候系统的变化。海冰的存在隔绝了海洋与大气的直接联系，阻止了大气与海洋之间热量、水汽、动量及 CO_2 的交换。海冰的冻结析盐（海冰融化）可以引起海洋表层盐度的增加（减少），这将直接影响海洋垂直和水平环流的形成和强度，进而影响全球海洋热盐环流。极地冰雪的快速融化可能是引起全球海洋深层热盐环流出现减弱的一个重要影响因素。Sévellec 等（2017）数值模式实验的结果显示，北极海冰的流失可以引起大西洋经向翻转环流的强度减弱 30%～50%。极地冰雪的融化也是造成全球海平面升高的重要原因。北极海冰的快速减少也可能会对我国的天气和气候产生重要的影响。我国处于中纬度地区，来自北极的冷空气对我国冬季的雪灾、春季的沙尘暴和夏季的旱涝等天气和气候灾害都有着直接的影响。Dai 和 Mu（2020）研究了北极状态的不确定性对欧亚极端事件可预报性的影响。鉴于中纬度大气环流对北极状态的敏感性和非线性，需要在天气时间尺度上进行个例分析，以研究北极对欧亚极端天气事件的影响。该研究利用北极系统的变化来微调一个预测模型，以预测在最初转变后两周内欧亚大陆可能发生的极端天气事件，研究结果能够为开展北极有针对性的观测和提高欧亚冬季极端天气事件的预报能力提供科学支持。鉴于这些极地冰雪的变化可能引起的系列气候效应和连锁反应，北极夏季海冰是否会在未来 20～30 年里完全消失，以及如果消失将会对全球气候产生怎样的影响是有待解决的重要难题（刘骥平，2010）。

Kennel 和 Yulaeva（2020）的研究认为北极海冰的加速融化将影响太平洋赤道附近的热带气候变异，北极海冰变化能够产生对赤道太平洋信风的影响，从而能够影响到中太平洋厄尔尼诺事件。有证据表明，北极海冰的融化使高层大气中的冷空气向赤道推进，从而能够引发一系列变化。北极海冰、高层大气环流、地面风和海表面温度数据提供了证据，表明对流层上部输送过程将北极海冰夏季加剧的融化与赤道太平洋信风和当前气候状态下的中太平洋厄尔尼诺事件联系在一起。北极冰层的缩小可能会改变未来厄尔尼诺现象的主要特征。这些结果进一步证明，北极海冰的消失正在对世界各地的气候变化产生重大影响。Broadman 等（2020）的研究结果支持北极和北太平洋大气环流在几千年时间尺度上的相互联系，海冰动力学对位于北极和北太平洋气候交汇处的阿拉斯加北极的环流和降水模式有很大影响。研究利用阿拉斯加北极地区过去 10000 年的水气候变化的新纪录，发现海冰减少的时期导致了来自北极附近水汽来源的同位素更重的降水，海冰减少的时期也与区域湿润的条件相对应，同位素模式模拟和区域古气候记录汇编支持了这种系统关系。England 等（2020）的研究结果首次将南极海冰融化与热带气候变化联系起来。在未来的一个世纪里，北极和南极的海冰范围都将急剧下降。北极海冰减少的影响不仅限于北部高纬度地区，而且可以深入热带地区。然而，未来南极海冰冰量减少对于南部高纬度以外可能带来的影响在之前知之甚少。England 等（2020）利用一个完全耦合的气候模式，研究了热带对南极海冰损失的响应，并将其与北极海冰损失的响应进行了比较。结果表明，南极海冰流失与北极海冰流失相似，可以导致赤道东太平洋升温加剧和热带辐合带向赤道方向的增强。在未来 CO_2 高排放情景下，北极和南极海冰的综合损失将能够解释预计的热带变暖和降水量变化的 20%～30%。研究揭示出未来南极海冰的冰量减少将对热带地区气候产生深远的影响，表明两极的海冰冰量的变化对于理解未来的热带气候变化至关重要。Corrick 等（2020）在一系列全球古气候记录中发现了格陵兰岛的突然变暖与亚洲季风、南美季风和欧洲地中海地区数十年内发生的同步气候变化有关。在距今 11.5 万～11.7 万年前的最后一次冰期，气候突变同时发生在从北极到南半球亚热带的地区，这为突然变暖期间气候变化的高纬度与热带的同步耦合提供了证据。

Lamarche-Gagnon 等（2019）揭示出格陵兰岛冰盖的融化可以产生甲烷的持续输出，格陵兰岛一个 600km^2 的区域在融化期至少释放了 6t 甲烷。甲烷是与 CO_2 类似的温室气体，也是造成温室效应的因素，同等质量的甲烷造成的温室效应是 CO_2 的 25 倍。研究揭示出极地冰盖环境在全球甲烷的储量估算中的重要性，这也使得格陵兰冰盖融化现象应该更加引起高度关注。

由于气候条件恶劣和人类活动稀少，极地是地球系统观测数据最为稀少的区域之一。观测资料（特别是长期连续观测资料）的缺乏大大限制了海冰模式、冰盖模式和气候系统模式的深入发展。近年来国内外的极地科学考察大幅度增加，特别是国际科学联合会和世界气象组织于 2007～2008 年实施了国际极地年际计划，在一定程度上提高了我们对海冰和冰盖的认识，但仍然存在很大的时间和空间的局限性。在未来仍然需要不断加强极地科学考察，特别是多学科综合观测，继续加深对海冰和冰盖动力和热力学过程的认识，并在此基础上改进和提高海冰模式、冰盖模式和气候系统模式的预测能力，从而解决极地海冰快速消融程度及其对全球气候影响这一科学难题（刘骥平，2010）。

八、全球海平面的上升

在全球变暖背景下，海平面变化一直是科学界和公众非常关心的热点（Oppenheimer et al.，2019）。晋代葛洪《神仙传·麻姑》记载："麻姑自说云：'接侍以来，已见东海三为桑田。'"这里实际上描绘的就是我国东部海岸地区的海平面变化和海陆交互（杨守业，2010）。对全球潮汐记录的分析表明，全球平均海平面在过去的100年里上升了10～25cm。在某些潮汐记录站，数据可以很好地回溯到19世纪，在过去约150年里，相对海平面上升了40cm。自1993年以来的卫星高度计数据显示，最近全球平均海平面每年上升约3mm。从1901年以来，全球平均海平面正在加速上升：1901～1990年间上升的速率约为1.4mm/a，1970～2015年间约为2.1mm/a，1993～2015年间为3.2mm/a，而2006～2015年间约为3.6mm/a（Oppenheimer et al.，2019）。2019年，全球海平面比1993年的平均值高87.61mm，是有卫星记录以来（1993年至今）的最高年平均值。模型试验表明，20世纪海平面上升不能仅仅用自然过程来解释，温室气体的人为强迫作用已成为近期海平面变化的主要原因。过去三次冰期—间冰期的古气候地质记录表明，大气CO_2浓度与海平面有很强的正相关关系。

显然，全球海平面正在上升。引起全球海平面上升有两个主要因素：①海水变暖时的热膨胀；②陆地上的冰融化导致海洋中的水量增加。浮冰（如北冰洋）或浮冰架（如南极洲边缘）的融化不会导致海平面上升，因为浮冰已经在海洋中。海冰漂浮在海面上，排开的海水体积和融化成水后的体积相等，因此海冰消融并不会引起全球海平面的上升。更具体地说，引起全球海平面上升的主要贡献者有：①南极和格陵兰冰盖的融化；②海洋表层水的热膨胀；③陆地冰川和小冰盖的融化；④深海水域的热膨胀。影响全球海平面的还有一个因素是水库在陆地上的蓄水量，这种蓄水量自1900年以来总体上有所增加，如果没有水库的情况下海平面可能会上升得更多。

Frederikse等（2020）对1900年以来全球海平面变化的原因进行了评估。研究结果显示：海洋热膨胀、冰质量损失和陆地蓄水量变化对海平面变化的贡献之和，与我们根据潮位计记录重建的全球及海盆尺度上观测到的海平面变化趋势和几十年间的变化是相一致的。自1900年以来，主要由冰川引起的冰川质量损失造成的海平面上升是热膨胀的两倍。冰川和格陵兰冰盖造成的物质损失解释了20世纪40年代全球海平面上升的高速率，而人工水库蓄水量的急剧增加是20世纪70年代低于平均水平的主要原因，20世纪70年代以来海平面上升的加速是海洋热膨胀和格陵兰岛冰质量损失增加共同作用的结果。研究结果显示出1900年以来观测到的全球平均海平面上升幅度与基于基本过程的估计结果是基本一致的，这意味着不需要额外的过程来解释1900年以来的全球海平面变化。

海平面测量主要有两种方法：潮汐计和卫星高度计。一个多世纪以来，世界各地的验潮站使用各种手动和自动传感器测量每日的潮汐水位。利用来自世界各地数十个台站的数据，科学家可以计算出全球平均值，并根据季节差异进行调整。自20世纪90年代初以来，可以使用雷达高度计测量海平面，通过雷达高度计测量指向海洋的雷达脉冲的返回速度和强度来确定海面高度。海平面越高，回波信号则越快、越强。为了估计观测到的海平面上升有多大程度是热膨胀造成的，科学家利用漂流浮标、卫星和船只收集的水样来测量海面温度，用来评估热膨胀效应对海平面上升的贡献。为了估计海平面上升在多大程度上是实际的物质转移引起的，科学家依靠在实地调查中对融化速率和冰川高度的直接测量，以及基于卫星的地球重力场微小变化的测量，当水从陆地转移到海洋时，质量的增加会使海洋上的重力强度增加。根据这些重力的变化，科学家可以估计增加的水量（例如来自陆地冰盖的融化等）对全球海平面上升的贡献。

从 1961 年开始的观测表明全球海洋平均温度的上升已经影响到海洋至少 3000m 的深度，额外施加给全球气候系统总热量的 80%多已经被海洋所吸收。这些热量导致海水膨胀，继而引起海平面上升。同时，全球温度上升加速了大陆冰川和两极冰盖的融化，进一步加速了全球海平面的上升趋势。从 1961～2003 年，全球海平面的平均上升速度为每年约 1.8mm（1.3～2.3mm）；1993～2003 年，全球海平面上升速度更快，每年约 3.1mm（2.4～3.8mm）；地球海平面在 20 世纪的总上升幅度估计为 0.17m（0.12～0.22m）（杨守业，2010）。根据不同情境模式预测，不包括冰川以更快速度融化的 21 世纪末期海平面上升幅度将达到 0.18～0.59m（Bindoff et al.，2007）。越来越多的研究证实，极地以及格陵兰地区的冰盖融化的速度正在加快，进一步加速了全球海平面的上升趋势（Bryden et al.，2003；Munk，2003；Wadhams and Munk，2004；White et al.，2005；Church and White，2015；Michael el al.，2019；Shepherd et al.，2020）。由于目前对于冰盖动力学过程的认识不足和气候模式中极地地区对于全球变暖的高敏感度，预估未来南极冰盖的质量变化存在很大的不确定性。这种不确定性随着全球增温的进程而加剧，成为在世纪时间尺度上准确预测全球平均海平面变化的最大挑战。有学者预测到 21 世纪末期，全球绝对海平面将上升 0.8m 左右（Gregory et al.，2001）。政府间气候变化专门委员会（IPCC）报告也指出，亚洲将成为继极地、非洲撒哈拉地区、小岛屿之后全球变暖和海平面上升最大受害地区之一（Bindoff et al.，2007）。

虽然全球平均海平面呈现上升趋势，但是各区域的海平面呈现的变化具有很大的地区差异性，与全球平均海平面相比可能会有较大的差异。在北欧一些国家，如芬兰，区域海平面在近些年来都是呈逐年下降的趋势。而有些国家，如中国，沿海海平面的上升速率高于同期全球平均水平，在 1980～2017 年速率约为 3.3mm/a，1993～2017 年速率约为 4.1mm/a（王慧等，2018）。区域海平面的变化除了受海水增温膨胀和冰川冰盖消融的影响外，还受到很多复杂的局地因素（如海表面的风、海洋内部的环流、河流入海口处、地壳和地幔的作用、人类活动等）的影响。海平面的变化还会受到自然气候变化的影响而具有年际和年代际的变化特征。在多种因素的共同作用下，区域海平面变化也远比全球平均海平面变化更为复杂。由于海平面变化的空间不均一性，探讨海平面上升的影响和相应对策都需要将未来海平面的预测具体到各地区的区域海平面。

Horton 等（2020）使用了 100 多名国际专家对低排放和高排放两种气候情景下全球平均海平面变化进行预测，估计 2100～2300 年全球平均海平面上升及其不确定性。海平面上升预测及其不确定性对于做出明智的缓解和适应政策至关重要。为了获得科学界成员对未来全球平均海平面上升的预测，研究中重复了五年前最初进行的一项调查。海平面预测的复杂性以及相关科学出版物的数量之多，使得决策者很难对科学现状有一个全面的了解。为了获得这一概况，有必要对主要专家进行有关预期海平面上升的调查，并告知决策者以使他们能够更好地准备必要的措施。在典型排放路径试验（RCP）2.6 下，106 名专家预测：相对于 1986～2005 年，到 2100 年全球平均海平面变化可能上升 0.30～0.65m，到 2300 年上升 0.54～2.15m。RCP2.6 代表的是人类尽最大的努力缓减温室气体的排放，从而使温室气体的浓度在 21 世纪中叶达到峰值随后下降，可以把全球平均地表气温控制在 2.0℃的情景。在 RCP8.5 下，同样的专家预测：到 2100 年，全球平均海平面可能上升 0.63～1.32m，到 2300 年全球平均海平面可能上升 1.67～5.61m。RCP8.5 代表的是人类依然按照现在的方式肆意使用化石燃料从而继续排放大量温室气体的情景。在这种情景下，全球变暖会加剧，在 21 世纪末全球平均地表气温上升超过 4℃。专家对 2100 年的预测与最初调查的预测相似，对 2300 年的预测高于最初调查的预测。在高排放情景下，全球平均海平面的涨幅可能将超过政府间气候变化专门委员会第五次评估报告估计的可能范围的上限（0.98m）。对开放式问题的答复表明，上限估计值和不确定性的增加是最近关于南极冰盖融水对全球平均海平面上升的影响研究引起的。专家认为，格陵兰岛和南极冰盖是最大的不确定性来源，卫星测量显示冰盖正在加速融化，这些冰盖是气候变化的重要指标，也是海平面上升的重要驱动力。

Alexander 等（2019）的研究结果显示，在目前通过《巴黎协议》做出的碳排放承诺得到兑现、全球气温稳定之后，全球海平面可能将继续上升。这项新的研究首次量化了在《巴黎协议》承诺的碳排放量情况下全球海平面会上升多少。研究人员发现，在协议最初 15 年期间释放的碳排放物将导致海平面在 2300 年前上升约 20cm。海平面上升对沿海地区构成威胁，并将持续几个世纪，即使是在全球平均气温已经趋于稳定的情况下。当我们向大气中注入更多的 CO_2 时，大气温度的升高表现得更迅速，但是海平面上升需要更长的时间来应对气候变暖。排放到大气中的大部分 CO_2 将可能在那里停留数千年，因此，21 世纪我们的碳排放不仅使地球面临更温暖的气候，而且还将导致海平面上升，这种情况也可能将持续数千年。

Widlansky 等（2020）的研究结果揭示出全球海平面的变化强度在未来有加强的趋势。随着全球海平面上升，海平面变化越来越加剧了沿海地区的洪水和侵蚀。海平面变化改变了潮汐周期，增加了海岸洪水和侵蚀的风险，超出了与海平面上升相关的变化。随着温室气体排放量增加的气候模型模拟表明，未来海平面的变化（如改变当地天文潮汐周期和造成沿海影响的年际和年代际振荡）的强度也将在许多地区增加。研究中对 CMIP5 气候模型对未来海平面的预测进行了分析，结果表明海平面变异性有一种近乎全球范围的增长趋势，这种趋势在所有模型中都是显著的，无论海洋温度变率是否增加。具体而言，对于 21 世纪末可能达到的 2℃的上层海洋升温而言，由于海水的非线性热膨胀，全球海平面变化在季节到年际的时间尺度上增加了 4%～10%。随着海洋继续变暖，未来的海洋温度波动将导致越来越大的浮力相关的海平面波动，从而可能改变沿海风险。

海平面上升会给沿海地区的社会、经济和环境带来巨大的危害，将导致沿海地区海岸侵蚀、海滩溺水、土地面积丧失、洪涝灾害增多、陆地水源盐化、土地盐碱化、盐水入侵、永久性内陆洪水、沿海生态系统改变、沿海湿地保护性丧失等灾害。海平面上升会淹没沿海低地，很多沿海而建的城市会频繁经历由潮汐带来的洪水或永久被海水淹没。

如果全球变暖加剧台风/飓风的强度，风暴潮灾害叠加在上升的海平面之上将对沿海地区带来的破坏性更大。海平面上升会增强风暴引起的潮水倒灌，从而对沿海区域的基础设施、人们的生命和财产造成巨大损失。在美国海岸线的许多地方，现在的高潮洪水比 20 世纪 60 年代前增加了 300%～900%。海平面上升会使沿海土壤和地下水盐渍化，损害湿地和农田的环境，从而破坏生态多样性和减少农业产量。海平面上升的速度将随着全球变暖加剧，全球变暖有可能引发这些冰原大规模灾难性的冰排放，进一步增加全球海平面的升高。目前，全球约 1/3 人口居住在低洼沿海地区或岛屿上，包括马尔代夫、塞舌尔等低洼岛国，将可能从地面消失，上海、威尼斯、香港、里约热内卢、东京、曼谷、纽约等海滨特大城市以及孟加拉国、荷兰、埃及等国家也将深受海平面快速上升的影响。海平面上升将会显著影响到亚洲人口集中的超级三角洲地区，包括我国的长江、黄河以及珠江三角洲地区，这三大三角洲地区是我国经济最发达、人口最稠密、人地关系最紧密的脆弱和敏感地区（Chen and Zong，1999）。因此，全球海平面上升历史、现状与未来趋势已不仅仅是科学界的重要研究任务，也日益受到社会公众的深切关注。如何应对海平面上升带来的危害，需要我们更好地认知海平面上升，从而提高预测未来海平面变化的能力。未来全球绝对海平面加速上升的背景下，我国东部沿海海平面上升趋势如何？海平面的快速上升对我国长江、黄河与珠江三角洲等脆弱地区影响如何？要回答上述关键科学问题，不仅需要高分辨率的海岸地区岩心记录，还需要高精度的测年方法，运用多学科交叉的研究手段与现代化的检测分析方法，同时也迫切需要发展适合我国国情的更可靠的海平面变化预测模型（杨守业，2010）。

面对海平面上升带来的威胁和挑战，沿海和岛屿地区正在采取措施解决因海平面上升而加剧的沿海灾害。可以采取的应对措施包括建造堤坝或海堤、保持红树林或珊瑚礁等沿海生态系统、填海造地和改造建筑物等。在 20 世纪几次台风带来的风暴潮引发洪涝灾害后，上海、浙江等东南沿海地区多次增建和加固沿岸堤坝。一些沿岸低洼地区也积极采取填海造陆等方式扩大陆地面积。积极恢复一些沿岸的自然生态系统和维护健康的沿海生态系统（如红树林、海草床、珊瑚礁等），利用这些自然生态系统对风暴潮的缓冲和对沉积物的稳定固化作用，也是一种高效和经济的应对方案。采取以上这些主动应对措施将显著降低海平面上升给经济发达和人口众多的沿海地区可能带来的风险。全球气候恢复力和可持续发展的前景在很大程度上取决于沿海国家、城市和社区采取紧急和持续的适合当地的行动来缓解温室气体排放和应对海平面的上升。

九、台风活动的改变

热带气旋（tropical cyclone，TC）是发生在热带或副热带海洋上的低压涡旋，是一种强大的热带天气系统。热带气旋是具有有组织的对流和确定气旋性环流的非锋面性涡旋，包括热带低压、热带风暴、强热带风暴、台风（强台风和超强台风）的统称。我国把西北太平洋和南海中心附近最大平均风力为 12 级或以上的热带气旋统称为台风。热带气旋可以生成在西太平洋及其临近海域、大西洋和东北太平洋以及印度洋和南太平洋。产生于西太平洋、西北太平洋及其临近海域的热带气旋被称为台风（typhoon）；产生于大西洋和东太平洋的热带气旋被称为飓风（hurricane）；产生于印度洋和南太平洋的热带气旋可能被称为气旋风暴（cyclonic storm）或简称为气旋（cyclone）。热带气旋被称为“风暴之王”，是一种破坏力很强的灾害性天气系统，在世界十大自然灾害中排名第一位。

在全球变暖背景下，各大洋区时有发生的“超乎寻常”的台风活动也广受关注。全球范围内的台风活动特征是否悄然发生了变化？这些观测到的台风活动特征的变化与全球变暖是否存在关联？这些问题已成为国际台风界关注的重点和热点问题（雷小途等，2009；Knutson et al.，2010，2019；Mendelsohn et al.，2012；Walsh et al.，2015）。

雷小途等（2009）综述了全球变暖对台风活动影响的研究进展，得到主要共识如下：单个台风的异常活动不宜直接归因于气候变化；全球台风频数的变化趋势并不明显；如果全球气候持续变暖，台风的最大风速和降水很可能会继续增加；自1970年以来，一些海区的超强台风比例明显增大；沿海地区人口增长和基础设施建设是近期台风对社会影响加重的主要原因；尽管在台风记录中同时有支持和不支持人类活动（全球变暖的影响）信号存在的证据，但在这一点上还不能给出一致的肯定结论。以下两类问题的存在使得在目前阶段确切阐明全球变暖和台风活动的关系仍有极大的不确定性：①台风和相关气候资料存在均一性方面的问题；②气候数值模式对台风气候特征的模拟能力还存在缺陷（雷小途等，2009）。

Knutson 等（2010）也对热带气旋和气候变化方面的研究进行了综述，认为在热带气旋的特征是否在气候变暖的情况下发生了变化或将发生变化方面的研究结果还存在很多不一致和相互矛盾的地方。热带气旋的频率和强度的大幅度波动，使长期趋势的确定及其对大气温室气体水平上升的归因都变得更加复杂。同时，全球热带气旋历史记录数据的时间长度和质量受到很大限制，这也进一步阻碍了对全球热带气旋活动长期变化趋势的确定。因此，过去热带气旋活动的变化是否超过了自然原因预期的变化，仍然是不确定的。高分辨率的模拟研究通常会大幅增加最强烈气旋的频率，并对距风暴中心100km范围内的降水量增加20%的数量级。对于所有的热带气旋参数，各个海盆的预测变化在不同的模拟研究中显示出很大的变化（Knutson et al.，2010）。

（一）台风强度的变化

海表面温度是影响热带气旋活动的一个重要因子，通常认为高于26℃的海表面温度是台风生成的必要条件。温暖的海洋洋面通过蒸发向大气提供的水汽是台风形成和发展的能量来源。海温越高，海面向大气输送的水汽和热量通量可能越大，从而可能会越有利于台风的生成和发展。伴随着全球气候变暖，全球上层海洋也呈现出增暖的迹象。科学认识海温增暖对台风生成和强度变化的影响及其物理机制，以及准确评估未来台风气候变化具有重要的科学意义（李永平和雷小途，2018）。

Emanuel（2005）和 Webster 等（2005）分别在 *Nature* 和 *Science* 发表论文，指出全球热带气旋的潜在破坏力和超强台风的比例在全球变暖背景下有明显增强和增多的趋势。Chan（2006）随后指出，这些观测到的趋势只是更长时间尺度的年代际变化的一部分，可能并不是全球变暖的直接影响和表现。Landsea 等（2006）认为，观测到的变化趋势主要来自观测技术和观测仪器的变化。这些研究结果的相关的争议引发了全球范围科学技术和社会各界对“台风气候是否正悄然发生变化，以及这一变化是否与全球气候变暖有关”等问题的广泛关注和热议（雷小途，2011）。

根据对21世纪后期的热带气旋的预测结果，有中等的信度认为达到4～5级强度的热带气旋的比例将增加，热带气旋的平均强度将增加（假设全球气温上升2℃，大约增加1%～10%）；平均热带气旋降水率（对于给定的风暴）由于大气水汽含量较高，每摄氏度海温变暖将至少增加7%的降水（Collins et al.，2019）。基于理论和高分辨率动力学模型的未来预测一致表明，温室效应将导致全球平均热带气旋强度倾向出现更强的风暴，到2100年全球平均热带气旋强度将增加2%～11%（Knutson et al.，2010）。随着全球气候的继续变暖，台风的强度（最大风速和降雨量）可能会进一步增加。

Kossin等（2020）确定了过去40年中全球热带气旋强度的显著增加趋势。从理论上理解热带气旋的强度以及数值模拟的结果，都支持在全球变暖的情况下热带气旋强度有增加的趋势。然而，热带气旋强度的全球仪器记录在空间和时间上是不均匀的，通常不适合全球趋势分析。Kossin等（2020）将均匀化的全球热带气旋强度记录扩展到1979～2017年期间，并确定了具有统计意义（在95%置信水平下）的增长趋势，在统计时间内主要台风增强的概率每十年就会提高8%。这与基于理论理解的预期以及在升温情景下数值模拟中确定的趋势一致。理论和数值模型都将不断增加的热带气旋强度与全球变暖联系在一起，但由于以往的研究难以在观测中发现显著的强度趋势，人们对这一联系的信心大打折扣。这些结果将有助于增加对持续变暖下热带气旋强度增加预测的信心。

Stansfield等（2020）利用气候模式预测的结果支持未来的热带气旋可以引起更强的降雨，每小时产生的降雨量将比以前的风暴产生的更多。这项研究利用一个全球气候模型，通过研究登录美国的热带气旋强度、大小和降雨累积的变化，来估计这些风暴带来的危害及其在未来可能会发生的变化。在未来的气候预测中，北大西洋的热带气旋数量减少，登陆美国的热带气旋数量也减少，但是这些风暴的平均强度增加了，热带气旋内的降雨强度也会增加，因此每次风暴产生的降雨量也会增加。虽然未来登陆美国的热带气旋数量会减少，但每次登陆的风暴产生的降水量会增加。

有些热带气旋在发展过程中会出现强度快速增强（rapid intensification）的现象，热带气旋的迅速增强给沿海地区带来了预报挑战和更大风险（Emanuel，2017）。在最近年代，与大西洋多年代际振荡（AMO）正位相有关的热带大西洋中部和东部上层海洋变暖（Balaguru et al.，2018）以及与类拉尼娜型相关的西北太平洋的海温增暖（Zhao et al.，2018），导致这些地区的热带气旋更有利于发生强度的快速增强。一项新的模式研究表明，近几十年来大西洋盆地的热带气旋快速增强的发生率明显增加，人为强迫在这些变化中起着积极的贡献（Bhatia et al.，2019）。但是，整个大西洋盆地中有利于热带气旋快速增强的背景条件往往与美国东海岸热带气旋生成的不利条件相关（Kossin，2017）。

热带气旋强度的演变也会受到与下垫面海洋之间相互作用的显著影响。热带气旋在移动过程中可以增大波高，从而可以增强海洋内部次表层冷水与表层水体的混合。以往的研究发现，在全球变暖条件下，热带气旋引起的海洋混合降低了CMIP5模型中预计的上层海洋的层化，从而略微抵消了气候变暖条件下模拟的热带气旋强度的增加（Emanuel，2015；Huang et al.，2015；Tuleya et al.，2016）。另外，由于热带气旋的降雨给上层海洋带来新的淡水，通过降低海洋表面的盐度来增强海洋的密度分层，这种降水-盐度效应可以降低热带气旋冷却上层海洋的能力，从而产生了与热分层效应相反的影响（Balaguru et al.，2015）。在21世纪末，增加的盐度层结被发现抵消了约50%的热带气旋通过海洋内部混合对海洋温度层结的抑制作用（Balaguru et al.，2015）。海洋-大气耦合模型的预测结果依然支持热带气旋强度在气候变暖情况下的增加。特别是在高分辨率的海洋-大气耦合模式的模拟中，这些模式可以得到比较一致的海洋热分层变化的计算结果（Kim et al.，2014；Bhatia et al.，2018）。热带气旋强度的增强又可能进一步加剧海表面上升对与热带气旋相关的沿海洪水等极端事件的影响（Timmermans et al.，2017）。

（二）台风频数的变化

根据对21世纪后期的热带气旋的预测结果，尽管大多数模型研究预测全球热带气旋的频数会有所下降，但对全球热带气旋的频数将如何变化的预估信度仍然较低（Collins et al.，2019）。现有的模拟研究预测到2100年热带气旋的全球平均频率将减少6%～34%（Knutson et al.，2010）。

温暖的海洋是热带气旋生成的一个重要条件，但是并不是唯一的影响因子，热带气旋的生成还会受到垂直风切变、低层大气相对涡度、中层大气水汽含量等其他因素的影响。未来海温增暖对台风生成频数的贡献应该考虑哪些物理过程和因子是比较困难的科学问题（李永平和雷小途，2018）。海温的升高会增强海洋洋面的对流，其释放更多的潜热使上层大气趋暖，大气层结趋于稳定，从而抑制对流的继续发生，未必有利于台风的生成（雷小途，2011）。未来台风的主要活动区域的垂直风切变增大，可能对未来台风的生成不利（Murakami et al.，2011）。海温增暖对台风的影响既有直接的作用，也有间接的作用，即海温增暖可以首先引起大尺度大气环境场的改变然后再对台风产生影响。至今我们还不清楚数值模式模拟的台风频数和强度的变化究竟有多大比例来自海温增暖的直接作用，有多少是由于海温增暖引起大气环流变化后再对台风产生的间接作用（李永平和雷小途，2018）。

台风频数的变化也会受到自然气候变率的显著影响。海洋沉积物和石笋等古气候资料提供了过去几千年来历史上热带气旋的变异，结果表明热带气旋活动显示出的随时间的变化似乎与厄尔尼诺-南方涛动（ENSO）、北大西洋涛动（NAO）以及与太阳活动变化有关的大气动力学变化相关（Toomey et al.，2013；Denommee et al.，2014；Denniston et al.，2015）。Dunstone等（2013）利用数值模拟研究了20世纪北大西洋热带气旋活动的低频变化，认为这些变化部分是大气气溶胶强迫变化产生的冷却效应引起的（Booth et al.，2012b；Dunstone et al.，2013）。然而，内部变率与辐射强迫对大西洋多年代变率（包括热带气旋变率）的相对重要性仍然是不确定的（Weinkle et al.，2012；Zhang et al.，2013；Vecchi et al.，2017；Yan et al.，2017）。根据耦合模式的计算结果，尽管气溶胶冷却效应在很大程度上抵消了观测期间热带气旋潜在强度的增加，但仍预计未来进一步的人为增温将主导气溶胶冷却效应，从而导致热带气旋强度增加（Sobel et al.，2016）。

（三）台风路径和空间分布的变化

在以往对气候变暖情景下热带气旋未来的轨迹变化的研究中（Li et al.，2010；Manganello et al.，2014；Knutson et al.，2015；Murakami et al.，2015；Roberts et al.，2015b；Wehner et al.，2015；Nakamura et al.，2017；Park et al.，2017；Sugi et al.，2017；Yamada et al.，2017；Yoshida et al.，2017；Zhang et al.，2017），很难对热带气旋轨迹的预测变化达成一致的意见，尽管一些研究发现北太平洋热带气旋呈现向高纬度或者向东扩展的趋势，导致北太平洋中部可能会有更多的热带气旋出现。

Kossin 等（2014）的研究结果揭示出近几十年来全球热带气旋最大强度发生的纬度呈现向极地移动的趋势，这与人为强迫引起的热带区域的扩张（Sharmila and Walsh，2018）及在气候变暖条件下的西北太平洋气旋预计继续向极地移动有关（Kossin et al.，2016）。

Kossin（2018）揭示出在 1949～2016 年期间全球热带气旋的移动速度下降了 10%，这与热带扩张相关的热带夏季环流减弱有关，而在受西北太平洋、北大西洋和澳大利亚地区热带气旋影响的陆地地区的降幅更为明显，在陆地区域移动速度降低了 16%～22%。缓速移动的热带气旋加上更高的水汽承载能力会导致更大的热带气旋引起洪水危害（Emanuel，2017；Risser and Wehner，2017；van Oldenborgh et al.，2017）。2017 年美国得克萨斯州飓风 Harvey 由于移动速度缓慢而带来的前所未有的降雨量，为区域降雨量与热带气旋移动速度之间的关系提供了一个显著的例子。

Lai 等（2020b）进一步揭示出从 1961～2017 年期间中国沿海的热带气旋的平均移动速度下降了 11%。研究还表明，1990 年以后中国南方珠江三角洲地区的热带气旋发生频率较低，但热带气旋引起的降水总量却有增加。研究对 406 个热带气旋进行了分析，其共同点是这些热带气旋均登陆中国海岸超过两天之久，特别是珠江三角洲地区。研究发现，这些热带气旋移动速度与之前相比下降了 11%。同时，406 个热带气旋还给当地带来了降雨量的变化。在 1961～2017 年期间，受台风等天气产生的降雨量从 187mm 增加到 223mm（上升了 18%），表明热带气旋导致的极端降水有所增加。概率分析表明，慢速移动的热带气旋比快速移动的热带气旋更有可能产生总量更大的暴雨。数据显示，快速移动热带气旋的移动速度为每小时 25km 或以上的，本地平均降雨量为 80.5mm；而缓慢移动热带气旋的移动速度为每小时 15km 或以下的，本地平均降雨量为 99.1mm。所以，一个热带气旋在特定地区带来的总降雨量与热带气旋移动速度成反比。研究提供的观测证据表明，热带气旋移动速度的减缓往往会增加当地的总降雨量，从而在区域范围内造成更大的洪水风险。热带气旋引发的暴雨是引发灾难性洪水灾害的主要诱因，近年来造成空前洪灾的毁灭性热带气旋通常具有慢移动速度的特点。

Murakami 等（2020）的研究结果揭示出气候变化会影响全球热带气旋生成地点的空间分布。研究结果显示，1980 年以来全球范围内热带气旋发生频率的趋势有明显的空间格局，南印度洋和北太平洋西部的热带气旋生成数量大幅度减少，而北大西洋和中太平洋的热带气旋生成数量增加。使用一套高分辨率的气候模型进行的试验表明，观测到的全球热带气旋分布的空间模式的变化不太可能完全由自然的年代际变率来解释；相反，温室气体、气溶胶和火山喷发等外部作用可能起到了更重要的作用。人为温室气体、气溶胶和火山喷发对全球热带气旋分布的总体影响在空间上是不均匀的，热带气旋发生的增加和减少取决于区域。这项研究表明，从全球热带气旋的空间分布来看，气候变化对全球热带气旋活动的影响已经出现，部分原因可能是温室气体排放增加。该气候模型预测到21世纪末全球热带气旋的数量会减少，这是由于温室气体对大多数热带地区热带气旋发生的主要影响。这与许多先前的研究结果是一致的。

Wang和Toumi（2021）的研究结果揭示出热带气旋活动在最近时期向海岸迁移。研究通过分析1982～2018年间全球沿海地区热带气旋活动的变化，发现热带气旋最大强度距陆地的距离每十年减少约30km，这种热带气旋路径的纬向移动可能主要是由全球环境背景引导气流的纬向变化驱动的。这一研究结果提供了证据证明，靠近陆地的热带气旋活动正在增加，沿海地区面临的热带气旋风险可能显著增加（Camargo and Wing，2021）。

（四）台风其他特征的变化

Li和Chakraborty（2020）的研究结果显示气候变化导致登陆的飓风可以持续更长时间。研究分析了过去50年北大西洋登陆飓风的强度数据，表明飓风的衰变已经减缓，而且随着时间的推移，衰减的减缓与同期海面温度的上升成正比。在20世纪60年代末，一个典型的飓风在登陆后的第一天就损失了大约75%的强度，而现在相应的衰减只有大约50%。通过计算模拟显示，温暖的海面温度通过增加飓风袭击陆地时挟带的水分而导致缓慢地衰变。这些研究结果表明，随着全球变暖，飓风的破坏力将逐渐向内陆延伸。

Tu等（2021）研究结果指出全球热带气旋内核区域的降雨率在1999～2018年期间呈现出下降的趋势。根据卫星观测降雨数据和数值模式结果显示，1999～2018年间全球热带气旋外围区域的降雨率增加了大约8%，但内核区域的降雨率降低了大约24%，这种热带气旋内核区域降雨率的下降趋势可能主要是由于大气稳定性的增加。

在气候变暖情景下对热带气旋的空间尺寸大小有了一些新的研究（Kim et al.，2014；Knutson et al.，2015；Yamada et al.，2017）。这些研究结果预测的热带气旋大小的变化在不同洋盆和不同的研究之间的差异达到±10%，并提供了有关此问题的初步发现，以后在这方面的研究还将继续进行。

根据对21世纪后期的热带气旋的预测结果，海平面的升高将导致热带气旋引起的风暴潮的强度更强（非常高的置信度）（Collins et al.，2019）。有关风暴潮的研究（Lin et al.，2012；Oey and Chou，2016；Garner et al.，2017）结果也表明，在气候变化下由热带气旋造成的风暴潮的高度将增加，这主要是受到了全球海平面上升的影响。

随着最近热带气旋纬度的向极地移动（Kossin et al.，2014；Daloz and Camargo，2017），热带气旋引起的破坏性影响也有向极地移动的趋势（Oey and Chou，2016；Altman et al.，2018）。由于这种向极地移动趋势的影响，在纬度相对较高的沿海地区，热带气旋的灾害风险可能会增加。

在一些新的研究中，研究人员对热带气旋在几十年到百年或更长时间内的趋势进行了研究，主要发现包括：①自19世纪末以来，在澳大利亚东部登陆的热带气旋的频率减少（Callaghan and Power，2011）；②自1923年以来，美国发生的中等强度以上的风暴潮事件的频率增加（Grinsted et al.，2012）；③阿拉伯海极端气旋风暴在近期出现的频率增加（Murakami et al.，2017）；④近几十年来在东亚和东南亚登陆的强热带气旋增加（Mei and Xie，2016；Li et al.，2017）；⑤近几十年来，全球范围内达到4级或5级飓风的比例有所增加（Holland and Bruyère，2014）。

新的研究使用事件归因来探索某些个别热带气旋事件或异常的季节性气旋活动事件对人为强迫的归因（Lackmann，2015；Murakami et al.，2015；Takayabu et al.，2015；Zhang et al.，2016；Emanuel，2017）。与预期的自然变异性相比，在北太平洋西部观测到的热带气旋最大强度发生纬度的向极移动似乎是不寻常的，因此，这种变化代表可检测的气候变化的信度被设置为中置信度，尽管关于人为强迫在其中起积极贡献方面的信度依然是很低的。对观测到的热带气旋的长期变化的其他研究，可能每一个都代表了新出现的人为信号，但可信度仍然很低（证据有限）。对于大多数热带气旋指标缺乏可靠的气候变化检测，继续限制了人们对未来预测以及过去热带气旋变化和事件归因的信心，因为大多数推断的研究中的热带气旋事件归因通常是在没有可靠的气候变化检测支持的情况下得出的热带气旋活动的长期趋势（Collins et al.，2019）。

关于热带气旋引起的财产损失，根据大多数预测，更剧烈的热带气旋强度造成的损失增加并不会被频率的降低所抵消（Handmer et al.，2012）。虽然总损失与热带气旋频率之间的关系可能是线性的，但热带气旋强度与财产损失之间的关系很可能是高度非线性的。研究表明，风速增加10%，热带气旋引起的财产损失增加30%～40%（Strobl，2012）。热带气旋的变化与财产损失之间的关系很复杂，有迹象表明，风切变可能比全球温度的变化具有更大的影响（Wang and Toumi，2016）。热带气旋路径和轨迹的变化可能是增加风险的主要来源，因为在以前没有受到危害的地区，脆弱性程度通常要高得多（Noy，2016）。关于热带气旋引起的人员伤亡，全球热带气旋相关的沿海洪灾致死人数和死亡率正在下降，这可能是预报和疏散情况有所改善的结果，尽管在一些低收入国家死亡率仍然很高（Paul，2009；Lumbroso et al.，2017；Bouwer and Jonkman，2018）。珊瑚礁覆盖和红树林的消失也被证明会增加热带气旋引起的风暴潮所造成的破坏（Beck et al.，2018）。热带气旋还会影响海洋生物，有一些证据表明鱼类可能撤离风暴区或被风暴伴随的波动和洋流重新分配（Sainsbury et al.，2018）。

台风气候变化及其与全球变暖关系的许多方面仍不甚清楚，特别是台风气候的变化将对社会经济的各行各业产生怎样的影响及其风险防御对策等方面，还远远没有形成共识（雷小途等，2009）。在过去几十年中，最有效的风险管理战略是开发热带气旋预警系统（Hallegatte，2013）。为了提早防范全球变暖对台风活动及社会经济带来的可能风险，有关台风气候变化的观测研究和全球变暖对台风气候影响的数值模拟预测研究仍在继续深入。

十、声音在海洋中传播速度的变化

随着全球暖化所引起的溶解，海水中的CO_2浓度增加，声波在海洋的传播速度将加快。预测到2050年，像鲸鱼叫声这样的声音在海水中的传播速度可能比现在的传播速度快 70%。这种声音传播速度的加快对海洋动物的影响尚不清楚。

在世界范围内，海洋中存在一个深度约 1000m 的层，在该层中由于温度和压力的影响可以使其上方和下方的声音折射或限制到该层中，该层结被称为 SOFAR（sound fixing and ranging）通道。声音一旦进入这一层就可以被有效地捕获并长距离传输，如某些鲸鱼可以利用 SOFAR 通道把声音传遍整个海洋盆地。Scripps 海洋研究所的海洋学家 Walter Munk 曾提出通过 SOFAR 通道发送声音以检测温室效应导致的海洋变暖量的想法，他的实验名为海洋气候声学测温（Acoustic Thermometry of Ocean Climate，ATOC），旨在准确测量目前和未来类似低频声信号通过 SOFAR 信道的传播时间。声音在温暖的水中传播得更快，因此他建议测量声波脉冲穿越海洋的时间，从而进一步推测海洋变暖的程度。1991 年，Walter Munk 的研究团队在印度洋南部的赫德岛成功测试了 ATOC 实验，声音可以沿着直线路径到达许多不同的接收点。不幸的是，随着时间的推移，考虑到声呐可能会对海洋哺乳动物造成有害影响，这项大型实验也于 2006 年停止了。

Wu 等（2020）在最新的研究中利用重复地震产生的声波来推断海洋温度变化，引入了一种从重复地震产生的声波传播时间推断盆地尺度深海温度变化的方法。在 2005～2016 年间，研究发现了 12 个月、6 个月和 10 天时间尺度上的温度波动，并推断出十年期的海洋变暖趋势大大超过了先前的估计。这些地震从震源到接收器的传播时间反映了它们遇到的平均水温的变化，这项技术将大大提高我们监测海洋变暖的能力。这一研究展示了物理海洋学和经典地震学技术的有趣结合是如何为一个全新的、具有全球能力的观测系统开辟道路的（Wunsch，2020）。

全球海洋环境能够对气候变暖产生显著的响应，海洋环境已经发生着明显的改变。复杂而又丰富多彩的海洋过程在气候系统的演变中扮演着重要的角色，我们对海洋过程理解的不足不可避免地为气候预估带来了不确定性。人们在关注当前全球变暖问题的同时，也希望知道未来气候会如何变化，而气候模式的预估是我们窥视未来的重要工具，其中涉及对地球系统的各个成分的模拟。在未来，我们需要进一步减少海洋过程模拟的不确定性（谢尚平和龙上敏，2018）。需要大力发展海洋观测网络（如卫星、浮标和潜标等）来提升对海洋过程及其气候效应的理解，不断提升计算机能力使得模式可以增加网格的分辨率，从而能够更直接地对中小尺度海洋过程进行模拟，并通过加深对海洋及海气耦合物理过程的认识来改善参数化方案，提高气候模式的整体性能，从而不断增强我们对未来气候的预测能力。

第五章　海洋与大气间的化学相互作用

在海洋圈和大气圈体系中，海水的蒸发和大气降水势必会影响海水中溶解和悬浮大量的有机质和无机质的浓度。海气界面发生的物理、化学相互作用构成了地球化学系统循环的动力源之一。在全球气候变化的背景下，海洋与大气间的生物化学作用，如海洋碳汇能力是否下降？海洋产生的气溶胶对全球气候变化的反馈机制是什么？大气沉降输送的物质对整个海洋体系尤其是寡营养盐海区的初级生产力有多大作用？海洋生物对气候变化如何响应等重大科学问题都亟待解决。本章将重点介绍海气界面的化学相互作用以及生化海洋化学环境对全球变暖的响应。

第一节　全球碳循环

自然界中，碳本身只是一种简单的生源元素，尽管不是生物圈最丰富的元素之一，但在生物地球化学上，尤其是整个碳基生命体系中起着非常重要的作用。这种作用或许是地球上最重要的作用之一，因为几乎所有已知的生命形式对碳化合物都是必需的。

从地球发展的历史上看，地球上有三类生物深刻地改变了碳循环，他们分别是作为生物固碳的光合作用生物，生物释碳的木质素分解者和工业化释碳的人类。光合作用生物的出现，标志着地球大气组分构成的大规模改变，从而形成了从 CO_2 到氧气的转换链，这些光合作用生物，将原始大气中 90%以上的 CO_2 固定起来，释放出氧气从而永久改变了地球大气。木质素和维管束植物的出现，在植物从海洋登陆之后大量固定了碳，从而导致较低的 CO_2 水平，以及全球在石炭纪末期达到巅峰的冷室效应（Harper and Brenchley，2004）。而一种可以对木质素进行分解的真菌-木腐菌的出现，可以将木质素这类高分子有机物转变为糖类参与真菌的生命活动，从而最终变成 CO_2 进入大气，这一过程使得地球的碳循环变得更有弹性，稳定了全球的碳循环。而人类拥有一个地球上所有生物都不具备的能力，即挖掘地下储藏的化石碳库，并将他们最终转化为 CO_2 排放入大气中。这一行为再次用较快的速度改变了全球碳循环。也就是说，人类在几百年的尺度内，完成了岩石圈本来需要数千万年至数亿年才能完成的化石碳库的释放过程，为全球气候变化带来了隐患。不过，关于全球变化的论题，尤其是探讨全球性和区域性气候变化，并把它们和碳的生物地球化学循环联系起来，则是近几十年和今后一个时期内地球化学领域重要的研究内容。

碳循环带来的全球变化是碳增加对一个复杂体系的影响，体现在地球系统和人类系统中的各个方面以及各个系统中的紧密联系和反馈机制。例如，全球变化带来的环境变化的应对（温度变化、海平面变化、降水量变化、极端气候事件的加强）、气候变化过程影响因素（温室气体的界定和排放量控制）、社会经济发展因素（科技进步、生态需求的变化、消费模式的变化等）对气候变化的响应以及气候变化对未来人类生存带来的影响和挑战等（图 5.1）。

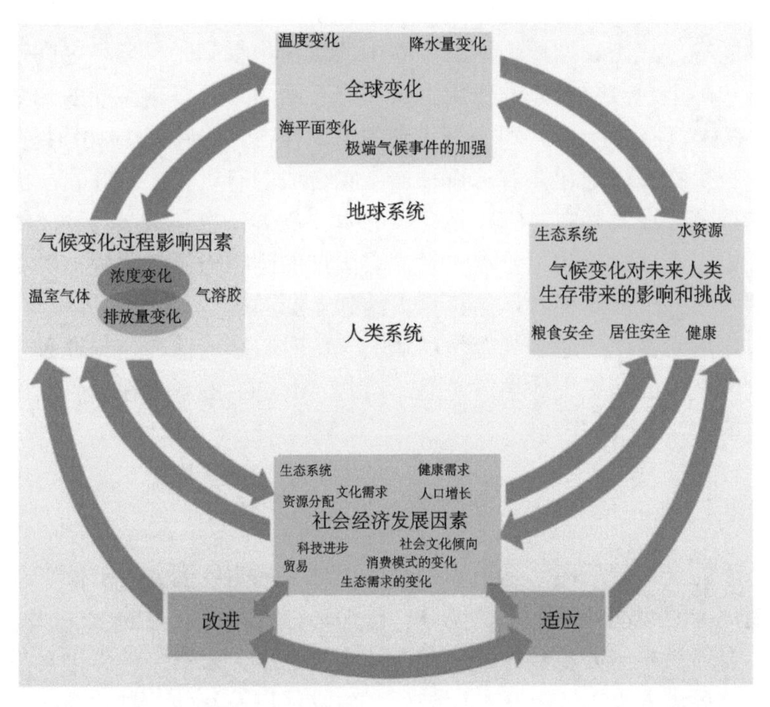

图 5.1　全球气候变化对地球系统和人类系统的影响与各系统之间的联系（依据 IPCC，2007 绘制）

一、全球碳循环和碳库

在工业革命之前，大气中 CO_2 基本保持平衡。南极冰芯的测定结果表明，在 1750 年以前的数千年，大气 CO_2 浓度的平均值一直维持在 280×10^{-6}，之后大气的 CO_2 浓度才开始增加。从 1957 年在夏威夷的 Mauna Loa 开始了对大气中 CO_2 浓度的精确观测，大气 CO_2 浓度在逐年增长（闫静，1994）。大气 CO_2 的持续增加也带来一系列的变化，并体现在实际的观测数值上，如全球海表平均温度和海平面持续的升高，以及北半球平均积雪厚度的降低。1997 年 12 月，联合国气候变化框架公约缔约国制定了《京都议定书》（KP），要求发达国家履行削减 CO_2 排放量的责任，包括减少矿物燃料的燃烧和森林的破坏，并建议发达国家可以通过在发展中国家进行植树造林等，增加陆地生态系统中的碳固定量。在 2015 年 12 月的巴黎气候变化大会上，超过 178 个缔约方签署了《巴黎协定》，为 2020 年后全球应对气候变化行动做出整体安排，其长期目标是将全球平均气温较前工业化时期上升幅度控制在 2℃以内，并努力将温度上升的幅度控制在 1.5℃以内。为此，各国都越来越重视全球碳循环的研究。

地球上最大的碳库主要储存在石圈和其中的化石燃料中，含碳量约占地球上碳总量的 99.9%。除此之外，地球上碳循环同样影响着另外三个碳库，即大气圈库、水圈库和生物圈库。从碳循环的几个层次来说，生物圈中的碳循环速率最快，以生物固碳和生物释碳为主要途径；大气圈和水圈的碳循环速率次之，碳元素主要以水为载体，以溶入溶出水为循环方式，另外还有岩石风化对 CO_2 的吸收等方式。而岩石圈的碳循环速率最慢，主要以储存库的功能固定绝大多数的碳，以有机物转变为化石燃料和矿产，然后通过地质运动暴露地面等方式完成循环。这三个库中的碳在生物和无机环境之间迅速交换，容量小而活跃，实际上起着交换库的作用。碳在岩石圈中主要以碳酸盐的形式存在，总量为 2.7×10^{16}t；在大气圈中以 CO_2 和一氧化碳的形式存在，总量有 2×10^{12}t；在水圈中以多种形式存在，在生物圈中则存在着几百种被生物合成的有机物。这些物质的存在形式受到各种因素的调节。在大气中，CO_2 是含碳的主要气体，也是碳参与物质循环的主要形式。在生物圈中，森林是碳的主要吸收者，它固定的碳相当于其他植被类型的 2 倍。森林又是生物圈中碳的主要储存者，储存量大约为 4.82×10^{11}t，相当于大气含碳量的 2/3。植物、可光合作用的微生物通过光合作用从大气中吸收碳的速率，与通过生物的呼吸作用将碳释放到大气中的速率大体相等，因此，大气中 CO_2 的含量在受到人类活动干扰以前是相当稳定的。

二、碳源-碳汇研究

自然状态下的全球碳循环，是指碳元素在地球上的生物圈、岩石圈、水圈及大气圈中交换，并随地球的运动循环不止的现象。碳循环过程，大气中的 CO_2 大约 20 年可完全更新一次。自然界中绝大多数的碳储存于地壳岩石中，岩石中的碳因自然和人为的各种化学作用分解后进入大气和海洋，同时死亡生物体以及其他各种含碳物质又不停地以沉积物的形式返回地壳中，由此构成了全球碳循环的一部分。碳的地球生物化学循环控制了碳在地表或近地表的沉积物和大气、生物圈及海洋之间的迁移（IPCC，2007），其中，海洋中层和深层水体对碳的储存能力远高于每年通过大气向海洋输送碳的能力，是稳定全球碳变化的调控机制。

近几十年来全球碳循环的研究发现大气碳收支存在不平衡，因此，全球和区域的碳循环都日益受到了关注。全球大气碳平衡方程为：大气 CO_2 增加=矿物燃料释放+土地利用变化释放−海洋吸收−碳失汇（王效科等，2002）。

在对全球碳平衡各主要碳汇和源的估计中，由于采用的方法和数据来源不同，不同作者给出的估计值有所不同（表 5.1）。在大气碳源中，目前全球矿物燃料燃烧释放的 CO_2 估计值介于 3.6×10^{15}～6.0×10^{15}g C/a，这部分的估算比较可靠，因为可以利用比较详细的能源消耗统计资料来计算。土地利用变化引起的陆地生态系统 CO_2 排放，目前主要考虑对热带雨林的砍伐面积和燃烧量，但这两方面的估计存在较大误差，因此，土地利用变化释放的 CO_2 的估计值也就存在较大变异，介于 0.4×10^{15}～3.3×10^{15}g C/a。在全球碳汇方面，海洋的吸收能力相对比较确定。现有的多种模型的估计值和海洋测定结果已经比较接近，如根据海洋循环模型和生物地球化学循环模型（研究可溶性有机碳随时间的变化）以及海气界面 CO_2 分压差别的测量，估计在 20 世纪 80 年代，海洋吸收 CO_2 的能力为 2×10^{15}g C/a（Siegenthaler and Sarmiento，1993）。对海气界面 CO_2 交换通量空间格局的估计，不同研究者得出的结论也基本一致。尽管对各种碳汇和碳源估计值存在很大变异（表 5.1），“碳失汇”的存在已经成为不争的事实。

表 5.1　全球碳平衡的各项估计值　（单位：10^{15}g C/a）

矿物燃烧	土地利用变化及生物质燃烧	大气中累积	海洋吸收	碳失汇	参考文献
6.0	0.9	3.2	2.0	1.7	Schlesinger，1997
5.2	3.3	2.5	2	4	Woodwell et al.，1983
5	1.3	2.9	2.4	1	Trablka，1985
5.4	1.6	3.4	2	1.6	Houghton et al.，1990
5.3	1.8	3	1.0～1.6	2.5～3.1	Tans et al.，1990
4.8～5.8	0.4～1.6	2.9	2.5～1.8	0.2～2.7	Sedjo，1992
5.4±0.5	0.6～2.5	3.2±0.2	2.0±0.6	1.8±1.3	Siegenthaler and Sarmiento，1993
5.5±0.5	1.6±1.0	3.2±0.2	2.0±0.8	2.1	IPCC，1994

目前，对“碳失汇”的解释多种多样，其中比较受到大家关注的是对全球碳汇能力的低估，其中包括对海洋（陆架边缘海）和北半球高纬度地区两个重要碳汇的低估。

CO_2 通过海气界面输送进入表层海洋的速率以及其从海洋表层通过物理/生物泵动过程进入深海的速率由纬度、时间、季节和生物过程等因素来决定。例如，光和过程吸收的 CO_2 大，以及太阳辐射的变化可以引起整个海洋碳汇的周日和季节性变化；海洋中存在对于碳的物理和生物泵动过程，其中物理泵动过程主要发生在高密度低温海水的高纬度区域，主要受到海气界面气体交换的影响，包括风速、溶解度、温度和气压等因素影响，而生物泵动过程主要是通过颗粒物的沉降过程将光合作用固定的碳输送到深层海水中，这些过程加速了碳从表层海水向底层海水的输运过程（Chisholm，2000）。如果海洋混合过程均匀，那么绝大多数的人类活动增加的 CO_2 应该被海洋吸收，但是实际情况却非常复杂，海洋对碳循环变化的响应由于海洋存在的物理、化学和生物过程的影响要远比想象复杂得多，碳循环的路径低估以及所带来的碳循环过程中的“碳失汇”问题仍需要更加细致地研究来界定。

大陆架只占海洋表面面积的 7% 、海水体积的 0.5%，但陆架边缘海的物质循环的周转速率较快，加上河流和上升流带来的高营养物质，使其成为全球高生产力的海域之一。因此陆架边缘海碳循环的过程和机理与大洋不同：①受陆源碳和人为来源的营养物质影响较大；②初级生产力高，生物群落结构复杂，初级生产过程、微生物的再循环及碳的沉降输出等一系列生物泵过程都不同于大洋；③由于水浅，陆架边缘海形成的颗粒碳快速沉降到底部，在沉积物-水界面发生作用，对上覆水体碳循环及海气界面的碳交换都有直接的影响，加之水动力复杂，边缘海的碳沉降输出通量和埋藏的定量化是一个世界性难题；④边缘海从大气吸收的 CO_2，既可形成颗粒物埋藏到沉积物中去，也可输出到深海大洋并参与到千年尺度的大洋循环中。

据估计，全球海洋中有 10%的生产力、80%～90%的新生产力、50%的反硝化作用、1/ 2 以上的渔业资源发生于大陆架及邻近海区（Chen et al.，2003）。因此，陆架边缘海在海洋生物地球化学循环中扮演着十分重要的角色。大致来说，陆架边缘海有机碳和 $CaCO_3$ 堆积速率分别比大洋高 8～30 倍和 4～15 倍，全球有 40%～50%的有机碳垂向通量、80%以上的沉积有机碳埋藏发生于陆架地区（Hedges and Keil，1995；Chen et al.，2003）。陆架边缘海碳通量存在高度变异性，因此，目前对陆架边缘海碳通量的估算很有可能存在一定的不确定性，从而导致“碳失汇”。

在陆地生态系统中，北半球的陆地面积占全球陆地面积的67%，并且95%的矿物质燃料燃烧都在北半球，但南半球的年平均CO_2浓度高于北半球，而且这种差异随着矿物燃料燃烧后排放量增加而增大，说明北半球一定有未知的大气碳汇（Siegenthaler and Sarmiento，1993），可能与北半球的陆地面积大有关。目前，大部分科学家认为北半球高纬度地区存在一定未知的大气碳汇。

第二节　海水中的溶解氧

一、氧的来源与消耗

海水中的溶解氧（dissolved oxygen，DO）是海洋生命活动不可缺少的物质，是除了CO_2以外最受重视的海洋溶解气体。海水中溶解氧的含量和分布既受到物理过程的影响，也受到化学和生物过程的影响。海水中溶解氧的存在，既为海洋生物提供了生存必备的条件，又参与到水体中的物质分解过程，成为了整个海洋包括碳、生源要素以及一些微量元素循环的重要驱动力。同时海洋有机物的生物地球化学循环在很大程度上受控于氧在光合作用与代谢作用之间的平衡。

海水中的溶解氧有两个主要来源：①大气；②植物的光合作用。大气中的O_2通过海气交换进入海洋表层，在海洋表层通过涡动扩散及对流作用，将表层的富氧水带入海洋内部及深层。在海洋内部，溶解氧主要通过移流作用从海洋上层转移到深层。被氧气饱和的低温海水在高纬度地区下沉，在深层被搬运到低纬度的地区。富氧海水在深层的运动中，溶氧也发生着消耗，不过这种消耗速率较慢，主要是因为低温和高压使得来自生物的新陈代谢消耗量变得很小。

海洋真光层中，植物在光合作用下，将CO_2和H_2O合成为碳水化合物，同时释放出O_2。浮游植物在有光的环境里，通过光合作用，吸收CO_2和海水营养盐，而制造有机体和释放氧；在无光环境里，通过呼吸作用使一些有机体被氧化，消耗氧而释放CO_2。这两个过程可概括表达为：海水中氧的消耗，也可由浮游植物的光合作用得到补充。

光合作用主要受光照的影响，在随深度变化方面，光合作用有如下的变化特征（图5.2）：①0～80m真光层，光合作用区（photosynthesis zone）在海洋的上层（0～80m），阳光充足，浮游植物的光合作用占优势，在许多海区（特别是近岸区域），由于生物的活动，在近表层水中常常出现氧的最大值，其饱和度可达120%以上；②80～200m弱光层，光线暗，由于光合作用只能在真光层内进行，80m以下光合作用已不再是主要的，植物靠交换氧维持生命；③200m以下无光层，仅呼吸作用，植物无法生长，生物以动物为主。浮游植物量较大的海区，一般13:00～15:00光合作用最强，溶解氧最高；次日2:00～3:00光合作用最弱，溶解氧最低（图5.3）。

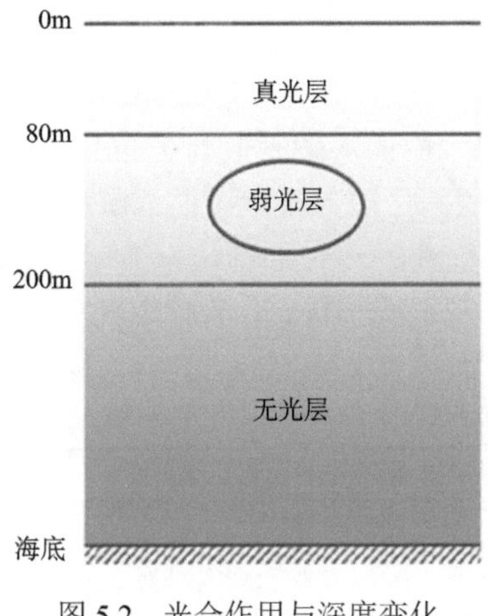

图 5.2　光合作用与深度变化

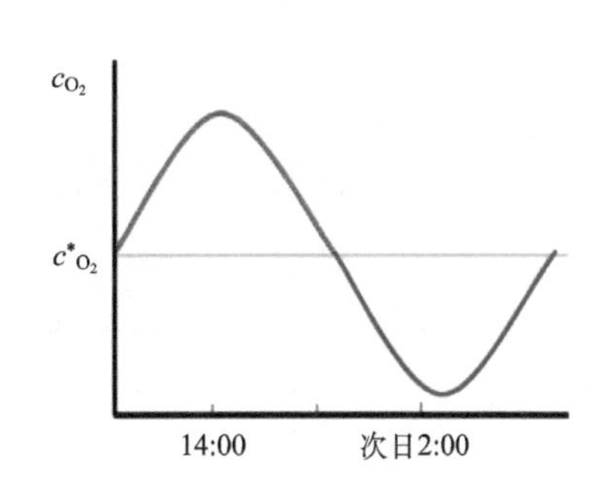

图 5.3　光合作用的日变化

开阔大洋水体溶解氧的断面，其溶解氧的垂直分布特征如下。表层：溶解氧含量分布比较均匀，其含量取决于与大气处于或者接近平衡状态下氧在海水中的溶解度。(海气交换、风力作用混合和垂直交换)；次表层（真光层内）：会出现氧的极大值（通常约在50m 以内）其原因主要是光合作用产生氧的速率大于氧扩散速率，而出现的暂时积累；真光层以下：氧含量随水深增加逐渐降低，氧消耗速率较高时会出现氧最小值层（约在1000m 以内），原因在于有机物分解耗氧，而氧的补充速率小于真光层，在某些有机物垂向输送通量高的海域，变化的梯度一般较大；在深层水中（氧最小层以下）：随深度增加溶解氧含量逐渐增加（高纬度地区低温富氧水下沉补充交换所致）。在各大洋的垂向断面中，可以看到海洋环流对表层水体的氧向下输送的影响，如在大西洋中，北大西洋深层水（NADW）由于来自表层水的下沉，将高氧水输送到南大西洋超过 3000m 的深度。而在太平洋、大西洋和印度洋中，南极底层水和南极中层水也起到类似的输送作用。

海洋中溶解氧的消耗，主要包括生物的呼吸作用、有机物的降解和无机物的氧化作用等过程。生物的呼吸作用，可表示为光合作用的逆过程。浮游植物的呼吸作用和光合作用是相反的关系，在真光层以下，光合作用减弱，主要是呼吸作用占主导地位，消耗溶解氧。随着深度的增加，呼吸作用逐渐加强而光合作用越来越弱，呼吸作用的溶氧消耗量和光合作用的溶氧产生量刚好相等的深度，即补偿深度。海水中有机物的降解也消耗大量的氧气。有机物的降解过程主要与氧的含量、温度、微生物（细菌）情况和有机物本身性质有关。氧的消耗量主要取决于有机物的含量（Redfield，1942；郭锦宝，1997）。作为溶氧消耗的另一个途径，海水中的一些还原态的无机物，如 Fe^{2+}，Mn^{2+}等在氧气充足的水中会被氧化成高价态。但该过程与前两个过程相比，消耗的氧量很小。

二、海洋中的缺氧事件

海洋中的氧极小值区（OMZ）是指水生生态系统中氧气含量每升小于几毫克的水体区域，从生物学角度讲，如果对需氧水生生物的生理或行为产生有害影响的氧环境，就可以称为低氧或者缺氧。例如，影响生物的生长速率、繁殖能力、多样性、死亡、次级生产力、渔业产量等。目前，科学家根据溶解氧的浓度定义了海水的低氧和缺氧概念（表5.2），当海水中的溶解氧低到 5mg/L 的时候大部分的生物生长会受到影响。这仅仅是经验的结果，没有科学的论断和依据。再例如，海水中的溶解氧低到 2mg/L 时大部分生物会离开这个水域，这个时候拖网无法捕捉到大型生物；而如果水中的溶解氧低到 0.5mg/L 时底栖的穴居生物就会从沉积物中爬出，如果持续时间长的话就会发生死亡；当低到 0.2mg/L 时沉积物就会变黑，海底形成硫化细菌；如果到 0mg/L 的时候就会有 H_2S 形成。

表 5.2　DO 含量与影响

DO/（mg/L）	对水生生物的影响
5	生物生长受抑制
2	生物离开，拖网无法捕捉到大型动物
0.5	穴居生物从沉积物爬出，持续时间长将死亡
0.2	沉积物变黑，海底形成硫氧化物细菌
0	H_2S 形成

此外，在一些报道或者研究中经常有“死亡区”（dead zone）这个词，死亡区这个概念来自路易斯安那州的一个记者的报道：1972 年在路易斯安那州附近海域，当水中溶解氧低于 2mg/L 时，底拖捕捞无法捕到海虾，当地人将这些水体称为“dead water”。路易斯安那州 *The Morning Advocate* 报纸的一名记者将其描述为“dead zone”。死亡区和低氧区的概念有一定的区别：死亡区反映的是原来正常的海域后来发生氧缺乏，而低氧区还涵盖了永久性低氧的区域。

（一）海洋低氧现象形成原因

自然界中有自然低氧和人为低氧两种类型。自然低氧现象：地质时期长期存在于海洋较深层，如 OMZ（oxygen minimum zone）区，海洋上升流区。而人为低氧现象：受人类活动输送营养盐影响的沿岸海域、河口区。即人类活动产生的废水将大量营养盐输送至沿岸海域或河口区，导致该区域出现低氧现象。这两种海洋低氧现象的调控因素是不太一样的。对于自然低氧现象而言，它在整个海洋中占的体积或者影响范围会更大，它的调控因素更主要的是与全球气候变化或者是全球气候变暖为主导的气候变化有关。而与沿岸低氧现象更直接的关联是沿岸海域的富营养化，即跟人类的活动关系更为紧密，影响区域相对小一些。

从全球范围来看，低氧现象区域主要集中在东边界上升流区域、一些沿岸海水中以及一些闭锁性海区（Paulmier and Ruiz-Pino，2009）。从溶解氧的垂向分布特征上看，相对于开阔大洋，低氧现象海区氧极小值深度要浅几倍，深度大约在 100m 并伴随有明显的深度梯度特征。全球中永久性的低氧现象海区大约占到了全球海洋面积的 8%，从空间上看全球海洋有三大最典型的低氧现象。一个是赤道东太平洋，一个是低纬度的印度洋即北印度洋区域，还有一个在赤道大西洋，另外包括黑海、阿拉伯海以及孟加拉湾。这些区域是氧极小值最为典型的区域。整体上看低氧现象海区是由复杂的环境因素共同作用所产生一种生态现象。

低氧现象形成的机制主要受控于三个因素：第一，上层海洋的初级生产力，一般要形成一个氧极小值区，它的上层海域的生物生产力要高一些；第二，它的水团年龄一般是比较老的；第三，海流相对不活跃。也就是指它的上层海洋具有较高的生物生产力可以合成更多的有机物质，这些有机物会在生物死亡以后沉降到中深层海洋降解消耗溶解氧，而水团年龄老，更新又很慢，海流也不活跃，就没有办法补充新的溶解氧进来，因此就会在这些区域形成氧极小值区。而另一个海洋低氧现象所在的区域就是上升流系统。其最为明显的区域在东边界流，由于有上升流带来充足的营养盐供应，该区域生物生产力比较高，可以达到 100g/（m^2·a）。它占全球海洋面积不到 0.5%，但是贡献的渔业产量可达 7%，在这些海域上升流所提供营养盐支持的生产力未被完全摄食，有机物大量沉降至跃层，代谢作用导致中深层低氧区的产生。2002 年以前，俄勒冈海域中深层水，即靠近外陆架区域，本来就是一个低氧的区域，但是它的范围仅仅限制在陆架下方以及上陆坡这块区域内，上层海水中生物死亡产生的有机物沉降进入中深层海洋，氧化降解消耗海水中的氧气，在深层海洋出现低氧现象。但是 2002 年以后由于全球气候变化，该区域出现了短时间的低氧区域向浅的陆架区域延伸情况，即在前海区域也出现了因上升流加剧的海水低氧现象，其中 2006 年是低氧区域面积最大、溶解氧含量最低的时候，给当地水生生态系统和渔业造成了极大的损害（图 5.4）。

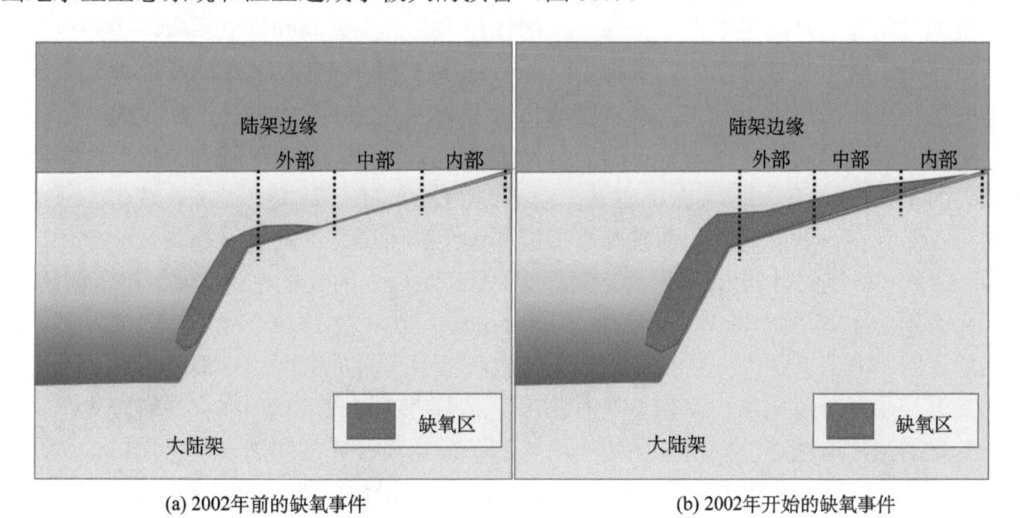

(a) 2002年前的缺氧事件　(b) 2002年开始的缺氧事件

图 5.4　俄勒冈沿岸低氧事件示意图

（二）近海低氧区的发展过程和危害

低氧现象对全球变化的响应应该是非常灵敏的。总体来说，近年来海洋低氧现象的加剧可以归结为两方面的因素，一个是全球变化的影响因素，跟全球尺度的变化有关；另一个就是人口和发展压力带来的营养盐输送增多引起（Diaz and Rosenberg，2008），营养盐增多可以是上升流系统引起，也可以由纯粹的人类活动所引起，人类的发展、人口的增加和人们对生活品质要求的提高，都体现为工业和农业规模的增加、肥料使用的大量增加。在这样的需求下，大量营养盐随之被释放进入临近的江河湖海。(Rosenberg，1990；Erba，1994；Paerl，1997；Chen et al.，2003)。短期内大量生长的浮游植物，伴随的大量有机碎屑，超过了近岸生态系统正常生产有机物程度，短期内加剧了近海的水体中溶解氧的消耗，一旦物理条件合适（水体层化），短期的氧极小值区就会随之产生(Gong et al.，1996)。纵观世界上近岸的低氧区，几乎都与发达的经济、高密度人口相关联（Howarth et al.，1996)。

对于沿岸的低氧海区来讲，它的形成机制和开阔大洋氧极小值区是类似的，不同之处在于近岸海域通常水深比较浅，因此沿岸海域要形成低氧区往往要具备三个条件：①水体层化比较明显，层化作用使得水体垂向的混合作用被减弱，表层高溶解氧的水体无法通过混合进入底深层，使得深层水出现低氧现象，而这一过程往往取决于海水层化作用的季节变化，即冬季弱，夏秋季强一些；②富营养化海区带来的高生物生产力海区伴随着较高的有机物沉降通量，当其降解消耗大量溶解氧就会形成低氧，而随着人口的增长，城市化进程的加剧以及肥料的大量使用，近海低氧区与缺氧区在近几十年范围内大面积发展，如黑海从1960～2000年，陆源氮、磷的排放通量在20世纪70～90年代之间是最大的，与此同时低氧区的面积也是最高的。由此我们可以看出，这些沿岸海域的低氧实际上跟人类所释放的大量营养盐密切相关（Rabalais et al.，2010)；③与该区域水体更新能力相关，如果水体交换速率快，流动性强，就不容易形成低氧区。如果近岸海区在某一时间段同时满足以上三个条件，则往往容易形成近岸的低氧现象，短期内会造成大量的生态破坏和经济损失。美国Chesapeake湾的缺氧事件从2000年以后越来越频繁，低氧区面积范围越来越大，缺氧区域相对于20世纪50年代以前增加了约十倍。

沿岸低氧现象同样在近几十年的进程当中不断变化。如1969年基本少量出现在温带区域；而1989年，低氧区域出现明显扩张；到了2009年，基本上经济较发达的沿岸海域都可以看到存在低氧现象，而且几乎形成涵盖全球主要海区的分布趋势。从全球尺度上看，大约50年的时间内，低氧浓度区域（海洋站点）的数量也从1960年之前的45个，猛增到2011年的700个（Laffoley and Baxter，2019)。这与全球工农业的发展，大量使用化肥、农药有很大关系。低氧现象比较频繁且严重的海区包括波罗的海、黑海西北陆架区、墨西哥湾北部、亚德里亚海北部、北海南部海域以及一些存在着较为严重的富营养化的沿岸海域、河口区，如纽约湾、切萨皮克湾、长岛峡湾、努思河口、长江口等。美国国家科学基金会测量的结果也显示每隔10年沿岸低氧区的面积就翻倍。随着海洋低氧区不断扩大，海洋生物生存空间减小，许多物种被迫离开深海栖息地前往含氧充足的海域，这意味着它们将必须为争夺新的生存空间而展开残酷的竞争。世界自然保护联盟（International Union for Conservation of Nature ，IUCN）于2019年发布的报告中指出，自20世纪中叶以来，海洋中的氧气含量下降了大约2%，而完全缺乏氧气的水域自1960年以来翻了4番（Laffoley et al.，2020)。

近年来，科学家开始了解到，海洋温度升高，也正在显著地消耗氧气含量。这是因为，较暖的水不能容纳太多的氧气，它的浮力也更大，意味着它与较深、含氧量较低的水混合较少，从而总体上减少了氧气循环。升高的温度可能会造成海洋上层1000m以浅的水体中的氧气损失大约50%，这也是海洋中生物多样性最丰富的地方。与气候变化有关的氧气损失很难逆转，也可能无法逆转。溶解氧随着时间变化，事实上伴随的是水体温度随时间的逐渐增加，其幅度为每年增加 0.005～0.012℃，温度的增加意味着水体的层化作用在加强（假设盐度不变，温度越过水体密度越小，混合作用减弱），使得溶解氧含量随时间逐渐降低。OMZ 区域的发展会给海洋的生态系统造成很大影响，包括生物多样性的破坏、生物大量死亡以及近海沉积环境的改变。这一过程表现为在溶解氧浓度 <2mg/L 的条件下，平均物种丰度及密度随时间的增加而减少。这也是俄勒冈海域 2006 年生物大面积死亡的一个重要原因（Chan，2006）。

表 5.3 给出的是一些低氧现象明显的海域的生态响应数据，包括影响面积、底栖生物响应、底栖生物产量和渔业响应。这些海域大部分随着低氧现象的发展，底栖生物的死亡或者消失已经在发生了，产量变化不明显也就是部分海域捕捞量已经有所降低，也有部分海域还维持着较高的产量，但是从渔业资源的角度讲，该区域的潜在渔业捕捞量是减少的。对于沿岸低氧现象区域，由于它的主要发生机制存在着时间和季节性的变化，主要发生原因是富营养化，如果通过一些措施减少向近岸海域排放营养盐是可以恢复这些区域的水体溶解氧含量，改善部分水质状况的，但是这些海湾中生态系统的结构性破坏在短期内很难恢复。

表 5.3　低氧现象明显的海域的生态响应数据

海域	影响面积/km^2	底栖生物响应	底栖生物产量	渔业响应
路易斯安那陆架	15000	死亡	正常	存在压力，但仍具高产量
卡特加特海峡	2000	大量死亡	降低	挪威龙虾资源崩溃，低层鱼类减少
黑海西北陆架	20000	大量死亡	正常	低层鱼类减少，浮游种类减少
波罗的海	100000	消失	无	低层鱼类减少，浮游种类增加

三、全球海洋含氧量的变化

全球气候变化也会影响海洋中的含氧量。氧气是生命的基础，氧气是陆地上生命所必需的，这同样适用于海洋中几乎所有的生物，海水中的溶解氧对大多数海洋动物至关重要。伴随着海洋变暖，其保存和挟带溶解氧的能力减弱，同时海洋生物的新陈代谢速度加快，这意味着它们需要更高水平的溶解氧。此外，增暖的地层水可能将限制把氧气带到深海的传输过程。深海中的氧含量受到气候变化的影响目前认为比之前估计的更为敏感（Atamanchuk et al.，2020）。观测数据表明，全球海洋大部分地区海洋溶解氧浓度出现持续下降（Stramma et al.，2008；Keeling et al.，2010；Helm et al.，2011；Long et al.，2016；Schmidtko et al.，2017；Breitburg et al.，2018）。根据目前的 CO_2 排放速度，无论是在海洋表层还是在深海区域，都会出现严重的缺氧区。氧气水平的降低可能会对海洋生态系统和沿海地区造成严重后果，因为这些地区已经经历了缺氧死亡区。氧是海洋生物和生物地球化学过程的基础，它的下降会引起海洋生产力、生物多样性和生物地球化学循环的重大变化（Deutsch et al.，2015；David et al.，2019）。

Schmidtko 等（2017）利用过去 50 年全球海洋氧含量的观测数据，对整个海洋的氧含量进行了定量的全面评估。研究结果显示，全球氧含量浓度为 $227.4\pm1.1\times10^{15}$mol，自 1960 年以来，海洋的含氧量下降了 2%以上（$4.8\pm2.1\times10^{15}$mol）。由于大型鱼类尤其避免或无法在含氧量低的地区生存，这些变化可能会产生深远的生物学后果。在不同的海盆和不同深度的氧损失存在比较大的差异。研究认为，上层海洋氧含量的变化主要是海洋升温引起的氧气溶解度和生物消耗量的减少，深海的变化可能源于海盆尺度的多年代变异、海洋深层翻转环流的减弱和海洋生物消耗的潜在增加。

Breitburg 等（2018）回顾了开阔大洋和沿岸海域海洋氧含量下降的证据。至少从 20 世纪中叶以来，外海和沿岸水域海水中的氧气浓度一直在下降，这种氧损失或脱氧作用是海洋中发生的最重要的变化之一。这种变化主要是因为人类活动增加了全球气温，并向沿海水域排放了营养物质，加速了微生物呼吸对氧气的消耗，降低了氧气在水中的溶解度，以及从大气到海洋内部的氧气补给速率，产生了广泛的生物和生态后果。对世界各地的直接测量进行的分析表明，外海中的最低含氧量区域已扩大了几百万平方公里，现在数百个沿海地区的氧气浓度低到足以限制动物种群的分布和丰度，并改变重要营养物质的循环。在大洋海域，由温室气体排放增加引起的全球变暖被认为是持续脱氧的主要原因。数值模型预测：即使在人类活动碳排放被有效限制和减小的情况，21 世纪海洋含氧量也会进一步下降。全球气温升高会降低水中氧的溶解度，增加呼吸作用下的耗氧量，并预计通过增加层结和减弱海洋翻转环流，减少大气和表层水向海洋内部引入氧气。需要进一步的研究来了解和预测全球和区域范围内的长期氧气变化及其对海洋和河口渔业与生态系统的影响。

根据海洋模型的预测结果，到 2100 年全球海洋的溶解氧储量将下降 1%～7%（Keeling et al.，2010；Long et al.，2016）。这是变暖引起的氧溶解度下降和深海通风减少共同造成的。海洋中的氧气供应在两个方面受到全球变暖的威胁：①温暖的表层水比较冷的海水吸收更少的氧气；②温暖的海水稳定了海洋的分层，这削弱了连接表层和深海的环流，导致输送到深海的氧气减少。因此，许多模型预测由于全球变暖，全球海洋中的海洋含氧量会减少，并预测了海洋脱氧的持续和加速。

Oschlies 等（2018）揭示了数值模型对海洋溶解氧含量模拟的不足之处，并确定了模型对脱氧作用低估的驱动因素。研究回顾了目前关于海洋溶解氧含量变化的机制和驱动因素以及它们随区域和深度的变化方面的认识。目前的模式还不能重现海洋温跃层中氧变化的观测模式，低估了从时间序列观测推断的氧浓度和海气通量的时间变异性，并且通常只能够模拟从观测推断的海洋氧损失的一半。变暖被认为是海洋脱氧的一个主要的驱动因素：一部分是通过溶解度效应，另一部分是通过海洋环流、混合和海洋生物氧气呼吸的变化而间接产生的。虽然溶解度效应已被量化，并被发现主导了近表面的脱氧作用，但对其他机制的贡献仍缺乏定量的理解。目前的模型可能低估了脱氧作用，原因包括未解决的输运和混合过程、呼吸需氧量的变化，以及缺少生物地球化学反馈。因此，需要专门的观测计划来更好地改进生物和物理过程及其在模型中的表现，以提高我们对未来海洋溶解氧含量变化的理解和预测。

第三节　海洋与大气气溶胶

一、气溶胶定义及意义

近年来，一些研究表明大气气溶胶参与到了气候变化（Evan et al.，2011；Booth et al.，2012a）和陆地向海洋的铁输送（Prospero et al.，2002）的过程中。同时，全球硫循环的过程也和海源气溶胶的产生机制密切相关（Saltzman and Cooper，1989）。对气溶胶本身的了解可以帮助我们更好地了解海洋、大气之间在物质输运和转化之间的关系，以及其中涉及的生物地球化学过程对气候变化的影响。

大气气溶胶是指各种固体或液体均匀地分散在空气中形成的一个庞大的分散体系。其分散相为固体或液体小质点，其大小为 10^{-5}～10^{-9}mm，分散介质为气体。大气气溶胶作为分散在大气中的固态或液态颗粒而形成的一种大气物质，早被环境学家所关注。

随着环境污染问题的发展，科学家已认识到大气气溶胶的污染特性与其物理化学性质，以及在大气中的非均相化学反应，有着密切的关系，并造成一系列的环境问题，如臭氧层的破坏、酸雨的形成、全球气候变化、烟雾事件的发生等。气溶胶对人体健康、生物效应也有其特有的生理作用。因此，大气气溶胶是当今大气化学研究中最前沿的领域。在今后的十多年里，了解气溶胶对全球气候变化的影响及其作用机制、在地圈-生物圈中的迁移变化将是最主要的研究方向，这包括物理和化学的性质、来源和形成、时空分布和全球气候变化、健康效应和大气化学过程等多方面、多层次的综合研究。

大气气溶胶颗粒物有三种重要的表面积性质，即成核作用、黏合、吸着。成核作用是指过饱和蒸汽在颗粒物表面上形成液滴的现象。雨滴的形成就属于成核作用。气溶胶作为云凝结核或改变云的光学性质和生存时间而对气候变化产生间接影响。黏合或凝聚是小颗粒形成较大的凝聚体并最终达到很快沉降粒径的过程。粒子可以被相互紧紧地黏合或在固体表面上黏合。

相同组成的液滴在它们相互碰撞时可能凝聚，固体粒子相互黏合的可能性随粒径的降低而增大，颗粒物的黏合程度与颗粒物及表面的组成、电荷、表面模组成及表面的粗糙度有关。吸着是指气态分子为颗粒物吸着的现象。如果气体或蒸汽溶解在微粒中，这种现象称为吸收（absorption）。若气体或蒸汽吸着在颗粒物表面上，则定义为吸附（adsorption）。涉及特殊的化学相互作用的吸着，定义为化学吸附作用。

二、大气气溶胶的产生机制

大气中气溶胶主要来源于陆地向大气的输送，少部分来源于海洋本身产生的海源气溶胶。陆源气溶胶主要成分是由颗粒物形成过程决定的。其主要来自以下两个方面。

气溶胶的天然来源：陆地向海洋输送的天然来源气溶胶主要是扬尘引起的，其主要成分是扬尘产生区域的土壤粒子。火山爆发所喷出的火山灰，除主要由硅和氧组成的岩石粉末外，还含有一些如锌、锑、硒、锰和铁等金属元素的化合物。海洋溅沫所释放的颗粒物，其成分主要有干燥状态下的氯化钠粒子，硫酸盐粒子，还会有一些镁化合物。

人为源：火力发电厂由于燃煤及石油而排放出来的颗粒物，其成分除大量的烟尘外，还含有铍、镍、钒等的化合物。市政焚烧炉会排放出砷、铍、镉、铜、铁、汞、镁、锰、镍、铅、锑、钛、钒和锌等的化合物。燃用含铅汽油的汽车尾气中则含有大量的铅。不同粒径的颗粒物其化学组成差异很大。一般来讲，粗粒子主要是土壤及污染源排放出来的尘粒，大多是一次颗粒物。土壤粒子大都属于粗模，为粗粒子，其成分与地壳组成元素十分相近。这种粗粒子主要由硅、铁、铝、钠、钙、镁、钛等30余种元素组成。细粒子主要是硫酸盐、硝酸盐、铵盐、痕量金属和炭黑等，如硫酸盐粒子，其粒径属于积聚模，为细粒子，主要是二次污染物。

海洋向大气输送气溶胶的机理比较复杂，在海上风作用下，海浪得到风输入的动量使风浪的波高和波陡不断增大，直至发生破碎，破碎将空气卷入水中形成气泡，气泡上浮到海面破裂生成大量的海水滴，同时风还直接将波峰撕裂而产生海水滴。因此，在风和浪的共同作用下，海面附近空气中存在各种大小不同的海水滴，称为海洋飞沫。飞散到空中的海洋飞沫在重力和湍流的共同作用下，较大的海水滴会在短时间内重新落回海面，在此过程中通过热量和动量交换会对海气界面过程产生影响，特别是海洋飞沫输送给大气的热量有助于热带气旋的生成和发展。较小的海水滴在大气湍流的作用下，可上升到高空而长时间悬浮在大气中，又称为海洋气溶胶（aerosol）。海洋气溶胶存在一次和二次发生机理（Vaattovaara et al.，2006），其中，海气间的气溶胶颗粒主要由海面风浪的相互作用直接产生，这部分气溶胶被称为一次气溶胶（Blanchard and Woodcock，1957；O'Dowd and Leeuw，2007）。另一种是间接从非海盐硫酸盐和其他有机物的气体与颗粒间的转换过程中产生的气溶胶颗粒，这部分气溶胶被称为二次气溶胶（Liss and Johnson，2014；Carpenter et al.，2012）。其中，一次气溶胶排放在大多数地区占较大比例，海洋每年向大气输送的海盐气溶胶的排放量可达 $2000\times10^{12}\sim10000\times10^{12}$g/年，是高风速和其他气溶胶源较少地区中一次气溶胶的主要成分（De Leeuw et al.，2011；O'Dowd et al.，2004）。

高初级生产力和低初级生产力的不同时期，海洋气溶胶的化学成分也有不同。例如，在初级生产力比较低的时期，海洋上空气溶胶的主要成分是海盐，尤其是大于1μm的气溶胶基本都是由海水中的溶解盐分在海面风浪的相互作用时通过海洋飞沫作用产生。而在初级生产力比较高的时期，气溶胶的有机成分大量增加，能够占到亚微米气溶胶颗粒的40%～60%（O'Dowd and Leeuw，2007）。其中以难溶态有机质为主（water-insoluble OC，WIOC），可溶态有机物（water-soluble OC，WSOC）占到了10%～20%。这部分有机碳化学成分主要包括异生产生的部分矿化的有机物和海洋中的一些腐殖质类物质，这类有机物具有较高的表面活性。海洋气溶胶占据全球气溶胶的44%，它们作为云的凝结核，由于对太阳辐射的强烈散射和吸收，对海洋层积云的微物理和化学性质有非常大的影响，是气候预测最大的不确定因素之一。

三、大气气溶胶的去除机制

大气气溶胶进入海洋中的过程通常有以下两种方式。

（一）干降尘

干降尘是指颗粒物在重力作用下的降尘或与其他物体碰撞后发生的降尘。这种降尘存在着两种机制：一种是通过重力对颗粒物的作用，使其降落在土壤、水体的表面或植物、建筑物等物体上。降尘的速度与颗粒物的粒径、密度、空气运动黏滞系数有关。重力沉降是去除大气污染物，尤其是对粒径大于 20μm 的颗粒最重要的自然机理之一。另一种沉降机制是小于 0.1μm 的颗粒，它们靠布朗运动扩散，相互碰撞而凝聚成较大的絮集颗粒，通过大气湍流扩散到地面或碰撞而去除。

（二）湿沉降

湿沉降是指通过降雨、降雪等使颗粒物从大气中去除的过程。它是去除大气颗粒物和痕量气态污染物的有效方法。湿沉降也可分为雨除（rainout）和冲刷（washout）两种机制。雨除是指云内清除，一些颗粒物可作为形成云的凝聚核，成为云滴的中心，通过凝结过程和碰撞过程使其增大为雨滴，进一步长大而形成雨降落到地面，颗粒也就随之从大气中被去除。雨除对半径小于 1μm 的颗粒物的去除效率较高外，对具有吸湿性和可溶性的颗粒物更明显。冲刷是指云下洗脱，是降雨时在云下面的颗粒物与降下来的雨滴发生惯性碰撞或扩散、吸附过程，从而使颗粒物去除。冲刷对半径为 4μm 以上的颗粒物效率较高。一般通过湿沉降过程去除大气中颗粒物的量占总量的 80%～90%，而干沉降只有 10%～20%。没有沉降的颗粒可随气流被输送到几百公里甚至上千公里以外的地方，从而造成大范围的污染。

四、气溶胶对全球环境和海洋的影响

气溶胶可能是海洋中磷和铁等营养盐和痕量金属的重要来源，在适宜的条件下能够刺激海洋生物的生产力，但是它们也具有潜在的毒性。除了向海洋输送物质，气溶胶也是大气边界层中的重要组成部分，为大气中非均相化学过程提供物质表面。同时，通过直接和间接作用产生的气溶胶还会形成云凝结核。使得云有效粒径和云量发生改变，进而影响了全球辐射平衡与气候变化。由于海洋面积广阔，海水中存在丰富的元素资源，同时海洋中生物种类繁多，这些生物地球化学过程及海洋中生物活动和产生的各种有机无机代谢产物会通过其热力、动力以及生物化学等作用，于大气和陆地之间进行海气、海陆之间物质和能量交换，从而对整个地球生态系统、全球环境和气候有着十分重要的影响。

由于气溶胶颗粒具有各种粒度，决定了它对光的不同效应，如吸收、散射或反射作用，从而对气候产生直接或间接的效应。其直接效应是吸收或反射太阳的辐射，使地球的热平衡受到影响；气溶胶排放的全球模型显示，温室气体造成的全球变暖有大约 10%被它们（气溶胶）的冷却效应消除。其间接效应是对云的成核作用，使云的凝聚核增多，而增强云的反射。虽然在 100 多年前已有人提出气溶胶可能对云的寿命有影响，而使气候发生变化，但未能进一步研究。1980 年，随着对温室效应的重视，继而提出了海洋生物气溶胶对气候的影响，到 20 世纪 90 年代科学家才重新对人为气溶胶的定量研究产生了兴趣。生物气溶胶与人为气溶胶对云的直接效应，乃是当今研究气溶胶对气候变化的重点。为此，研究不同气溶胶的来源、组成、粒度及其光学性质是探讨气溶胶对气候影响的重要内容。

二甲基硫（DMS）是全球硫循环中一种十分重要的物质，也是海洋源排放中一种重要的挥发性硫化物。DMS 主要来自海洋生物活动，由海洋中一些浮游生物释放的二甲基巯基丙酸（DMSP）是其产生的重要前体物，从 DMSP 向 DMS 的转化过程受海藻或细菌中的 DMSP 裂解酶作用调节。海洋排放到大气中的 DMS，会与羟基自由基和硝基自由基发生氧化反应，生成二氧化硫（SO_2）、甲磺酸（MSA）和气态硫酸（H_2SO_4），这些生成物会凝结并以气溶胶颗粒状态存在或是成核形成硫黄酸颗粒并成为云凝结核。研究 DMS 的重要性不仅在于它是海洋释放量最大的生源活性气体，对全球硫收支平衡有重要贡献，而且更重要的在于 DMS 排放与全球气候变化之间可能存在负反馈过程即 DMS 气体的反温室效应，大气 CO_2 浓度增加导致的温室效应使海洋表层水温升高，提高了全球海洋浮游植物生产力，增加浮游植物生成 DMS；DMS 进入大气发生氧化生成 SO_2 和甲基磺酸盐（MSA），再通过同相或异相反应生成非海盐硫酸盐（nss-SO_4^{2-}），形成气溶胶，增加了云凝结核（CCN）的数量；而 CCN 的增加提高了云层对太阳光的反射率，使全球热量收入减少，对 CO_2 等气体引起的温室效应有一定的减缓、抵消作用（Charlson et al.，1987）。

对海洋的影响方面，首先，陆源气溶胶中的某些元素会对海洋生态产生不可忽视的影响。Pb 和 Cd 是主要的海洋污染指标之一，主要来自大气输入的 Pb 和 Cd 可以通过海洋生物效应产生毒害。海水中的 Mn 和 Fe 属于生物所需的痕量元素，其中 Fe 是控制和影响浮游植物生长的主要因素之一，尤其在高营养盐低生物量的海区，Fe 对浮游植物生长起着限定因子的作用。研究表明，海洋气溶胶中的 Fe 主要来自陆源矿物沙尘或工业飘尘，在北太平洋观测到来自亚洲西北沙漠的尘暴，含 Fe 量高达 10%～15%。这样，陆源气溶胶便在广大的海域内对海洋生态产生影响。另外，陆源人为污染物经由大气向海洋输送和沉降也给海洋环境带来了一些酸性物质。陆源气溶胶向海洋环境的输送影响着全球气候的变化。陆地上化石燃料燃烧产生的硫酸盐气溶胶在向海洋上空输送时，可以作为云凝结核，影响海洋上空的云量以及对阳光辐射的反照率，从而对气候产生影响。主要来自陆源气溶胶输送的 Fe 影响着海洋浮游植物的生长，而浮游植物的光合作用吸收 CO_2，世界大洋浮游植物的生长和分布影响着海洋对大气中 CO_2 的吸收通量（Chen et al.，2003）。CO_2 属于温室气体，在全球变暖中扮演了重要的角色。这样，陆源气溶胶通过这一过程又间接影响着全球的气候变化。

第六章　海洋、大气与生物间的相互作用

海洋、大气与生物间的相互作用，是当今海洋学家、气象学家和生态学家广泛关注的一个核心科学问题。海洋、大气的理化特征和运动模式的改变都会对生物生长繁殖、群落结构、迁移、分布等带来重大的影响，但由于生物本身的生理特性、耐受能力、迁移能力等不同，又会导致不同生物对环境变化的响应速度和效应不同。诸多的观测证据显示，过去几十年来海洋物理和化学环境的快速变化（如海水的变暖、层化、混合和酸化等）影响着海洋生物和生态系统，海洋物种和生态系统对气候变化产生了明显的响应。就海洋生物而言，根据其在海水中的移动能力，可以分为海洋浮游生物、海洋游泳生物和海洋固着生物几大类群，由于它们的迁移能力不同，它们对环境变化的响应方式也不一样。本章着重讨论海洋生态系统以及几类生态功能显著的海洋生物在全球变暖的背景下与海洋和大气的相互作用。

第一节　海洋生物的种类和分布

一、海洋浮游生物

海洋浮游生物是悬浮在水层中常随水流移动的海洋生物。这类生物缺乏发达的运动器官，没有或仅有微弱的游动能力；绝大多数个体很小，只有少数种类的个体甚大；种类繁多，隶属于植物界和动物界大多数门类；数量很大，分布较广，几乎世界各海域都有。

（一）海洋浮游植物

海洋浮游植物属于低等植物，个体微小，绝大多数肉眼难以看见，必须借助显微镜或电镜才能看清其结构。分布非常广泛，从热带到寒带海区均有分布。海洋浮游植物具有叶绿素，整个植物体都有吸收营养、进行光合作用的能力，一般能自养生活，极少数种类既能进行光合作用，也能通过渗透作用吸收有机物质，或者摄食其他微型藻类与细菌，属于混合营养型生物。海洋浮游植物在生长条件适宜、营养丰富时，一般是以细胞分裂为主的繁殖方式，也能以生殖细胞孢子（spore）或合子（zygote）进行无性或有性繁殖，在条件恶劣时，还能形成孢囊，以孢子的形态度过环境恶劣期，等到条件适宜时再萌发生长。

海洋浮游植物的生长受温度、盐度、光照、pH、营养盐（N、P、Si）以及微量元素（Fe、Cu、Zn、Mn、Mo、Co）等多种理化因子的共同控制。其中的任何一项都会影响该种在特定区域的分布，进而影响该区域浮游植物群落结构的变化，通过食物链的作用，可能会影响到该区域多种生物群落的结构，但会有一定的迟滞效应。在这些环境因子中，

光照主要控制着浮游植物在垂向上的分布，随着水深增加，光的强度减弱，达到补偿深度后，浮游植物不能进行有效光合作用，其分布就会受到限制。近岸和远海上层水体浮游植物的生物量相差甚远，这主要受营养盐的控制，近岸由于受上升流、淡水径流、人类活动的影响，营养盐丰富，有利于浮游植物的生长；而远海的营养盐来源主要靠大气沉降和生物固氮等途径，营养盐的供给量有限，与近海相比，浮游植物的生物量通常都很低。盐度对不同适盐范围的浮游植物种类的影响差别较大，广盐种微藻适盐范围较大，从河口到外海，都可能分布；而狭盐种微藻，只能分布在特定盐度的水体中，如外海的高盐种，如果随洋流进入近岸低盐海域，就会很快死亡；同理，近岸低盐种也无法在外海高盐水体中存活，盐度成为这些种群分布的关键限制因子。

（二）海洋浮游动物

海洋浮游动物是指游泳能力很弱，不能逆水而行的海洋动物。个体大小变化范围很大，有小至微米级粒径的原生动物，也有长达米级粒径的大型水母；囊括的门类也很多，几乎包括了除海洋哺乳类之外的所有海洋动物类群，但以个体微小的种类为主。生态学上比较重要的有以鞭毛类、孔虫类和纤毛虫类为主的原生动物，以桡足类、磷虾类、端足类和樱虾类为主的浮游甲壳动物，以水母和栉水母为主的腔肠动物等，其中海洋浮游桡足类是其重要代表类群。

海洋浮游动物的生长主要受饵料、温度、盐度、光照、pH 等的影响。对于特定区域而言，浮游动物的生长受上述多种因子的共同影响，在适宜的温盐范围内，饵料的多少和种类对浮游动物的种群结构起着至关重要的作用。短时间尺度上（日），浮游动物垂向上的迁移和分布主要受光照的影响，中长时间尺度上，则主要受水体运动的影响。

二、海洋游泳生物

海洋游泳生物是具有发达的游泳器官、游泳能力很强的一类大型动物，包括海洋鱼类、哺乳类（鲸、海豚、海豹、海牛）、爬行类（海蛇、海龟）、海鸟以及某些软体动物（头足纲）和一些虾类等。从种类和数量上看，鱼类是最重要的游泳生物。在海洋水层生态系统中，大部分关键种都属于游泳生物，它们的数量不太多，但生态功能显著，一旦这类生物的数量发生变化，通过上行和下行控制作用，可能会导致区域生态系统失衡。这类生物由于游泳能力强，在海洋中能快速迁徙，且活动范围大，在海洋环境急剧变化时，能主动改变栖息地点适应环境变化。相对浮游生物，它们中的大多数种类寿命较长，种群波动的时滞效应明显，影响其生长和种群结构的因素复杂多样且效应缓慢。

三、海洋固着生物

海洋固着生物是海洋底栖生物的一种生态类型。其特点是能分泌一种胶黏性物质把自身固着在基质之上。有的终生不同基质分开，称为“永久性固着生物”；有的附着不固定，可移动者称为“非永久性固着生物”。营固着生活的生物种类很多，如经济海藻中的海带和裙带菜，贝类中的牡蛎、贻贝，甲壳动物藤壶，脊索动物海鞘，腔肠动物的珊瑚虫以及可移动的海葵等。海洋固着生物的迁移能力非常弱，或者一旦固着后终身不再移动，因此，当环境恶化时，它们只能被动适应，但适应环境剧变的生理能力有限，一旦超出耐受极限就会大量死亡。

第二节　气候变化对海洋生物的影响

一、总 体 影 响

全球气候正在发生改变，而人类活动是导致全球气候变化的主要原因，这一观点已经被广泛接受。化石燃料的燃烧、树木的砍伐等，致使大气 CO_2 的质量浓度从第一次工业革命前的 280mg/m^3 上升到 2020 年的 415mg/m^3；已有的研究显示，目前大气 CO_2 的年平均增量超过 2mg/m^3，比 IPCC 组织所预测的速率还要高。全球气温和大气 CO_2 的质量浓度存在着直接的联系，CO_2、甲烷等气体质量浓度的升高能够引发温室效应，从而对海洋生物和海洋环境产生了直接的物理影响。这些影响表现为：从 1979 年开始，全球海水表层温度以 0.13℃/10a 的速率上升，并且从 1961 年以来海洋内部的温度增量>0.1℃/10a；海表风速和风暴潮发生的频率增加；海洋环流、海水分层和营养盐输入发生改变；在过去的一个世纪里全球海平面上升超过 15cm，并且目前以每年 3.3mm 的速率继续上升。同时，全球气温上升和海平面上升也往往伴随着冰盖和积雪面积的下降，海水向地下水的倒灌以及河口生态系统的变化等破坏事件，进一步打击近岸、河口系统脆弱的生态结构（Klein et al.，1999）。

温度的改变能够影响一些海洋生物的生理学过程：温度每上升 10℃，生化反应速率提高 1 倍；温度还能够影响海洋生物的生理速率和物理耐受限度。一些海洋生物的物种分布会因温度的变化而改变。而对于一些定栖性生物和一些狭温性的地方种（如珊瑚），温度升高对它们的影响可能是致命的。虽然全球平均气温整体呈上升趋势，同时还伴随着其他一些物理因子的改变，但是气候变化对世界各海区的影响不尽相同。20 世纪 50 年代以来，北冰洋一些地区的水温升高了 4℃以上，南极洲一些地区呈变暖的趋势，而另一些地区则变冷（如威德尔海海水表面温度下降 2℃，而南乔治亚岛却上升了 2℃）。在过去的 60 年里，东澳大利亚流向南推移了约 360km，这导致其周边区域平均气温上升了 2℃以上。这将导致海洋生物群落的分布格局发生变化。大洋底部是地球上热量最为稳定的区域之一，那里的生物最不容易受到全球变暖的直接影响；但是，即使现在立即停止 CO_2 的排放，由于热惯性，海洋内部也将持续升温数十年。另外，表层和深层水的温度变化也并不同步，在 1976～2006 年间，德雷克海峡 700m 深处的海水温度上升了 0.6℃，而表层海水的温度下降了 2.1℃。潮间带是最容易受气候变化影响的区域，退潮后潮间带生物直接暴露于空气中，气温的升高可能会威胁到这些生物的生存（蔡榕硕等，2006）。

海洋中 CO_2 质量浓度的增加导致了海水酸化加剧，在过去的 200 年里全球海水 pH 下降了 0.1，这对一些海洋生物和生态系统构成了严重的威胁。据推测，到 2100 年，pH 将可能下降 0.3～0.5。海洋吸收大气 CO_2 的速率，受到风强和温度的影响，越冷的水体，酸化越明显。在低纬度海区，海水中 CO_2 的质量浓度可能已经达到饱和，这意味着低纬度区域更多的 CO_2 将停留在空气中，温室效应更为显著。海洋变暖，可能会部分减轻海水酸化的程度，但并不能减缓 CO_2 质量浓度长期升高带来的影响。一些海洋生物，如球石藻、部分软体动物、海星、海胆以及珊瑚等，碳酸钙是构成其骨骼的重要成分，海水酸化将影响这些生物结构的完整性，威胁其生存。近岸海域碳酸盐离子一般处于饱和状态，其溶解度随着深度的增加而增大，溶解面（碳酸盐开始溶解的深度）可能会因为海洋的酸化而变浅，这将导致具有钙质结构的海洋生物的栖息地缩小。对于近岸水域来说，CO_2 质量浓度大于 490mg/m^3 将会影响珊瑚骨骼的钙化，威胁其生存。

在全球变暖的大背景下，大气风场、海洋环流、上升流、水体层化结构、水体混合、温度场等变动会影响到水体营养盐的分布，从而引起作为水域初级生产者浮游植物和次级生产者浮游动物在时空分布和群落结构上发生变动，海洋食物网因之发生结构性改变，最终影响渔业生产。不少海洋生物正在向高纬度海区迁移，鱼类和浮游动物的迁移速度最快。尤其是在高纬度春季藻华系统，海洋变暖改变了海洋生物的物候特征和生命过程的关键节点，如浮游植物的藻华、鱼类和无脊椎动物的迁徙模式与产卵等，这都将可能对海洋渔业捕捞、海水养殖和其他海洋产业造成重大的影响。另外，如珊瑚礁、红树林等海洋生态系统的快速退化，相关的风险和脆弱性将随海洋变暖、海平面上升和持续酸化而加剧。

如果从更广泛的角度来分析，海洋吸收的热量和 CO_2 对海洋的物理、化学性质产生了多种影响，进而引发各种生物学效应，这些生物学的扰动包括从微小的细胞内分子系统到整个生态系统结构和生物地理学模式（姚翠鸾和 George，2015）。气候变化对海洋生物从微观到宏观都有着深刻的影响。

全球气候变化还会导致混合层深度变浅、海水层化加剧。这将减少深层水营养盐向表层水的输送，表层水中浮游蓝细菌、鞭毛藻和浮游甲藻的丰度增加，“微生物环”逐渐取代“经典食物链”。而春季甲藻藻华的时间提前，也是部分归因于海水层化加剧、时间提前。通过 2019 年模型预估的 2100 年全球渔业最大潜在渔获量，通过对高排放模型（RCP8.5）条件下全球渔业产量的响应模拟表明，全球渔业会在未来 80 年间整体持续下降，其中高纬度地区呈现增加的趋势，最大可达 30%，而中低纬度区域均呈现下降趋势，降幅范围最大可达 50%。这一变化过程对全球以鱼类为地区动物源食品为主的国家和地区会造成较大影响。

总体来看，在气候变化背景下，高生产力的高纬度春季藻华系统、大洋东边界上升流生态系统和赤道上升流系统等亚区域的风场和海水混合的变化可能已影响到从微生物过程至较高营养阶层的能量传递。在高纬度春季藻华系统的东北大西洋海区对海洋变暖有明显的响应，其中，最大的变化为 20 世纪 70 年代末以来该海区浮游生物的物候特征、地理分布、丰度以及鱼类种群的变化，特别是这个亚区域的鱼类和浮游动物的迁移速度最快。表 6.1 中汇总了气候变暖全世界不同海区不同生物类群受气候变化影响的研究成果或预测结果（Cheung 等，2009）。

表 6.1　气候变暖全世界不同海区不同生物类群受气候变化影响的研究成果或预测结果

研究水域	时间序列	生物类型	结果简介
全球	未来情景	金枪鱼	如果大气中 CO_2 含量加倍，金枪鱼的分布范围将大幅变化，几乎遍及全部热带水域
北大西洋和北海沿岸	1960～1999 年	浮游桡足类	暖温性种类物种丰富度大幅提高，分布范围约向高纬度水域扩展 10 个纬度，而冷水种、极地种和亚极地种丰富度大幅降低
北大西洋和北海沿岸	1925～2004 年	300 多种鱼类	20 世纪 90 年代中期，分布在南部水域的鱼种资源密度显著增加
北大西洋和北海沿岸	1977～2001 年	36 种底层鱼类	15 个种的分布中心发生了变化，其中，13 个种的分布中心北移，10 个种的分布边界发生变化
北大西洋和北海沿岸	1977～2003 年	118 种鱼类和 6 个多种类聚群	气候变暖显著增加了鱼类群落的种类丰富度
北大西洋和北海沿岸	1977～2002 年	大西洋鳕鱼	最适栖息地范围缩小
北大西洋和北海沿岸	Future scenarios	大西洋鳕鱼	气候变暖将加速该种群衰退的速度
挪威和斯瓦尔巴特群岛	1997 年，1994 年，2002 年	紫贻贝	分布范围明显扩大，向北扩增 1000km
英格兰和爱尔兰潮间带	20 世纪 50 年代、80 年代，2002～2004 年	33 种潮间带生物	暖水种类有向北部和东北部扩展的趋势
英吉利海峡和布尔斯托尔湾	1913～2002 年	81 种鱼类	气候变化显著影响鱼类群落组成
英国西部潮间带	20 世纪 20 年代，20 世纪 80 年代	浮游动物和潮间带无脊椎动物	全球变暖使暖水种类丰度提高、分布区域扩大，分布范围向北部移动 193km
葡萄牙潮间带	20 世纪 50 年代，2003～2005 年	一种潮间带生物	该种在葡萄牙沿岸原有的分布隔离得以连通
List Tidal Basin，Wadden Sea	1984～2006 年	浮游动物	桡足类每年的分布季节延长，丰度增大
地中海西北部	20 世纪 70 年代，1998～2003 年	两种穴居虾类	生态幅窄的虾类被生态幅宽的虾类所取代
纽芬兰岛	1967～1990 年	36 种鱼和头足类	气候变化引起 12 种生物分布范围变化
纽芬兰岛	1505～2004 年	大西洋鳕鱼	气候变化影响该种类产量
美国东北部海域	1963 年至未来	大西洋鳕鱼	气候变暖减少该种的栖息地范围，提高该种类幼鱼的死亡率
白令海大陆架	1982～2006 年	46 种鱼和无脊椎动物	区系分布向北移动，由于亚极地种类的入侵导致原极地水域的生物种类丰富度、平均营养级提高，40 个种的分布中心平均向北移动 34km
加利福尼亚州潮间带	1931～1933 年 1993～1996 年	62 种潮间带大型无脊椎动物	绝大多数暖水种类丰度增加

续表

研究水域	时间序列	生物类型	结果简介
加利福尼亚州亚蒙特里湾	20 世纪 30 年代、90 年代	130 多种生物	暖水种类丰度增加，冷水种类丰度减少
加利福尼亚州石质潮间带	20 世纪 70 年代～21 世纪	一种潮间带腹足动物	北部边界北移
加利福尼亚州石质潮间带	1921～1931 年，1983～1993 年	45 种潮间带无脊椎动物	绝大多数暖水种类丰度增加，冷水种类丰度减少
智利潮间带	1962 年，1998～2000 年	10 种潮间带生物	绝大多数生物没有表现出明显的分布区域变化

二、气候变化对浮游植物的影响

全球变化不仅会引起全球气候平均态的变化，而且也会引起短周期气候振荡的变化。这些短周期的气候振荡包含了 ENSO、PDO、IOD、AMO 等。全球气候变化对海洋的影响主要表现在海洋暖化、海洋酸化、大洋环流系统的改变、海平面上升、紫外线辐射增强等方面。作为海洋生态系统主要生产者的浮游植物，是表征海洋环境气候变化非常好的指标（Hays et al.，2005）。浮游植物是海洋初级生产力的主要贡献者，初级生产过程启动海洋物质循环和能量流动，通过一系列复杂过程（如海洋生物泵、海气交换），最终影响海洋对大气 CO_2 的吸收，从而对气候系统起调控作用。浮游植物生物量及群落结构的变动，不仅影响生物泵的结构、功能以及效率，同时还影响海洋食物网的碳流途径和效率，甚至引发生态灾害（如有害赤潮、水母旺发、绿潮等），对海洋碳循环起到举足轻重的作用（黄邦钦等，2011）。

浮游植物对全球气候变化的响应主要体现在物种分布、初级生产力、群落演替、生物气候学等方面，具体表现在：暖水种的分布范围在扩大，冷水种分布范围在缩小；浮游植物全球初级生产力降低；浮游植物群落会向细胞体积更小的物种占优势的方向转变；浮游植物水华发生的时间提前、强度增强；一些有害物种水华的发生频率也会增加；海洋表层海水的酸化会影响浮游植物，特别是钙化类群的生长和群落多样性；紫外辐射增强对浮游植物的生长起到抑制作用；厄尔尼诺、拉尼娜、降水量的增加通常抑制浮游植物生长。浮游植物生长和分布的变化会体现在多样性的各个层面上（孙军和薛冰，2016）。

（一）气候变化对海洋初级生产力的影响

海洋变暖对所有海洋生物的分布都有影响。很多浮游植物和其他生物对水温的变化非常敏感。例如，海温的变化可以影响北大西洋浮游植物的分布，海洋变暖增加了较冷海域浮游植物的丰度，而在较温暖的水域则减少了浮游植物的数量。随着海洋表面海水变暖，海洋层结将增加，形成更强的温跃层。海洋深层的营养盐由于海洋层结的加剧而变得更难被输运到海洋上层，因此海洋生产力可能下降（Trujillo and Thurman，2001）。

Sumaila 等（2011）指出气候变化将导致初级生产力的变化、空间分布的变化和已开发海洋物种潜在产量的变化，从而对全球渔业经济产生影响。尽管在了解气候变化对渔业的影响方面存在差距，但有足够的科学资料强调，需要执行气候变化减缓和适应政策，以尽量减少对渔业的影响。Norris 等（2013）根据地质记录资料，分析了新生代早期温暖的气候下的海洋生态系统变化情况，对我们现代的研究具有很好的参考意义，认为不断变化的温度和海洋酸化，加上海平面上升和海洋生产力的变化，将会使海洋生态系统在 10 万年内保持持续变化的状态。

全球温度逐年上升导致强 El Niño 频繁出现，El Niño 现象可以直接导致太平洋东海岸上升流减弱，营养盐浓度下降，进而导致初级生产力显著下降。在北太平洋的监测表明，该寡营养盐海区在 1968～1985 年期间，浮游植物的生物量增加了一倍（Venrick et al., 1987）。夏威夷时间序列站（ALOHA）的监测数据显示，从 1969～2001 年间，该海区浮游植物不仅生物量在增加，生产力也明显提升（Karl et al., 2001）。1997 年 9 月～1998 年 9 月期间，全球处于强 El Niño 状态向 La Niña 转变过程，该过程中全球海洋中营养盐的分布受到显著影响，导致全球表层叶绿素 a 平均浓度在 1998 年 9 月比 1997 年 9 月高 10%；而初级生产力在 1997～1999 年期间，每年以 54×10^{-12}～59×10^{-12}g 的浓度在逐年升高，升高的区域主要分布于赤道、东边界上升流中心区、北半球的高纬度区域以及南半球的亚热带区域（Behrenfeld et al., 2001）。

在气候变暖的背景下，从更长的时间尺度来看，全球各海区的初级生产力年际变化差异较大。陈小燕（2013）综合利用近 20 多年的水色数据、微波数据以及实测数据，系统研究了西北太平洋和东北印度洋（10°S～60°N，75°E～160°E）浮游植物叶绿素 a 浓度以及藻华发生时间的多尺度变化特征，发现东北印度洋的大部分区域和西北太平洋的副热带环流区叶绿素呈现显著的下降趋势，每年的平均下降速率在 1%以内。而其他区域基本均呈现上升的趋势，黄海、渤海以及鄂霍次克海的大部分海域每年的上升速率较快，均超过了 1%，甚至有些海域达到了 4%以上。赤道印度洋、南海、西太平洋暖池以及西北太平洋副热带环流区是年际变化显著的区域。短周期气候振荡是影响这些区域叶绿素 a 浓度年际变化的重要因素。ENSO 以及 IOD 事件会引起经向风的改变，是控制赤道印度洋以及西太平洋暖池海域叶绿素 a 浓度年际变化的关键因素。对于南海来说，El Niño 年海表温度上升是导致叶绿素 a 浓度偏低的关键因素，但是 La Niña 事件对南海海盆叶绿素 a 浓度年际变化的影响较小。而西北太平洋副热带环流区对 ENSO 的响应与其他海域相反，导致该区域叶绿素 a 浓度在 El Niño 年偏高，在 La Niña 年反而偏低。总体趋势上，叶绿素 a 浓度的变化主要与海表温度的变化呈负相关，而与海平面高度异常和海面风速关系不大。

（二）气候变化对浮游植物群落结构的影响

El Niño 不仅会导致初级生产力的改变，还会引起浮游植物群落结构的改变。在 El Niño 年（1997/1998 年）北美西海岸的温哥华岛外侧海域，温跃层及混合层深度均较浅，真光层中叶绿素 a 的水柱积分浓度较低（70mg/m^2），浮游植物碳生物量也较低（0.2mg/L），同时硅藻的丰度也较低，而微型甲藻（2～20μm）成为优势类群。在 1998 年，夏季该海区流场发生改变，上升流增强，营养盐能够获得正常补充，浮游植物生物量较高

（400mg/m^2），且以大型的链状硅藻（chaetoceros debilis，leptocylindrus danicus）占优势。因此认为，El Niño 导致海区流场的改变，阻断上升流形成，从而改变营养盐输入特性和结构，最后导致浮游植物生物量及群落结构发生改变（Harris et al.，2009a，2009b）。

由于全球变化和人类活动的影响，20 世纪后期 40 年的时间内，海洋生态系统已发生显著变异。一个典型的例子是美国加利福尼亚海流（California Current）生态系统，既有年际变化，也有年代际的转型。最为明显的转型发生在 1977 年前后，到 20 世纪 90 年代早期加利福尼亚海流生态系统的浮游生物减少了 70%，大体上与海水的温度上升相对应（Roemmich and Mc Gowan，1995）。这次转型不限于加利福尼亚海流区域，而是北太平洋的整体变化，通过分析北太平洋 1965～1997 年间长达 32 年的时间序列数据，确认了期间北太平洋生态系统发生两次年代际转型（转变），即 1977 年和 1989 年，进一步研究认为，两次年代际转型的特征有所不同，同时发现北太平洋和白令海生态系统对气候的响应是非线性的。这种生态系统的年代际转型是自然界与气候相关的常见现象，在北太平洋，太平洋年代际涛动可能是重要的原因（Barange et al.，2003）。

ALOHA 的长时间数据显示，浮游植物群落组成在 1976 年前后悄然发生演替，从 1976 年以前以真核单细胞的鞭毛类和裸甲藻为优势的群落转变为之后以原核的原绿球藻和聚球藻占优势的群落（Karl et al.，2001），与此同时，该时期正处于持续的有利于 El Niño 形成的全球环境条件（SOI 处于负值）。因此，Karl 等推断，在北太平洋亚热带海域，上述生态系统的年际变动以及相关的生物地球化学过程是浮游生物对气候变化产生响应的一种机制。这种光合生物的“优势类群转型”导致形成由原核生物占优势的群落，并影响营养盐的循环途径、食物网结构、新生产力及输出生产力，最终影响海洋渔业生产。

AMO 是马尾藻海多年度气候变化的主要模式，它决定了冬季风暴穿越大西洋的路径是偏南（负异常）还是偏北（正异常），并影响着马尾藻海的净热量损失、冬季对流混合范围以及最终的营养盐输入。研究显示，球石藻（一种覆盖着碳酸钙鳞片的定鞭金藻）是马尾藻海中浮游植物群落的优势种，特别是在冬/春季水华时期，其丰度的距平值与温度和 AMO 距平值及 AMO 指数存在负相关，定鞭金藻丰度的年际变动和北大西洋涛动存在密切的关联（Lomas et al.，2004）。

北美的 Narragansett 湾浮游植物不仅生物量减少，其群落结构也发生了改变，过去只有在夏季出现甲藻水华，而如今硅藻水华在春季、夏季及秋季均会频繁发生，该现象与冬季风速减弱、云层覆盖率高而导致水温升高有关（Nixon et al.，2009）。长期的观测表明，该海区骨条藻的丰度下降了 45%（Borkman and Smayda，2009）。

三、气候变化对浮游动物的影响

浮游动物多样性反映了浮游动物与其生存环境的相互关系，浮游动物多样性与丰度呈单峰的正态曲线分布，中等丰度时多样性最大，与其食物浮游植物的多样性无关（Irigoien et al.，2004）。浮游有孔虫与北太平洋浮游甲壳类、浮游翼足类与毛颚类具有相似的多样性峰值模式，即中纬度达到顶点，高纬度最低，于热带海域处于中等水平（Scott et al.，2008）。沿岸上升流与高纬度海域浮游动物多样性模式相似，其物种多样性较低

(Longhurst，2003)；渐进性温度变化、深温跃层的水域可提供更多小生境，浮游动物多样性相对较高；开阔海域浮游动物多样性高于港湾，而港湾中桡足类的数量在浮游动物中占优势，且耐受性物种占绝对优势，如印度洋孟买湾桡足类对浮游动物的贡献在近岸海域（约 88.3%）高于开阔海域（约 57.5%），其中优势种为耐受性物种（Stephen et al.，2004）。

全球变暖也造成了海洋各水文要素改变，如海表温度升高、表层海水淡化以及海流改变等，浮游动物多样性及分布依据自身热耐受性和适应能力而做出响应，同一海域不同水层浮游动物的响应存在差异，优势种的时序也有不同程度的变化，某些海域浮游动物群落迁移、重组现象明显。

（一）浮游动物对全球海域温度变化的响应

温度在很大程度上可以决定环境的稳定性，增温改变了浮游动物生境，造成群落结构重组、物种迁移及生物时序改变，大部分浮游动物呈向极分布，暖水种分布区扩大，冷水种分布区缩小。随着增温的加剧，不同种类对温度升高的耐受性存在差异，部分海域浮游动物多样性升高，而有些海域物种多样性将降低，浮游动物总生物量减少，优势种改变或优势度降低。在全球变暖的影响下，大西洋、印度洋-太平洋区域、地中海、黑海及太平洋部分海域都成为了研究浮游动物对增温响应的重要海域。

北大西洋是研究浮游动物重组迁移现象最为集中的海域。在 1958～1988 年间，北大西洋北部海域（如北海、波罗的海等）以及中大西洋海域的浮游动物对温度变化均有明显响应。在北半球温度异常性和海表温度升高的影响下，北大西洋东北部及欧洲陆架海域所有桡足类生物地理分布发生迁移，哲水蚤尤为明显，暖水种向北迁移约 1000km，冷水种分布区缩小、生物量降低（Beaugrand and Ibanez，2002；Beaugrand et al.，2002a，2002b)。对北海进行调查发现，1978～1982 年为冷生物期阶段，北海浮游动物多样性降低，而在 1989～2002 年，桡足类多样性不断增加（Edwards et al.，2002)。但同一海域不同区域浮游动物多样性对全球变暖响应存在差异，温度是调控物种组成最重要的因子。1992～1999 年，北大西洋 20°W 以东及欧洲海域与中大西洋西部海域，尤其是拉布拉多海，浮游动物变化趋势截然不同，即亚北极圈西北大西洋海洋系统趋于转变成更冷的动态平衡，而东北大西洋海洋系统趋于变暖的动态平衡。西北大西洋暖水性物种增加，向极分布明显，其地理分布沿欧洲陆架边缘向北迁移，亚北极和北极物种数量降低，哲水蚤多样性增加；东北大西洋则极地物种多样性增加，亚北极物种生物量升高，北极边界暖水种多样性降低。冰岛南部、北部海域具有不同的水团，分别为大西洋水团和冰岛北部的亚极地水团，南部浮游动物生物量及多样性较高，桡足类优势种飞马哲水蚤（calanus finmarchicus）和剑水蚤（oithonaspp）所占比例为南部（约 45%）高于北部（约 35%)，飞马哲水蚤的丰度在冰岛南部与温度升高不相关，在北部则呈正相关。此外，具不同生活习性的浮游动物对全球变暖的响应存在较大差异，暂时性浮游动物（如棘皮动物幼体）对温度升高更敏感。一些桡足类和胶质浮游动物还可通过改变季节时序对海洋温度升高做出响应，在全球变暖的影响下，北大西洋桡足类飞马哲水蚤春季丰度峰值出现时间提前了 11 天（Edwards et al.，2002)；同样，在太平洋亚北极海域，以桡足类占优势的中层浮游动物多样性季节时序与海表温度密切相关，其季节丰度峰值提前了近 2 个月（Hays et al.，2005）。

近海的浮游动物一样也受到全球气候变化的明显影响。我国胶州湾受全球增温的影响较大，冬季其丰度最大优势种由冷水性的强壮箭虫（sagitta crassa）及广布种双刺纺锤水蚤（acartia bifilosa）变为温带种中华哲水蚤（calanus sinicus），春、夏、秋三季优势种不变，总生物量减少，优势种最大丰度值大大降低（周克，2006）。与 1959 年相比，东海近海浮游动物群落的变化主要在春季，主要表现为温水种和多数温暖种的地理分布北移（徐兆礼，2011），这说明气候变化已经使部分生物群落的分布北移。值得注意的是，温度升高使部分海洋生物的物候提前，这将对赤潮发生、鱼类产卵场饵料变化等生态事件产生重大影响（徐兆礼和陈佳杰，2015）。

（二）浮游动物对全球海域海流变化的响应

海流是在各种风力、潮汐力和地形等因素的共同作用下形成的，本质上受海洋上空大气压的控制。在北太平洋、白令海、加利福尼亚上升流和开阔的亚北极海域，研究发现浮游动物生物量及其组成的主要变化与年际气压波动有关（Mackas and Coyle，2005；Mackas et al.，2002，2005）。浮游动物保持悬浮状态依赖于水团的扰动和散播，世界大洋浮游动物群落的分布情况能充分反映海流状况。全球变暖引起海平面上升、表层海水淡化，改变了海水表层层化结构，从而阻碍海水的垂直对流，海平面上升改变了包括上升流在内的各种海流的地理地形、位置及其强度，造成海流交汇海域的各流流势改变，各水团浮游动物均做出不同程度的生态响应。Spitsbergen 南部和西部海域汇有各种海流，如 Spitsbergen 海岸带的东北部具北极冷水团性的 Sórkapp 流带来极地桡足类，西部和南部的 Spitsbergen 海流带来大西洋暖流的飞马哲水蚤等小型桡足类，其分布和群落组成将随海流变化发生明显改变（Willis et al.，2006）。在北大西洋涛动和全球变暖的影响下，海流的延伸范围及极地冷水团与大西洋暖水团混合比例发生改变，大西洋暖流进入北冰洋的流量增加，大型冷水种占优势的北极浮游动物群落分布范围向极地退缩，被暖水性小型浮游生物所取代，最终导致 Spitsbergen 海域浮游动物群落结构发生重组（Beaugrand et al.，2002a）。

热带大西洋海域具有复杂的海流分布和高物种多样性，分布有 4 个带状海流，其浮游动物生物量与温度均是带状分布模式，此海域也是研究浮游动物对海流变化响应的重要研究区域之一，热带大西洋浮游动物对 SST 升高的响应是在海流影响下完成的。有学者研究发现，ENSO 主要影响远距离的海洋盆地，如中国南海、印度洋海域等。太平洋 SST 影响热带大西洋，热带大西洋 SST 异常升高出现在热带太平洋 SST 异常峰值 3～6 个月后（Klein et al.，1999）。1950～2000 年热带大西洋调查数据显示，中层浮游动物生物量表现出明显的下降趋势，其净生物量呈 10 倍下降。热带大西洋桡足类物种多样性最大值与高 ENSO 年、SST 升高最大幅度相对应。El Niño 期间，东北季风减弱，造成赤道逆流增强及原有水团运动减弱，从而限制了物种多样性对 SST 升高的正响应（Piontkovski and Landry，2003）。

纵观我国近海不同海区浮游动物群落组成和优势种近几十年的变化情况，发现明显受到气候变暖的影响。对东海的16个主要类群（翼足类、异足类、磷虾、桡足类等）进行同步详细研究，发现同类型浮游动物对全球气候的生态适应变化趋势一致。全球变暖造成东海暖流势力范围向北延伸，增强性海流带来高温高盐海水，太平洋磷虾、拟长脚蛾等偏冷水的物种向北迁移，其优势度下降，东海暖温性优势种的优势度也有一定的下降；漂浮性栉水母类和海樽类总丰度水平分布、季节变化和数量变化受东海暖流势力消长的影响较大（徐兆礼等，2003，2005；徐兆礼，2005；徐兆礼和高倩，2009；Xu and Chen，2005）。暖流势力增强也造成南黄海浮游动物物种数量增加，近50年来，优势种组成种类多样化，主要优势种中华哲水蚤和强壮箭虫的比例增加，小型桡足类和暖水性种类数量增加（左涛，2003）。

气候变化不仅影响浮游动植物，还会影响其他大型海洋生物之间，且关系更为复杂，Beaugrand 和 Reid（2003）在北大西洋东北部和邻近海域发现了桡足类甲壳动物生物地理学的大规模变化。在所有桡足类组合中发现了强烈的生物地理变化，暖水种的纬度向北延伸超过10°，与冷水种数量减少相关。这些变化归因于区域海表温度的升高。通过分析浮游植物、浮游动物和鲑鱼的长期变化与东北大西洋和邻近海域水文气象强迫的关系，发现三个营养水平的长期变化、大西洋东北部的海面温度、北半球温度和北大西洋涛动之间存在非常显著的关系。浮游生物和鲑鱼的密度、温度和水文气候参数也表现在其周期性变化中，并在20世纪70年代末北半球温度异常显著增加后开始逐步变化。所有生物变量都表现出明显的变化，大约在1982年后，幼发类动物开始下降；1984年开始，小型桡足类的丰度增加；1986年，浮游植物生物量增加，栉孔扇贝减少；1988年，鲑鱼减少。区域温度升高似乎是控制东北大西洋远洋生态系统动态平衡的一个重要参数，可能对生物地球化学过程和渔业产生影响。后续的研究（Beaugrand and Reid，2012）用2010年的渔获量和丰度数据对2003年的数据进行了更新，进一步证实了早期的结果，并发现了类似于1996/1997年的新的突变。虽然鲑鱼、浮游生物和温度变化之间的相关性得到加强，但相关性的重要性却降低了，这主要因为时间序列的时间自相关性由于时间序列的单调趋势而显著增加，可能与全球变暖有关。

四、气候变化对鱼类的影响

全球变暖在理论上会导致海洋表层水升温，大气环流异常，但由于具体海洋的地形、环流和维度不一样，对不同的海域的影响也不太一样。对大尺度的大洋来说，PDO、IOD、AMO等是典型的异常现象。

远洋渔业资源分布的变动深受气候波动的影响，在太平洋，如PDO正位相空间上表现为北太平洋中部与黑潮延伸体海区海温负异常，北美大陆西海岸及北太平洋东部海温正异常的“马蹄”形分布，当PDO位于其正位相时，美国加利福尼亚州、秘鲁、欧洲和日本沿岸等地区的沙丁鱼产量增加，而南非的沙丁鱼和大西洋鳕鱼的捕捞量明显减少（Klyashtorin et al.，2009），PDO负位相时情况则相反。在一个PDO周期内，一些重要的经济鱼类的分布中心也会发生很大的变化，在厄尔尼诺年，太平洋鲣鱼围网捕捞渔获量重心会更偏东、偏南，而拉尼娜发生的年份渔获量重心更偏西、偏北，渔场的空间分布的年际变化非常明显，最高偏移可达 30 个经度（周甦芳，2005）；郭爱等（2009）的研究也证实了太平洋鲣鱼的栖息地与海表垂直水温结构有着明显的相关性；2015 年超强厄尔尼诺事件发生时，相对于 2018 年等正常年份，柔鱼渔场环境改变，适宜栖息地面积减少且南移，导致该年份柔鱼资源丰度骤减，渔场向南偏移（陈杭徽等，2020），而拉尼娜现象可能使柔鱼渔场重心北移，且柔鱼产卵场海域温度上升对其生长繁殖不利，会减少其资源补充量（Chen et al.，2007；余为和陈新军，2018）。

印度洋的情况与此类似，当 IOD 位于其正位相时，热带东印度洋的苏门答腊岛与爪哇岛沿岸异常上升流使得当地海水温度降低，导致其上方的大气对流减弱，产生沿赤道的西风异常，暖水向西堆积，热带西印度洋随之海温异常升高，温跃层加深。由于热带西印度洋的上升流被抑制，深层海水的营养盐难以被带到表层，热带西印度洋的海表初级生产力大幅降低，黄鳍金枪鱼等渔业捕捞量显著减少（Lan et al.，2013）；如果将 0～40m 的海水垂直平均温度加入印度洋黄鳍金枪鱼亲本补充模型，拟合结果准确度明显升高（曹杰等，2010）。这些都说明海水增温会改变鱼类的产量和原有渔场的位置。

而在大西洋的巴伦支海区域，在高 NAO 年，西风增强了北大西洋暖流和挪威暖流，使巴伦支海水升温，提高了大西洋鳕幼体的主要饵料飞马哲水蚤（calanus finmarchicus）的数量，流入巴伦支海的挪威暖流也挟带了大量的其他浮游动物，这些因素都有利于大西洋鳕幼体的生长（Ottersen et al.，2001）。格陵兰自 20 世纪 20 年代以来的暖化，使许多鱼类的丰度和分布发生了变化，出现了如黑线鳕等许多新记录种。通过分析 1982～2016 年东北大西洋渔获量与一些环境因子之间的关系，发现渔获物多样性的变化总体上呈下降趋势，2002～2010 年间处于较低水平；平均营养级在 2002 年之前呈平缓下降的趋势，2002 年之后开始波动上升，相关性分析表明这两个指标与海域环境因子的变化较为相关，而其中起主要作用的就是海表温度（陈爽和陈新军，2020）。

在北冰洋，白令海北部海域的“冷池”现象同样对狭鳕种群变化产生影响（Wyllie-echeverria and Wooster，2002），2007 年的船调发现，原来栖息于白令海、阿留申东侧海域的狭鳕向北移动到了普里比洛夫群岛西北外海到靠近俄罗斯专属区一带海域，认为地球气候变暖也许是白令海峡鳕渔场北移的原因（焦敏等，2015）。

近海的渔业资源受全球变暖的影响更加明显，研究表明全球变暖会加速黑潮流动，导致我国陆架海在过去 30 年快速增暖，其增暖速率是全球平均的 5～10 倍，形成“热斑”现象（Wu et al.，2012）。这种快速增温给我国陆架海生态系统、渔业资源的分布及类型带来难以估量的影响，通过分析 1950～2014 年中国近海（包括渤海、黄海、东海、南海）的小黄鱼、带鱼、蓝点马鲛的捕获量以及同期 PDO 指数，发现两者间有显著的负相关关系，其中小黄鱼最明显，其次分别为带鱼和蓝点马鲛。

气候变化不仅会改变鱼类的总产量，还会改变鱼类的群落结构，如厄尔尼诺现象不仅导致浙江近海鲐鲹鱼类产卵场的时空错位并对鲐鲹类幼鱼的生长发育造成影响（洪华生等，1997，1998），也导致闽南-台湾浅滩上升流渔场环境发生巨大变化，使该渔场中上层和中下层鱼类群落结构都发生了改变（何发祥等，1995，2003）。1986～1997 年闽南-台湾浅滩渔场的暖温性鱼类比例下降了 10%～20%，暖水性鱼类的比例则升高了 10%～20%，但这种变化在时间上比水温变化滞后 4 年（张学敏等，2005）。在 2000 年之后，台湾海峡渔业资源调查中发现了 13 种暖水性鱼类新记录种（戴天元，2004；陈宝红等，2009），在北部湾也有热带暖水性鱼类苏门答腊金线鱼新记录种的出现（黄梓荣和王跃中，2009），这些都表明气候变暖导致这些鱼类生存空间北移，进而影响原有土著鱼类的种群结构。

另外，我国黄海主要冷水种数和种群密度随水温的升高正在下降，黄海冷水底栖生物区系多样性较半世纪前显著降低（刘瑞玉，2011），黄海冷温性和冷水性的鱼类得不到冷水团的保护，出现衰退的迹象（刘静和宁平，2011）。通过研究更长时间序列的鱼类资源与气候间的关系，发现近 600 年的冷暖气候交替以及 18 世纪以来降水量的增加，是影响黄渤海太平洋鲱鱼（clupea pallasi）种群结构和资源量的两个关键因素（李玉尚和陈亮，2009）；鲱鱼的变化进而会引起其他物种的变化，如鲱鱼的旺发引起海蜇分布区域南移、鲸类数量增多和分布区域的扩大等（李玉尚，2010）。

五、气候变化对珊瑚的影响

在广阔的海洋中，珊瑚礁只占据了不到 0.2%的面积，却养育了四分之一的海洋生物种类，近三分之一的海洋鱼类生活在其中，所以，珊瑚礁也被称为海洋中的“热带雨林”。

珊瑚礁分布在世界 110 个国家，大部分在热带，也有一些分布于暖流通过的非热带地区，如中国台湾东部的钓鱼岛和日本琉球群岛附近海域，而北美洲和非洲西岸因为寒流没有珊瑚礁。珊瑚金三角（coral triangle）位于印度尼西亚、马来西亚、菲律宾、巴布亚新几内亚、所罗门群岛和东帝汶之间，全世界超过一半的珊瑚礁生存在这里。中国南海珊瑚礁生态系统位于世界生物多样性最高的“珊瑚金三角”的北缘，约有 2450km^2 的珊瑚礁分布于这个区域（Spalding et al.，2006），是世界珊瑚礁的重要组成部分。

珊瑚礁是海洋中生物多样性最丰富、生产力最高的区域。除了珊瑚虫本身有 800 多个物种外，还有其他 50 万～200 万个物种生活在珊瑚礁系统中。珊瑚对水温和水质的要求很高，生存水温为 18～30℃，最适宜生长的温度范围为 25～29℃，主要分布在 25°N～25°S 之间的热带浅海。

造礁石珊瑚依赖于体内共生的虫黄藻的光合作用为其提供能量和物质，虫黄藻和珊瑚虫的共生系统维持了珊瑚的生存和生长，但这个系统非常脆弱，海表温度上升引起珊瑚共生体中藻类（如虫黄藻）的驱离，当珊瑚丧失生活在其组织内的共生生物虫黄藻时，或者当虫黄藻中某些光合色素浓度急剧减少时，珊瑚就出现白化现象，从而对全球热带珊瑚礁的形成产生重要影响（Fagoonee et al.，1999）。在水温高出正常的夏季温度 1～2℃时，珊瑚会出现白化现象，温度降低时能恢复其色素；但是当水温高出 4℃时，几天内就出现白化现象，而且珊瑚死亡率高达 90%～95%，幸存的珊瑚白化后也停止生长和繁殖（李新正等，2007）。除了温度，海水的盐度、pH、水体内营养盐含量、沉积物等因素都会影响造礁珊瑚的分布。随着 20 世纪中叶以来，大气中 CO_2 和其他温室气体浓度迅速增加，地表和海洋温度上升，海洋酸化加剧。热压力、海水酸化，再叠加上近海富营养化和人类活动，导致全球珊瑚礁出现大量白化和死亡现象。海洋的酸化和暖化大多数时候是同时存在的，不同珊瑚虫对酸化和暖化的敏感程度不一样，导致成体的存活率、幼体的孵化、附着等不一样，意味着珊瑚的修复和补充过程对海洋的酸化和暖化的响应可能具有种类特异性，气候变化将逐渐改变造礁珊瑚的群落结构（孙有方等，2020），甚至会改变世界珊瑚礁的分布格局。

在1982～1983年严重的厄尔尼诺期间，温度变暖导致东太平洋水螅几乎灭绝，但直到20世纪80年代末生物学家才开始广泛地观察整个热带太平洋的加勒比海地区的珊瑚白化现象。在红海中部，自1998年以来，由于海洋表面温度逐年上升，健康脑珊瑚骨骼的生长速率下降了30%；如果海水持续快速变暖，到2070年这种珊瑚可能会完全停止生长（Cantin et al.，2010）。由于珊瑚生存已接近温度最高耐受极限，因此极易受到温度变暖的影响，虽然白化现象也与海洋酸化、高可见光、紫外线辐射量、盐度、寄生虫以及污染物有关，但是许多证据表明高温可能是众多珊瑚白化的主要原因（Carilli et al.，2012；Pandolfi et al.，2011；Cantin et al.，2010）。非正常的、持续升高的海温是对珊瑚礁影响范围最广和最有威胁性的因子，分为慢性热压力（chronic thermal stress）和急性热压力（acute thermal stress）两种。慢性热压力指珊瑚可以逐渐适应的环境温度，对应于长期变暖率，沿几百千米的纬度尺度呈显著性变化（Mumby et al.，2014）。急性热压力常在短时间内发生，会迅速造成珊瑚白化并影响生态系统功能（Hoegh-Guldberg，1999；Ainsworth and Gates，2016；Hughes et al.，2019），受局部水动力影响在千米级的小尺度上呈显著性变化。全球气候变暖对珊瑚造成的是慢性热压力，而如ENSO这类的异常海温上升短暂急剧的变化，对珊瑚造成急性热压力，一般会导致珊瑚严重受损，如1997～1998年的厄尔尼诺现象就造成了全球大面积的珊瑚礁白化（Hoegh- Guldberg，1999）。澳大利亚大堡礁是世界上最著名的珊瑚礁，在2016年和2017年连续出现珊瑚大量白化事件。2016年，海水升温在大堡礁远北部和北部造成超过26%和67%的珊瑚死亡，大堡礁中部和南部珊瑚死亡率在2016年相对较低，但到2017年时白化出现了进一步的恶化，并且对中部的影响更大，这说明更高纬度区域都受到了持续严重的影响。

海水增温还会导致珊瑚对营养盐的吸收产生差异，如海水温度升高导致萼形柱珊瑚光合效率显著下降，能诱导其增加吸收磷酸盐，而显著降低吸收硝酸盐和铵盐，这说明海洋变暖对无机氮和磷代谢均有影响（Godinot et al.，2011）。另外，目前人类对珊瑚礁鱼类的捕捞强度也较大，如果过度捕捞那些可清除珊瑚礁藻类的草食性鱼类，将导致水质进一步下降（Hoegh- Guldberg et al.，2007）。

我国南海连接了印度洋和太平洋，生物多样性极高，近几十年来的增温现象对其珊瑚礁造成了严重破坏，珊瑚及珊瑚礁生物的多样性降低或丧失（李新正等，2007），温度升高影响了南海钙质浮游动物的多样性（如浮游有孔虫、放射虫），其总生物量减少，群落结构也发生了变化。Hoeke 等（2011）预测，珊瑚的覆盖面积、珊瑚礁群落的多样性以及碳酸盐礁石结构极有可能在21世纪大量减少。

岩心记录显示，珊瑚白化在历史上也经常发生。研究人员在大堡礁的16个地点钻取岩心，分析发现过去3万年里它曾因气候剧变毁灭5次，随后又重生。在距今3万～2.2万年前的末次冰期期间，海平面下降使露出水面的珊瑚大量死亡，导致大堡礁两次毁灭。冰期最盛、天气最冷时，海平面比如今低约120m，幸存的珊瑚虫随着海水下移，重新繁衍。另外三次毁灭发生在末次冰期结束后，气候变暖使海平面回升，加上进入海水的泥沙增加，珊瑚虫接收到的阳光减少，共生藻类的光合作用效率降低，给珊瑚礁带来新的灾难，必须向浅水区迁移，寻找新的生存空间（Webster et al.，2018）。从这些岩心记录的结果可以看出，虽然气候变化会重创珊瑚礁，但残存的个体依然可以适应环境并再次繁盛，这意味着珊瑚虫一定有着特有的生理机制应对环境变化。目前，有关珊瑚温度适应的假说有生理驯化（Bay and Palumbi，2014），遗传适应（Palumbi et al.，2014；Bay and Palumbi，2014），耐热等位基因的辅助迁移（Hoegh-Guldberg et al.，2008；Dixon et al.，2015），微生物适应（Ziegler et al.，2017）等多种理论，试图从不同角度阐释珊瑚虫适应环境温度变化的原理。

大气中 CO_2 不断溶解进入海洋，导致海水 pH 与碳酸钙饱和度（Ω）降低，这一过程即海洋酸化。受到复杂的物理（洋流、混合等）、化学（沉淀、溶解等）和生物（初级生产等）等要素的共同影响，海洋酸化现象的发生和发展通常具有显著的时空变异。海洋酸化（pH=7.6）对常见的板叶角蜂巢珊瑚（favites complanata）和十字牡丹珊瑚（pavona decussata）两种造礁珊瑚钙化和生长速率影响不大；但 DOC（葡萄糖）加富（524.03±78.42μmol/L）会大大降低它们的钙化和生长速率，且板叶角蜂巢珊瑚更敏感；而两者共同作用时，表现出一定的拮抗作用（郭亚娟等，2018）。通过统计分析布放于全球大洋、近岸和珊瑚礁等海域的 21 套锚泊浮标的数据，发现受上升流、生产力、陆源输入等因素的协同影响，近岸海域的酸化现象极具季节/年际变化，pH 的变化范围较大，为 7.780～8.723，大洋的 pH 变化范围为 7.890～8.238，珊瑚礁的 pH 变化范围为 7.837～8.273。海洋酸化受人为活动与气候变化的共同影响，北半球近岸典型海域的 Ω 在冬季和春季已出现低于生物耐受阈值的现象，将产生十分严重的生态危害（曲宝晓等，2020）。

为了应对珊瑚礁受气候变化和环境恶化的影响，保护和修复珊瑚礁生态系统成了重要的课题。珊瑚礁生境和资源的修复是增进退化珊瑚礁生态系统的功能恢复与生物构成种群重建的重要方法。当前珊瑚礁生境和资源的退化主要造成了生物——造礁石珊瑚的数量下降，珊瑚礁生境和资源修复也以恢复造礁石珊瑚种类、数量以及覆盖率为主，珊瑚礁三维结构的修复可辅以珊瑚礁特色生物资源的恢复等技术方法。目前主要采用的技术有造礁石珊瑚的有性繁殖、断枝培育、底播移植和其他特色生物资源的底播放流（黄晖等，2020）。根据珊瑚礁受损程度，珊瑚礁生态修复策略又可以分为自然修复、生物修复和生态重构（覃祯俊等，2016；龙丽娟等，2019）。Abelson 等（2020）和 Bostron-Einarsson 等（2020）也总结了目前所有已经报道的有关修复珊瑚礁生态系统的成功和失败的方法并提出未来的方向，逐条分析了直接移植、珊瑚育苗、微型碎片化、无性繁殖的遗传多样性、增强幼体、人工珊瑚礁、加固底质等多种方法的优劣，并提出珊瑚礁的保护和修复应该让多种从业人员（政府管理人员、科研工作者和具体执行修复的工作人员）加强沟通，并做好所有的规划和实施记录，且应延长对评价珊瑚礁生态系统修复效果的观测时间。

Hughes 等（2019）分析了从 1980～2016 年全球分布的 100 个珊瑚礁位置的白化记录，发现严重白化事件之后，恢复正常的时间中值自 1980 年以来一直在减少，现在只有 6 年。全球还在进一步变暖，与三十年前相比，目前的拉尼娜期间热带海表温度比三十年前厄尔尼诺期的温度还要高。因此，未来几十年，在整个 ENSO 期间，珊瑚白化的频率会越来越高，而由于扰动加剧，白化的珊瑚恢复正常生长的概率越来越低。气候变化引起的扰动机制的变化正日益挑战生态系统吸收反复冲击和随后重新组合的能力，加剧了当前生态系统广泛生态崩溃和新组合出现的风险（Hughes et al.，2019）。

六、气候变化对红树林的影响

全球大约有69种真红树植物，不连续地分布在印度-西太平洋和大西洋-东太平洋两个地区（郭子骁和施苏华，2018）。红树林是热带、亚热带海岸潮间带的木本植物群落，由真红树和红树伴生种共同构成，处于海洋、陆地和大气的动态交界面上，具有防风护堤、促淤造陆、保护生物多样性、改善环境等作用。红树植物大多为嗜热性植物，温度是限制红树植物向两极扩散的主要因素。各种类红树林植物按适应环境能力和特点，在滩涂上有规律地平行海岸呈带状分布，其中主要制约因素为海水盐度、高程和土壤。海平面上升，会导致原有红树林生态环境将被破坏，需要重新建立新的生态环境，在这个过程中，某些属种因受到条件的抑制可能死亡或停止演替，造成红树林属种和数量减少、分布面积缩小和海洋生态系统被破坏。因此，全球温度升高将有助于红树植物分布区向高纬度地区扩展，但全球变暖导致海平面上升、盐度变化、极端天气增多等因素又可能抑制红树生长或破坏红树林生态系统。如果气候变化较缓慢，随着相对海平面的上升，红树林向海一侧区域的淹没周期将变长、频率增加、淹水深度变深、盐度升高，不再适合红树林的生长，而红树林将发生陆向迁移；但如果气候快速变化，红树植物来不及适应新环境向陆迁移，则可能面临着灭绝的风险。

海平面上升导致原有的低潮滩变为潮下滩，中潮滩相应变为外滩，而高潮线的内滩面积缩小，土壤软化。因此，中滩和外滩的红海榄群落和白骨壤群落常年受海水浸泡，长期缺氧，其生长受到抑制或逐渐死亡，特别是白骨壤，属先锋群落，其演替过程最明显的是以胎生方式进行繁育，种子在母树发芽，到一定程度后脱落母树坠入淤泥中。海平面上升，海水长期淹没原来的低潮滩面，种子脱落时坠入水中，不能直接插入土壤，随水漂流。结果，白骨壤群落与其他伴生种群繁殖率降低，种群生长受到抑制，造成面积缩小。但红树植物对海平面上升也有一定的适应能力，如假红树（laguncularia racemosa）和亮叶白骨壤（avicennia germinans）的繁殖体在水淹时比正常潮汐条件下的萌苗速度要快（Delgado et al.，2001），微型盆栽模拟试验和野外种植试验均表明，海平面上升30cm对秋茄（kandelia candel）的萌发和早期生长具有促进作用（叶勇等，2004）；陈鹭真等（2005）发现海平面上升会改变红树秋茄幼苗根系的解剖学构造，影响叶片的光合作用和植物的呼吸系统，改变酶活性和植物激素水平；但延长水淹时间会抑制红树植物的生长。成年的红树植物与幼苗应对水淹的机制有所不同，主要为减少对根组织的氧需求、缩短向根茎的氧扩散路径、减少根围氧化的氧需求量，如成年白骨壤和拉贡木会通过增大皮孔和通气组织来适应淹水胁迫（Yanez-Espinosa et al.，2008），McKee（1996）也指出，淹水时根区厌氧导致亮叶白骨壤、假红树和大红树根系呼吸率降低。

海平面上升导致盐度、潮汐及土壤等的变化也将抑制红树林植物群落生长。红树林植物群落的分带性，大部分取决于滩面土壤含量和土壤浸润的分带性。海平面上升，外海高盐度线向陆地方向迁移，特别是河口三角洲滩涂，面积宽广，坡度缓，高盐度海水上移范围广，使原来的低含盐区成为高含盐区，相应某些群落属种生长受到抑制或被淘汰。

海檬（杧）果（cerbera manghas）（邱凤英等，2010a）、水黄皮（pongamia pinnata）（邱凤英等，2010b）、杨叶肖槿（thespesia populnea）（邱凤英等，2011）三种半红树植物的幼苗均不能耐受盐度大于 11 的环境，盐度在 5～8 时生长较好。刘秀等（2012）对海杧果与黄瑾（hibiscus tiliaceus）幼苗耐盐性研究的结果与此类似，均只能适应盐度小于 8 的环境。黄嘉欣等（2020）通过对粤西沿海地区半红树植物群落的调查也发现，半红树植物群落物种组成主要受土壤盐度和淹水条件影响，自河口的上游至下游逐渐变化，其土壤环境特征与真红树植物群落相似，表现为低盐度（土壤盐度为 0.84‰～6.59‰）。

真红树常见造林树种——尖瓣海莲（bruguiera sexangula）和秋茄（kandelia candel）的幼苗最佳生长盐度均为 5，尖瓣海莲在盐度大于 25 的环境下不能生存，而秋茄最大耐受盐度为 30，且盐度在 10～30 范围内随盐度升高生长越差（廖宝文，2010）。红树植物应对高盐环境的生理机制比较复杂，不同的部位应对的方式都很不一样，如亮叶白骨壤在盐度增加时会加剧叶片中丙二醛的累积，加速植物体内自由基对膜的破坏作用；茎中丙二醛的变化在一定程度上类似，但在量上要小些。这说明白骨壤叶片与茎相比，在高盐环境下较易被体内的自由基所攻击或破坏而被过氧化；根则完全相反，这可能和根中自由基清除系统活性高有关（郑海雷和林鹏，1997）。高盐环境还可能导致红树植株叶片内的生化成分发生显著改变，如高盐导致海莲叶片内可溶性糖含量减少，但可溶性蛋白含量不受影响，而氯显著增加，同时蒸腾作用和气孔导度都降低（郑文教和林鹏，1992）。廖岩和陈桂珠（2007a）对另外三种红树植物无瓣海桑、海桑、红海榄的研究结果也与此非常类似，但高盐胁迫桐花树和秋茄（林鹏等，1984；马建华等，2002）产生糖和蛋白质的表现不一样。总体来说，红树植物的抗盐性与植物体的拒盐、泌盐结构、叶片光合作用、蒸腾作用、酶及蛋白质的适应性改变等相关，而这也与某些基因的变异或是抗盐基因紧密相关（廖岩和陈桂珠，2007b）。

随着土壤盐度提高，植物的呼吸作用增强，光合作用减弱，导致红树林净生产量下降。红树林植物的营养元素主要是通过自身掉落物，如树叶、树枝、果实、树皮等掉落地面分解再吸收而获得，是一个高效循环系统。如果海平面较大幅度上升，低潮滩面的红树林群落常年被海水浸淹，潮汐会把部分掉落物带走，将切断生物循环途径，结果会减少红树林植物的营养元素来源，影响其生长。另外，海平面上升，海水长期冲刷，扰乱红树林滩面，土壤会逐渐粗化，营养元素流失，导致土壤贫瘠化，抑制红树林植物生长。

海平面上升还可能导致红树林植物的敌害增加，严重威胁其生长。红树林植物固着敌害生物较多，以藤壶（周时强等，1993；何斌源和赖廷和，2000；向平等，2006；林秀雁和卢昌义，2006；林秀雁等，2006）、牡蛎和黑荞麦蛤（何斌源和赖廷和，2000）、盾蚧（张飞萍等，2008；薛云红，2018）危害最大。固着红树林的敌害生物吸收红树的营养，或者损伤植株，导致红树林植物死亡。敌害生物与潮汐和盐度有密切关系，在潮差大、盐度高、水流急的潮滩，红树林上固着动物尤为严重。林秀雁和卢昌义（2008）对厦门曾营人工红树林生态修复区的秋茄和白骨壤植株上藤壶群落进行周年调查，发现藤壶在红树植物秋茄和白骨壤植株上的分布具有一定的规律性，藤壶的数量随红树植株所处滩涂高程和树层的增高而锐减，藤壶的附着量变化与季节变化有相当密切的关系，秋茄和白骨壤受藤壶危害程度存在一定差异，具有明显脱皮现象的红树（秋茄）更能避免藤壶的危害。附着在红树植物上的生物也有一定的生态特征，如福建同安湾凤林树上附着的大型底栖动物优势种为黑口滨螺和粗糙滨螺，黑口滨螺主要分布在树干和较粗的枝条上且其密度在向海林缘达到最大，后者是广分布种；而山后亭树上优势种代表为角巨牡蛎和白脊藤壶，主要分布在红树主干和枝条上（周细平等，2014a，2014b）。

在一个典型的红树林群落剖面水平方向上，由陆向海，敌害生物增加；垂直方向上，位于深水部位的红树林固着敌害生物比位于浅水部位的多，在同一部位，同一水深，树高的固着敌害生物比树矮的少。在同一棵树上，下层的敌害生物比上层多。 海平面上升对敌害生物的固着生长有利，因为海平面上升，滩涂潮差加大，盐度增高，浸淹时间延长，对敌害生物的附着和生长提供有利条件，特别是低潮线上移，常年浸淹外滩红树林群落，敌害生物随着生长条件更为合适，从而严重地影响红树林群落的生长，甚至造成红树林的成片死亡。

从遗传多样性的角度来看，红树是一群亲缘关系很远但生态上联系紧密的热带亚热带海岸潮间带的木本植物。针对印度西太平洋地区多种红树植物的大规模调查发现其极度缺乏遗传多样性，而且红树植物历史上的有效群体大小缩减和过去海平面变化相关。红树不同物种当前的遗传多样性水平与被水淹时死亡率呈现负相关，这反映了红树普遍的遗传多样性匮乏可能意味着未来海平面上升时适应能力不足。对红树属和木果楝属进行更深入地分析发现，种内遗传多样性具有很强烈的地域性特征。像巽他大陆架这样的陆地屏障很有效地隔离了印度洋和太平洋的群体，但这些地理屏障也是有漏洞的，在冰期间冰期循环中，海平面反复升降，当海平面上升时，马六甲海峡这样的通道打开，给两边分化中的群体提供了基因交换的机会（郭子骁和施苏华，2018）。

综上所述，随着全球气候变暖导致多种环境因子发生变化，从而不同程度地影响红树林植物的生长、繁殖，以及红树植物与其他动植物之间的关系，最终也会影响红树植物的分布和红树林生态系统的变化。

第七章　海洋在地质时期气候变化中的作用

海洋占地球表面绝大部分面积，其中 84%的海洋水深超过 2000m。深海巨大的热容量和碳存储量是地球气候系统的调节器，对地球系统的生物地球化学循环和水循环有重要的调控作用。

在漫长的地质历史时期中，地球上的气候也不是一成不变的，表现为“温室状态”（green house state）与“冰室状态”（ice house state）交替出现的周期性。对地质历史时期一些特殊地质事件的理解，了解它发生的机制、影响的因素以及产生的结果，无疑对于我们认识未来，认识我们现在所处的生存环境是必需的。本章重点介绍海洋在长时间尺度——地质时期气候变化中的作用。

第一节　古气候突变

研究古气候有助于对地球的演化、生物的进化以及对各种矿藏的形成等问题进行研究和探讨，古气候影响着干湿气候带的分布和动植物的发育，也影响着一些沉积矿产的形成与赋存，因而还有助于对可能出现矿藏的地点进行预测。对古气候的研究要对当时情况下特定的区域进行古气候重建，包括对气候、生物群落以及当时环境等的重建。研究古气候的演变历史，对我们预估未来的气候变化具有重要的借鉴意义。

一、古温度和 CO_2 的观测

（一）全球变化的重建

以残存的过去全球变化的产物为依据，反推产物形成时的环境状态，从而进一步推测其成因机制可以重建过去的全球变化进程。根据过去全球变化的产物来源与属性的不同，过去全球变化信息分为三种类型：①观测记录，如地面观测的气象、水文记录、各种遥感数据等，它们记录规范，精度高，但时间尺度短；②考古和历史文献记载，如古人类的遗址和遗物，有关物候、灾异、耕作制度的文字记录等。历代文人留下的日记、诗歌、碑文和游记等文字遗产中常常直接或间接地述及的气候和环境，一些王朝的编年史中更是经常把一些气候异常现象当作大事记录下来，把所有这些文字记载收集起来加以分析，就可能得到所记时期的一系列代用资料；③古环境感应体，指在过去某一时期形成并一直保存至今的各种自然形成的物体，它们本身就是当时环境过程的产物，记录了当时的环境状况，如古沙丘、黄土与古土壤、冰芯、树木年轮、珊瑚礁等。

识别出具有指示环境意义的信息，是进行过去全球变化重建研究的首要工作。在地表的各个圈层中，岩石圈、冰雪圈、生物圈和人类圈都较好地保存了全球变化的信息（表 7.1）。

表 7.1　过去全球变化产物主要特征

档案	时间分辨率	时间长度/年	可提取的环境参数
树木年轮	年/季	10^4	T、H、C_a、B、V、M、L、S
湖泊沉积	年	10^4～10^6	T、B、M
极地冰芯岩心	年	10^5	T、H、C_a、B、V、M、S
中纬度冰芯岩心	年	10^3	T、H、B、V、M、S
海湾沉积	年	10^5	T、C_w、L
黄土	10 年	10^6	T、C_s、B、M
海洋岩心	100 年	10^7	T、C_w、B、M
花粉	10 年	10^5	T、H、B
古土壤	100 年	10^5	T、H、C_s、V
沉积岩心	2 年	10^7	H、C_s、V、M、L
历史记录	天/小时	10^3	T、H、B、V、M、L、S

注：T=温度；H=湿度或雨量；C=大气（a）、水（w）或土壤（s）的化学成分；B=生物量方面的信息；V=火山喷发频次；M=磁场；L=海平面高低；S=太阳活动强度。据 Oeschger and Eddy，1989。

1. 树木年轮

通过对树的生长纹和树年代学的研究，能提供一块木头的绝对年龄。在温带与寒温带地区，树木每年通常有一个明显的生长季，在其树干次生木质部的横截面上每年都会新形成一轮圈，称为生长轮或树轮。如果每年的气温、降水量等气候条件存在差异，就会导致当年形成的树轮在宽窄、密度等方面呈现出相应的变化。也就是说，树轮的各种数据资料能够反映当年局部地区或一定空间尺度内的气候环境条件。无论是已被埋藏多年或仍直立着的死树、已被加工并用于建筑房屋的木材，还是仍枝繁叶茂的活树，科研人员都可以利用树轮研究中的交叉定年技术，依据树轮宽窄模式变化的一致性，将这些不同“版本”的树轮“图纸”有机地衔接起来，进而建立长时间尺度的树轮年表。对众多树轮资料进行综合分析，就可以得到逐年乃至逐季的气候分析代用资料序列。

树轮作为气候分析代用资料的优点是其具有连续性，其可信度取决于所取树种对气候变化的敏感程度。往往多种环境条件同时影响着树木的生长，因而要依据树轮资料反演某种特定要素（如温度或降水量）的代用指标，一般还需要结合现代气象和植物学方面的知识，并进行综合而周密的分析。也就是说，要先联系现代气象和植物学知识，得出规律后，再依据树轮记录反演过去的气候变化历史。

祁连圆柏（sabina przewalskii）为柏科常绿乔木，是青藏高原东北部的主要森林树种。青藏高原的干旱气候使祁连圆柏生长极为缓慢。目前已知的最老的祁连圆柏活树年龄为2000 年左右，祁连圆柏也是我国目前已知的树龄最长的树种。通过将祁连圆柏的活树、直立的枯木和墓葬中的古木等的年轮资料衔接起来，我国学者已经建立了长达 3585 年的祁连圆柏树轮年表，这也是迄今为止中国乃至亚洲最长的树轮年表。这些被精心拼接起来的树轮“图纸”忠实地描述了过去 3500 多年间当地年降雨量等的变化历史，为我们进一步了解相应时间段内的人类活动、分析人类文明发展进程等奠定了可靠的气候背景基础（朱力平和梁次源，2010）。

2. 冰芯

反映过去气候变化的一个尤为有价值的资料来源是冰芯中的记录，尤其是格陵兰岛和南极大陆冰芯中的记录。与深海沉积物样品相比，冰芯记录具有更高的分辨率。这些冰芯有数千米厚，它是随着多年降雪的累积而形成。每年积累的雪最终会转换成冰，并形成一个年层。近顶层的冰是最近形成的，近底层的冰可能是上万年前落在地表的雪形成的。因此，对不同层的冰进行分析，可以得出关于过去不同时期的气候特征。从这些地区取得的冰芯中获得的主要记录是由氧同位素比率得到的 $\delta^{18}O$。如前所述，当水汽从海面蒸发时，含 ^{18}O 的重分子水不易蒸发，而在水汽凝结时，$H_2^{18}O$ 较 $H_2^{16}O$ 更易于凝结，使剩余在水汽中的 $H_2^{18}O$ 比重进一步减小，因而陆地水体中的 $^{18}O/^{16}O$ 值均小于标准大洋水汽中的 $^{18}O/^{16}O$ 值，离海洋蒸发源越远，水体中的 $^{18}O/^{16}O$ 值越小，$\delta^{18}O$ 的负值越大。蒸发和凝结作用均与温度有关，分析测试表明温度每降低 1℃，$\delta^{18}O$ 在格陵兰地区降低 0.70‰，在南极地区降低 0.75‰，在青藏高原北部降低 0.65‰，根据这种关系，可由冰芯中的 $\delta^{18}O$ 推断温度变化（朱诚等，2003）。不仅冰芯 $\delta^{18}O$ 可以反映温度的变化，冰芯气泡中所包含的 CO_2 及 CH_4 的含量变化信息，对于冰期—间冰期旋回的形成、气候与温室气体的关系等研究都具有重要的意义。

3. 深海沉积

截至目前能够比较准确反映古温度变化细节的证据的，是深海沉积物中浮游有孔虫化石氧同位素的变化。海洋有孔虫的 $\delta^{18}O$ 记录主要反映全球冰量随全球气候的变化而发生的变化，$\delta^{18}O$ 迅速增加的时期也就是冰量迅速增加的寒冷时期。根据海洋微体古生物的氧同位素分析结果，距今 1.8 百万年以来可以分辨出 61 个冷暖阶段，构成 30.5 个冷暖旋回，其中奇数阶段对应温暖期，偶数阶段对应寒冷期（朱诚等，2017）。

4. 黄土与古土壤

在漫长的地球演进过程中，距今约 200 万年前开始的第四纪，其环境以周期性的冷暖交替为主要环境特征，冷暖波动的幅度可达 10℃。与冷暖波动相联系的冰川体积变化约为 $5\times10^7km^3$，海平面升降幅度可达 100～150m。古生物、石笋、珊瑚礁、深海氧同位素、全球海面变化、极地冰芯、陆上的黄土古土壤等多种记录均指示这一特征。欧洲和北美洲均有第四纪黄土沉积，我国的黄土高原地区更分布有数百米厚的第四纪黄土。我国的黄土和古土壤序列是已知陆上连续性最好，且能够很好地与深海沉积序列对比的古环境指标，利用黄土与古土壤序列重建过去的全球变化是我国在世界上独具特色的研究领域之一。

第四纪黄土沉积以黄土层和古土壤层交互沉积为特征。黄土和古土壤层的交互出现是风尘堆积作用和成土作用两种对立过程彼此消长的结果。当风尘堆积作用大于成土作用时形成黄土层；反之，形成古土壤层。因此，黄土沉积与寒冷的冰期相对应，古土壤则对应于相对温暖的间冰期。欧洲、北美洲的第四纪黄土主要分布在冰川外缘，黄土沉积表明当地在该时期属于寒冷苔原性质的冰缘环境；我国的黄土主要分布在干旱荒漠区的外缘，表明黄土沉积时期当地属于干寒草原环境，而古土壤发育时期则对应温暖的森林或森林草原环境。根据黄土层的风化程度和古土壤发育程度的差别，可进一步推断古环境在不同时期的变化。黄土与古土壤层的交替变化是第四纪冰期—间冰期环境周期变化的反映，与深海氧同位素记录有良好的对应关系。黄土—古土壤序列是目前已知的唯一能与深海氧同位素记录作对比的陆上沉积（张兰生等，2017）。

5. 石笋

石笋是由入渗水中过饱和的碳酸钙沉积形成的。水循环与土壤中 CO_2 的共同作用是石笋沉积形成的驱动力。水循环过程也将气候信号传递并保存到石笋中。石笋每年形成一个微层，受环境的季节性变化影响，每个年层由明暗条带组成，因此利用石笋可以获得分辨率为年的环境演化信息。石笋的时间跨度从现代到数十万年前。从石笋中提出的生成率、微层厚度、灰度、稳定同位素、微量元素、荧光强度、结晶学岩石学特征等信息可以重建区域降水或温度的环境变化。

6. 珊瑚

珊瑚礁是记录全球变化的重要载体，能够记录热带和副热带海洋与大气的过去变化的信息，时间分辨率可达到年或季节。因而对于补充陆地古气候资料是十分关键的。尤其是海洋对 ENSO 敏感的地区，可以据此提供该地区的气候变化信息。珊瑚一般在热带较浅的海水中生长几百年的时间。根据其残骸密度和地球化学参数的年变化，有可能测定其准确的年龄，并依据示踪元素或稳定同位素的时间变化等重建古气候变化序列（张兰生等，2017）。

7. 孢粉、植硅体和淀粉粒

孢粉是孢子和花粉的统称，是应用最为广泛的古气候代用资料之一，在揭示百年以上时间尺度的植被和环境演变方面有重要作用。不同的孢粉组合对应不同的环境，如云杉、冷杉的孢粉组合代表了寒温带针叶林环境，二藜蒿孢粉组合则反映干旱气候环境。单位体积或质量内某孢粉的数量还可以推动某种植物比例的增减、植被类型的变化、代表性植物种类的变化等，进而推断环境的变化。最近，赵辰辰等（2020）利用中国陆地第四纪时期（距今 2.5 百万年以来）的孢粉记录资料，发现研究区域距今 2.5 百万～1.5 百万年期间气候波动变冷且明显偏干，距今 1.5 百万～1.0 百万年期间东部地区气候偏湿，而西北地区和青藏高原地区则偏干，距今 1.0 百万年以来整体气候波动频繁。该变化与第四纪亚洲季风演化具有较好的一致性。

植硅体是指高等植物的根系在吸收地下水的同时，吸收了一定量的可溶性二氧化硅，这些二氧化硅经过植物的输导组织输送到了茎、叶、花、果实等处，而后在植物细胞间和细胞内沉淀下来，形成非晶质二氧化硅颗粒。植物的各个部位都可以产生植硅体，其中叶片中产生的数量最大。植硅体在恢复古气候方面具有很高的分辨率和灵敏性，硅酸体中碳的同位素值可用来恢复古气候，是一个极有价值的指标，尤其是在黄土地层中可以弥补对花粉分析的不足。利用植硅体分析可以提取沉积物中赋存的古植被信息，利用植硅体进行古植被重建、古气候学研究是当前国际上生物地层、气候地层研究的一个新兴方向（顾延生，2019）。

淀粉是葡萄糖分子聚合而成的长链化合物，它是细胞中碳水化合物最普遍的储藏形式，在细胞中以颗粒状态存在，称为淀粉粒。种子的胚乳和子叶中，植物的块根、块茎和根状茎中都含有丰富的淀粉粒。不同植物的淀粉粒，在形态、大小、层纹和脐点等方面有不同的特征，因此可利用淀粉粒的形态差异鉴定其种属来源，进而分析植物生长的古环境。

8. 地貌

与全球变化相联系的地貌和古土壤信息为不连续的事件性记录，能够准确提供时间分辨率相对较低的特征环境时间的信息。在山地冰川地貌中，冰斗的存在指示古雪线的位置；冰川终碛垄指示冰川前端位置，可以依此判断冰川的进退，进而推断古气候的冷暖变化。许多冰缘地貌能定量指示温度的变化（张兰生等，2017）。

除上述信息源，利用岩石特征、矿物特征、古生态系统特征、板块的位置以及是否有火山、冰期以及海水入侵和消退等，也可以通过科学的方法来推断古时候的气候状况以及演变。影响古气候重建准确度的因素有很多，像地层的年代、各种地质事件等。确定地层地质年代的方法虽有多种，但多存在精确度不高的问题，一般地层越老，误差越大。

9. 考古和历史文献记载

考古和历史文献记载与古环境感应体合称代用资料。它们有更长的时间覆盖范围，分布地区广泛，能够弥补观测记录覆盖时间尺度过短的不足。我国悠久而丰富的文史记载及其应用在国际学术界独树一帜。学者竺可桢曾利用文史记载推断出我国东部五千年来的温度变化。在气候学家和历史学家的共同努力下，基于对大量文史记载的综合分析，研究人员已获得我国东部500多年间以及个别地区几千年来的旱涝变迁记录。清政府曾在西藏设立地方官署噶厦，驻地在大昭寺，在噶厦给地方官员的一封便函中记录到1816年6月堆龙德庆区一带连降三天三夜大雪，造成了秋收绝产和大批房屋倒塌等严重灾情（朱力平，2010）。

（二）冰期与间冰期

1. 概念

所谓冰期是指气温显著变冷，冰川规模扩大的时期。高纬度冰盖扩张、山岳冰川向低地延伸、海面降低、气候带和生物带向赤道迁移。间冰期是两次冰期之间的气候回暖的时期。冰川退缩、海面回升、气候带和生物带向两极迁移。冰期时期最重要的标志是全球性大幅度气温变冷，在中、高纬（包括极地）及高山广泛形成大面积的冰盖和山岳冰川。由于水分由海洋向冰盖区转移，大陆冰盖不断扩大增厚，引起海平面大幅度下降，所以冰期盛行时的气候表现为干冷。冰盖的存在和海陆形势变化，气候带也相应移动，大气环流和洋流都发生变化，这均直接影响动植物生长、演化和分布。

2. 冰期划分

在地球发展史上有冰期只占整个地球历史时期的十分之一左右，而绝大部分时间是处于温暖期。已被确认的大冰期有以下几次：

（1）新太古代大冰期，是已知地球上最早的大冰期。以加拿大南部和美国大湖区西部的休伦群高干达组冰碛层为代表，该地层年代为距今 27 亿～23.5 亿年前。这次大冰期持续约 4000 万年。

（2）前寒武纪晚期大冰期，约距今 9.5 亿～6.15 亿年前的一次影响广泛的大冰期。其遗迹除南极大陆尚未发现外，世界各大陆的许多地方都有保存，以挪威北部芬马克的冰碛岩为其代表，在中国则以震旦系底部带擦痕的南沱冰碛层为代表，主要分布在长江中下游等处。

（3）早古生代大冰期，发生在奥陶纪晚期至志留纪早期的大冰期，距今 4.6 亿～4.4 亿年前，有人认为可能延续到泥盆纪晚期（距今 3.6 亿年前）。其混碛岩见于法国、西班牙、加拿大、南美洲、北非及俄罗斯新地岛等地区。北非的冰碛岩露头极佳，并保存有若干冰川地貌的遗迹，如保存极好的冰壅构造、鼓丘、蛇形丘和砂楔等地形。

（4）晚古生代大冰期，发生在石炭纪中期至二叠纪初期的一次冰期。当时全球气温普遍下降，形成大面积的冰盖与冰川，持续时间长达 8000 万年，是地球历史上影响最为深远的一次大冰期，见于印度、澳大利亚、南美洲、非洲及南极大陆的边缘。

（5）晚新生代大冰期，是地球历史上最近的一次大冰期。自新近纪出现冰期与间冰期交替，一直延续至今。早在渐新世，南极就开始出现冰盖，中新世中期冰盖已具规模，是最早进入冰期的地区。第四纪初期的冰期环境波及全球，中期达到最盛，所以晚新生代大冰期主要指第四纪冰期。当时，北半球有两个大冰盖，即斯堪的纳维亚冰盖和北美劳伦冰盖。前者的南界到达北纬 50°附近，后者达北纬 38°附近。此外，在中、低纬度的一些高山区还发育了山麓冰川或小冰帽。在距今 10000～8000 年前，全球又普遍转暖，大量冰川和冰盖消失或收缩，地球进入冰后期。但是，诸大陆的冰川和冰盖并未完全消失。

（6）第四纪冰期以后，距今约 1 万年以来的时期叫冰后期。此期气候仍有过多次低量级的冷暖波动，如距今 4000～6000 年期间曾出现的较明显的寒冷期，使全球冰川一度扩展前进，被称为新冰期。最近一次较明显的小规模的冰川推进出现在 13～20 世纪初（有的文献主要指 16～19 世纪），在 18 世纪中～19 世纪中期达到最盛，通称为小冰期。

3. 冰期影响

冰期对全球的影响是显著的。大面积冰盖的存在改变了地表水体的分布。晚新生代大冰期时，水圈水分大量聚集于陆地而使全球海平面大约下降了 100 m。如果现今地表冰体全部融化，则全球海平面将会上升 80～90 m，世界上众多大城市和低地将被淹没。冰期时的大冰盖厚达数千米，使地壳的局部承受着巨大压力而缓慢下降，有的被压降 100～200 m，南极大陆的基底就被降于海平面以下。北欧随着第四纪冰盖的消失，地壳则缓慢上升。这种地壳均衡运动至今仍在继续着。冰期改变了全球气候带的分布，大量喜暖性动植物种灭绝。

4. 冰期可能的成因

（1）天文学成因说。主要考虑太阳、其他行星与地球间的相互关系，认为太阳常数的周期变化会影响地球的气候。太阳常数处于弱变化时，辐射量减少，地球变冷，乃至出现冰期气候。米兰科维奇认为，夏半年太阳辐射量的减少是导致冰期发生的可能因素。地球黄赤交角的周期变化导致气温的变化。黄赤交角指黄道与天赤道的交角，它的变化主要受行星摄动影响。当黄赤交角大时，冬夏差别增大，年平均日射率最小，使低纬度地区处于寒冷时期，有利于冰川生成。

（2）大气透明度的影响。频繁的火山活动等使大气层饱含着火山灰，透明度低，减少了太阳辐射量，导致地球变冷。

（3）构造运动的影响。构造运动造成陆地升降、陆块位移、视极移动，改变了海陆分布和环流形式，可使地球变冷。云量、蒸发和冰雪反射的反馈作用，进一步使地球变冷，促使冰期来临。

（4）大气中 CO_2 的屏蔽作用。大气中 CO_2 能阻止或减低地表热量的损失。如果 CO_2 含量增加到今天的 2～3 倍，则极地气温将上升 8～9℃；反之，当大气中的 CO_2 含量减少 55%～60%，则中纬度地带气温将下降 4～5℃。没有大气下部吸热的温室气体薄层，地球表层的平均温度将比现在低 33℃。在地质时期火山活动和生物活动使大气圈中 CO_2 含量有很大变化，当 CO_2 屏蔽作用减少到一定程度，则可能出现冰期。

（三）古大气中 CO_2 的变化

南极冰芯记录显示，CO_2 的含量在冰期时减少，在间冰期增大，呈现与温度变化相同的趋势。这种强相关暗示存在着大气通过温室气体的变化影响温度的反馈作用，使得变冷或者变暖的程度加大。如第六章所述，大气中 CO_2 含量变化部分是受到与全球温度变化有关的生物反馈作用（生物泵）调控的。生物过程对海洋吸收大气 CO_2 的贡献显著，从而在长时间尺度上控制着大气 CO_2 的浓度。浮游植物的光合作用吸收了海洋表层海水中大量的 CO_2，使得大气中更多的 CO_2 进入海洋表层水体中。被上层浮游植物固定的碳有大约 25%沉入海底，这些碳远离大气储存在这里，可持续几百年或者几千年。在冰期寒冷时期，海洋表面冷却增强 → 作为海洋生物生活空间的海洋混合层的深度增加 → 有更多的浮游生物生长 → 更多的碳被固定到海洋中 → 大气中 CO_2 减少。相反，当冰期结束，全球温度开始升高，这种生物泵作用减弱，大气中 CO_2 开始增加。此外，冰期大洋温度的降低可使海洋溶解 CO_2 的能力增大，也导致大气中 CO_2 减少（张兰生等，2017）。

通过对南极冰芯中封存气体的研究，我们可以知道，古埃及和古中国黄帝时期的人所呼吸的空气成分与现代人呼吸的空气成分大致相似，只是现代人呼吸的空气中增加了过去一二百年间所带来的污染物。这些污染物主要有过量的 SO_2、CO_2 及 CH_4。平均来说，末次盛冰川期大气与我们生活的全新世的大部分时期相比，CO_2 含量要低 30%～

40%，甲烷含量低 50%。在极盛冰川期及此前的间冰川期（距今 15 万～12 万年以前）也发现了温室气体与温度之间类似的直接关系。这些发现反映了：在 CO_2、甲烷和气候之间可能存在一种正反馈（不稳定）机制（而不是负反馈机制）。也就是说，当地球变冷时，上述温室气体减少，而这又造成大气圈闭的热量减少，从而加剧地球的变冷。当地球变热时，CO_2 和甲烷含量增加，从而加快了变热的过程（Fischer et al.，2008）。

来自南极的资料还表明，CO_2 和温度在过去距今（1950 年）40 万年间具很强的相关性（图 7.1）。生物在过去的冰川期和间冰川期、气候变化和温室气体之间的正反馈关系中，曾经是一种主要因素。生物或许是 CO_2 消耗过程中的一种重要营力，这种消耗有助于气候的稳定，从而构成负反馈。但自前工业化时代以来，CO_2 和温度变化有一个显著的尖峰，这与由南极附近冰芯资料推出的缓慢的自然变化形成了对照。

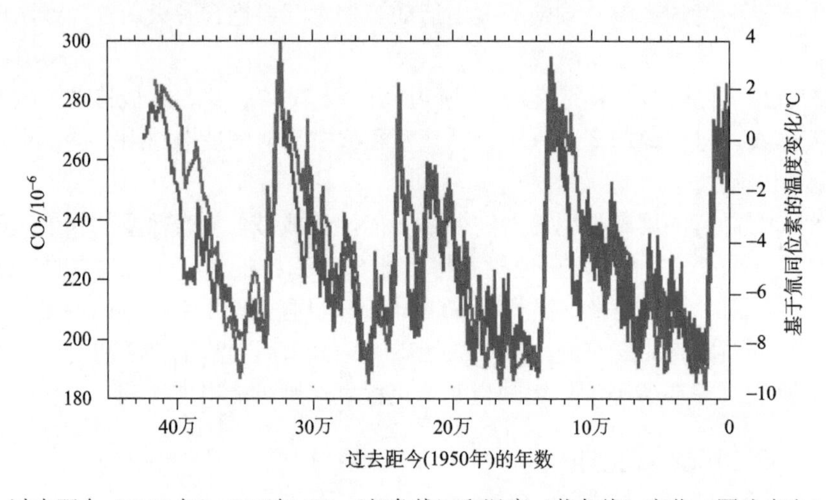

图 7.1　过去距今（1950 年）40 万年 CO_2（红色线）和温度（蓝色线）变化（图片来自 NOAA）

二、古气候变化及其突变事件

20 世纪 90 年代初，对采自格陵兰冰盖的两根冰芯进行古气候重建研究，发现末次冰期（last glacial period）和冰消期（末次冰期是于第四纪的更新世内发生的最近一次冰河时期，约于距今 7 万年前开始，至距今 1.15 万年前结束）格陵兰地区曾出现一系列非常清楚的相对暖、冷阶段和快速、大幅度气温变化。这使得科学界逐渐认识到全球变暖背景下可能引起地球重大的气候突变问题。

（一）新生代气候变化

新生代是地质历史中最年轻的一个时代，当时全球板块运动和岩浆活动强烈而频繁：中生代开始的大陆漂移活动继续进行，并于古近纪末开始喜马拉雅运动，古地中海逐渐封闭；经过一系列的板块碰撞和洋底扩张，新近纪时地壳构造的基本轮廓和古地理面貌逐渐接近现代。受地壳运动的控制，全球新生代气候波动明显，早第三纪总体比较温暖，晚第三纪气候发生明显分异，气温显著下降，第三纪末期开始有冰川活动，一直持续到更新世末期，期间发生多次冰期和间冰期，全新世气候逐渐转暖（金建华等，2003）。

1. 新生代衰落

新生代期间环境呈变冷、变干趋势变化，称为新生代衰落。在变冷的过程中，可以识别出一系列的快速降温事件。一种可能的解释是新生代时期每一次降温均可与现代海陆演化的发展阶段相联系。可能是一些关键地区的板块运动及相应的大洋环流结构的调整，构成了随后变冷的关键环节。一种观点认为，随着澳大利亚板块脱离南极洲向北漂移，近5000万年来南极洲逐渐成为一个被高纬大洋包围的孤立大陆，至3000多万年前出现南极冰盖。约2000万年前，南美洲与南极洲之间的德雷克海峡打开，进一步形成深水的环南极洋流，正是这股冷水洋流将原来为南极洲提供热量的亚热带洋流推向北方，使南极大陆处于得不到热量的“隔绝”状态，南极冰盖进一步扩展，这又使阳光反射率增大，全球愈发变冷。还有一种理论认为，大陆碰撞形成青藏高原等隆升地形，改变了大气环流的格局。同时，印度-欧亚板块碰撞挤压导致青藏高原急剧隆升，喜马拉雅山一带现代上升速率高达5mm/a，相当于300万年以来共上升了15000m，可以判断与其伴随所发生的风化剥蚀速率同样惊人，这一过程会消耗大量的CO_2从而导致气候变冷。目前大气中CO_2的浓度不到5000多万年前的三分之一。青藏高原约4000万年前开始隆升，2000万年以来隆升加剧，这与全球气候近2000千万年来进一步变冷的趋势大体一致。

2. 第四纪冰期

新生代衰落导致了第四纪冰期出现，之后全球环境发生了以冰期与间冰期交替出现为特征的频繁的、迅速的变化（张兰生等，2017）。第四纪以周期性的冷暖环境交替为特征（图7.1），温度波动的幅度达10℃以上，冰川体积变化达5×10^7 km^3，海平面升降幅度在100～150m。与现代相比，第四纪中冰盛期时的气温要低10℃，有24%的陆地被冰雪所覆盖，而现代只有11%。地球轨道参数变化可能是第四纪环境变化的驱动力。在深海氧同位素序列和我国黄土古土壤序列中均分别检测出地球轨道参数变化的几个特征周期：0.4百万年、0.1百万年的偏心率周期；4.1万年的地轴倾斜率周期；2.3万年和1.9万年的岁差周期。但不同阶段，起主导作用的周期有显著的差别。

第四纪冰期—间冰期转换过程具有不对称性。从间冰期到冰期，缓慢的、阶段性的，变冷过程可持续7万～9万年，发生数次轻微回暖阶段；而从冰期到间冰期，快速的冰川融化只需0.8万年。转换过程还具有时滞现象，即冰期与间冰期环境的转换是一个驱动与响应的复杂的非线性过程，不同圈层由于性质不同而呈现出不同步变化的特点。东赤道太平洋与南半球海温同步变化（或略晚于后者），明显领先于北半球海温和大陆冰量的变化。气候变化最为迅速，表现出突变的特征。植被变化也比较迅速，但略滞后于气候变化。冰盖的消融比气候的转暖缓慢，比植被变化慢得多。冰期和间冰期的转折时期，冬夏季风在千年尺度上存在明显的相位差。

3. 全新世的间冰期气候

自距今1万年以来的全新世期间，大气-海洋-冰雪系统进入一种新的相对稳定状态，即已维持了近1万年的间冰期气候。全新世的气温变化，从1000年以下的尺度看，气候仍然存在显著变化。一般分为：早期—增暖期，温度上升；中期—暖期，温度最高；晚期—冷期温度下降。全新世暖期并不是一个持续的温暖期，期间存在数次短期变冷事件。例如，中世纪暖期，发生于10～13世纪期间；明清小冰期，发生于16世纪早期～19世纪中期。

冰芯记录表明在过去的大约1万年间（人类文明时代），气候、CO_2及甲烷的含量保持相对稳定。在过去的两个世纪（工业革命时代）以前，温室气体的化学成分也几乎不变。最近的5000年，全球温度平均升高5℃，海平面上升100 m，此后地球的生态系统和生物聚居地，即以我们今日所知的面貌出现。大自然花了5000～1万年的时间，才将地表景观转变为目前的模样。由于这一转变正好对应着5℃左右的全球变暖，我们因此可以估算全球自然的、持续的稳定变化速率约为1℃/ka。这些变化足以使物种的聚居地和聚居的物种环境发生急剧变化。它们或许还导致了如猛犸象和剑齿虎这类动物的灭绝。

（二）古气候突变

气候突变是指气候系统受强迫驱动，超过一定阈值而向另一气候状态的转变，其转变速率受气候系统自身控制，且快于强迫力作用的时间。而引起突变的原因是混沌的，变化小而难以觉察。

不同时期的平均温度不同：距今1.2万年间平均温度为0℃；距今3万～1.5万年前平均温度为–8℃；距今12万～9万年前平均温度为–4℃；距今21万～20万年前平均温度为–2℃。从世界各地收集的许多不同类型的数据表明，气候可以突然变化。对格陵兰以及南极洲采集的冰芯和德国一个湖泊中沉积物的分析数据显示，温度在1～3年内可有大约6℃的变化（Brauer et al.，2008）。气候突变在多个稳定状态之间也会发生。

1. 快速变化事件——D-O震荡

20世纪90年代初，欧洲共同体国家和美国科学家依托两期格陵兰岛冰芯计划GRIP（Greenland Ice Core Project）和GISP2（Greenland Ice Sheet Project Two），在格陵兰冰盖钻取了两根长冰芯。对样品的δ^{18}O记录推算的大气温度的变化表明，末次冰期期间（距今11.5万～1.4万年前）格陵兰地区曾出现一系列非常清楚的相对暖、冷阶段和快速、大幅度的气温变化。期间共出现了24个快速的短期变暖事件，温度在很短时间内增加6～7℃，降尘减少4～5倍，增暖持续500～2000年。由于早先极地冰芯古气候研究的先驱者，丹麦哥本哈根大学的Dansgaard教授和瑞士伯尔尼大学的Oeschger教授，已经发现过这些快速变化现象，人们将其称为Dansgaard-Oeschger事件（任国玉，2017）。D-O振荡的周期约为0.15万年。每个循环由增暖开始，用时100年左右。然后是缓慢的降温，所以也是一种不对称的变化。其温度振幅约为冰期—间冰期旋回温度振幅的40%～60%（王绍武等，2012）。

2. 快速变化事件——海因里希事件（末次冰期期间）

海因里希事件被简称为H事件，代表大规模冰山漂移涌入海洋带来的气候效应所产生的快速变冷事件。地质学家（Heinrich，1988）发现，在北大西洋末次冰期期间的沉积物中，普遍存在6次大规模的陆源浮冰碎屑（冰筏碎屑，ice-rafted detritus，IRD）沉积层，反映6次冰山崩塌入海的过程。根据格陵兰的冰芯记录，几次大的Heinrich事件使大气温度在冰期气候条件下又降低了3～6℃。这些事件基本上以0.5万～1万年为周期，持续时间为200～2000年。每隔几次D-O事件，就出现1次H事件。H事件发生在D-O震荡的显著寒冷阶段，H事件之后温度迅速回升，代表上一旋回的结束以及新旋回的开始。可见 H事件与 D-O事件并不是两个孤立的气候演变过程（秦蕴珊等，2000）。

至于 D-O振荡与 H 事件形成原因，不少研究者强调是温盐环流（thermohaline current，THC）的作用。THC指深层的洋流。大西洋传送带的北大西洋部分也称为大西洋经向翻转环流（AMOC），上层洋流自南向北，深层自北向南。AMOC 是影响气候的一个重要机制。AMOC 有3种模态：现代模态、冰期模态及海因里希模态。其变化机制的关键是北大西洋深水形成（NADW）的改变。现代模态的情况下，北大西洋有两个深水形成区：一个在北海，一个在北大西洋。温暖而且盐度高的墨西哥湾流，在北上过程中不断降温，而且由于蒸发盐度进一步增高。冷却后的高盐度水在北大西洋及北海下沉，整个过程支持北大西洋传送带。但是，当气候变冷、大量冰山下泻、冰山融化后形成的冷而盐度低的水浮在大洋表面，影响了 NADW 的形成，这样就出现另外两种模态——冰期模态及海因里希模态。当北海深水形成停止时出现冰期模态，这时北大西洋深水形成仍然继续。如果北海及北大西洋两个地区的深水形成均关闭时，称为海因里希模态，这时发生 H 事件，气候最为寒冷。由于北大西洋传送带的变化受 NADW 变化影响最大，所以有人把NADW 称为“阿喀琉斯的脚踵”，即最薄弱而易受侵犯的环节（王绍武等，2012）。

3. 快速变化事件——新仙女木事件

冰河世纪结束以后，地球气候于大约1.7万年前开始变暖，气温逐渐地回升。两极、北美和北欧的冰川开始消融，海平面逐渐上升，渤海、黄海、挪威海的草原被水淹没。距今1.3万年前出现升温幅度高达4℃的突然增温，此后出现持续约2000年的冷暖交替振荡，在距今1.1万年前，气温在数百年内突然下降6℃，使气候回到冰期环境。这次降温持续了上千年，而后气温才又突然回升。这就是地球历史上著名的YD事件。它的得名来由是：在欧洲这一时期的沉积层中，发现了北极地区的一种名为仙女木的草本植物的残骸。更早的地层里也有同样的两次发现，分别称为老仙女木事件和中仙女木事件。

这些发生在最后一个冰期内的快速变化事件也称为“亚轨道”（sub-orbital）或者“亚米兰科维奇”事件。米兰科维奇理论认为，北半球高纬夏季太阳辐射变化（地球轨道偏心率、黄赤交角及岁差等三要素变化引起的夏季日射量变化）是驱动第四纪冰期旋回的主因。这个理论的核心是单一敏感区的触发驱动机制，即北半球高纬气候变化信号被放大、传输，进而影响全球。

三、史前时代与工业革命以来全球环境的比较

（一）史前时代的全球环境

史前时代是指从人类诞生至人类文字出现之前的时期，即距今 0.4 万～0.2 万年前的时期。人类历史的旧石器时代跨越了地质历史的早更新世至晚更新世，新石器时代则是新仙女木事件结束至文字出现之前的早中全新世时代。人类的史前时代虽然只有两百多万年，但期间经历了重要的地质和气候变化以及人类社会逐渐孕育的过程。史前时代人类的生产水平整体还处于极端低下的状态，对全球环境的影响与改变十分微弱。

1. 构造运动

构造运动控制的全球陆地和海洋格局变化，通过水陆比例不同调整地球的总反射率，影响全球热平衡。通过对风和洋流的作用而影响气候。例如，主要造山带（尤其是经向分布的造山带）的隆起可以改变大气环流中行星风系的结构，使极地气流南移并进一步影响雪和冰的形成与保存。新生代之初，南极并无冰雪，附近海洋相当温暖，高纬度地区也有森林覆盖。距今 50 百万年前，澳大利亚大陆北移形成南大洋通道，进而在西风环流作用下形成南极环流，阻挡了北部低纬度暖流抵达南极海岸，加强了该地区的变冷趋势。中新世晚期，全球经历了一次明显的降温过程，海退叠加次一级的大地构造活动使地中海与其他大洋分离。距今 6.2 百万～5 百万年前，蒸发作用使封闭海盆中的水面下降，波斯湾和红海等其他海域也受到类似影响。盐分浓缩而形成巨厚的蒸发岩矿物，地球上的大部分盐分在这一海域沉积，外海盐度下降约 6%。海水盐度越小冰点越高，所以高纬度地区的海冰量增加，这是加速变冷的正反馈机制之一。同时海洋生物也遭受破坏。

2. 冰期—间冰期循环

地球历史上的冰期—间冰期是全球变化中非常重要的周期性循环变化阶段，表现为冷暖、干湿的交替变化。整个上新世和更新世，冰川的影响是全球性的。早上新世稍温暖的时期之后，全球气候继续变冷，至距今约 2.4 百万年前北半球温度下降，北美洲和欧洲陆冰迅速积累，此后更新世冰盖反复消长。此时南、北美洲之间的海道有可能封闭，导致墨西哥湾暖流增强，并将更多的水分带到高纬度地区，促进了那里的积雪过程。另有研究表明，新生代以来持续的造山运动使高海拔陆地面积增加，冰川在夏季容易保存，引发冰川增长，通过地表反射率的反馈作用使变冷过程进一步发展。在末次冰期最冷的时段，由于全球范围的降温，几乎三分之一陆地表面被冰所覆盖，冰盖从高纬度地区推进到 36°N 附近。据估算，在典型的冰期最盛期，冰盖厚度一般在 2～3 km，最大厚度可达到 4 km。与现代相比，全球冰的体积增大了 2 倍，冰盖的面积增加 1.5 倍多。史前时代全球环境不稳定性最突出的特点就是冰川作用的突然终止，一个可能用 9 万年时间才积累起来的冰体只用了 0.8 万年时间便消失而回归大海。晚更新世至全新世初始阶段，全球环境变化非常快速。新仙女木事件结束后，格陵兰南部在 50 年内的温度上升了 7℃，而北大西洋的气候变得温和，风暴减少，海冰随之消减。大量记录表明，全新世的前数

千年要稍温暖一点，近几千年则相对干冷，冰川推进的重要时期是公元16～19世纪中期，即所谓的“小冰期”。

3. 地貌的变化

随着冰盖扩张，消减和冰川的大规模进退，地壳“均衡调整”以及海水与冰体的体积变化，更新世海平面处于不断的升降波动中。海平面下降时，河流下切形成多级新阶地；海平面上升时，河流峡谷被淹没，下游河床成为海洋的一部分，河流搬运能力减弱，大量沉积物在下游沉积并填充河口。而这些沉积物在下次海平面下降时又被切开。低海平面时期主要大陆外围的大陆架露出形成“陆桥”，连接了许多现在被海峡分开的地区。如澳大利亚与北部巴布亚新几内亚相连、英国和爱尔兰与欧洲相连，白令陆桥连通了西伯利亚和阿拉斯加。当时的人类能够在各陆块之间穿行，对史前人类的演化、迁移与革新都有着重要的作用。更新世冰期阶段，冰川成因的海平面下降和变干趋势会使较大范围的大陆面积增加。由于赤道和极地之间压力梯度加大，信风加强，上涌冷洋流增强，使海岸沙漠的干燥也进一步加大。

4. 最近几千年的全球环境

更新世末期多风、干冷气候向全新世温暖、湿润气候转变。最近几千年全球气候波动频繁，人类能很好地适应环境并发展壮大。人类在与地球系统的相存关系中渐居主动，最近几千年人类以农业生产、放牧和定居为主的土地利用方式，已经极大程度地破坏了天然植被，改变了地表河湖系统，加剧了土壤侵蚀及土壤退化（朱诚等，2003）。

（二）工业革命以来的全球环境

工业革命后全球变化主要是指自然和人为因素共同造成的全球性变化，主要表现为全球气候变暖。全球变暖的直接原因可能是温室气体（CO_2）排放过多所造成的（图7.2）。人类活动所诱发的各类环境变化，在幅度、空间尺度以及速率上均是前所未有的。人类

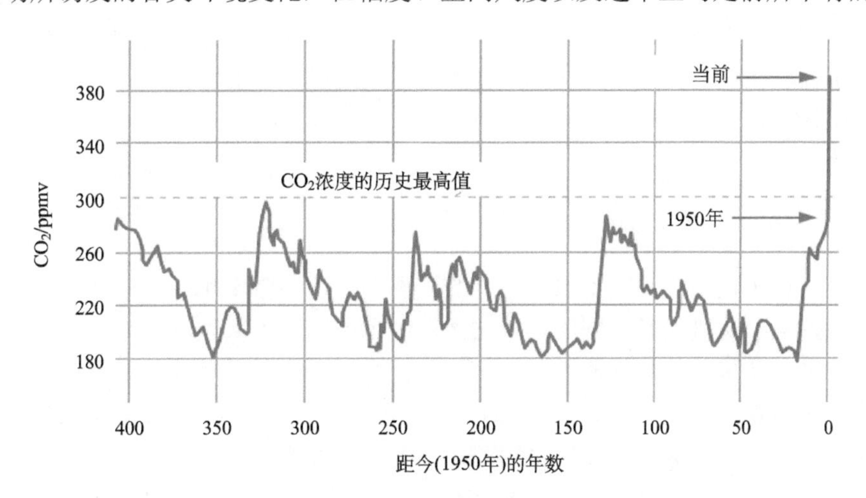

图7.2 距今（1950年）年间 CO_2 浓度对比（图片来自NOAA）

活动所导致的全球变化可能会触发气候与地球系统其他组分突然的巨大转换，这种转换可以与过去已经发生的那些变化相提并论（Kalnay and Cai，2003）。人类活动正影响着甚至主导着地球环境及其运行的许多方面，其影响程度之大已导致有人建议将人类出现后的时段命名另外一个地质世，即人类世。

1. 工业革命以来的大气环境变化

工业革命以来，人类对大气环境的影响已经超过了人类历史上的任何时期，主要表现为：① 人类活动所产生的全球温室气体排放在 1970～2004 年增加了 70%；② 2005 年大气 CO_2 浓度已经远远超过了根据冰芯记录得到的距今 0.42 百万年以来浓度的自然变化范围（180×10^{-6}～330×10^{-6}），在 1995～2004 年观测的结果是平均每年以 1.9×10^{-6} 的速率增长；除非采取有效的缓解措施，否则 CO_2 的增长将必然持续下去（Kennedy and Hanson，2006）；③ 全球大气中 CH_4 的浓度从工业革命前的 715×10^{-9} 增加到了 20 世纪 90 年代初的 1732×10^{-9}，2005 年更是达到了 1774×10^{-9}，远远超过了过去 65 万年前来自然因素引起的变化范围（320×10^{-9}～790×10^{-9}）；④ N_2O 浓度从工业革命前的 270×10^{-9} 增加到了 2005 年的 319×10^{-9}；⑤ 南极上空出现臭氧层空洞，导致人类相关疾病发病率大大增加，同时对农作物亦有众多负面效应；⑥世界贸易组织（WTO）估计每年约有 240 万人因吸入微细空气颗粒物 PM2.5 而过早死亡。

2. 工业革命以来的气候变化

大量直接观测的数据表明，气候变暖是客观存在的。自 1961 年以来的观测表明，至少 3000m 深度以上的海水温度也在增加，气候系统新增热量的 80%为海洋所吸收，这促进了极地冰体融化，引起海平面上升。数据显示：① 1987 年以来北冰洋海冰范围平均每十年减少 2.7%，夏季减少的更多，为 7.4%；② 1961～2003 年全球海平面每年平均上升 1.8mm；③ 某些地区因气候变化导致极度干旱而饱受水资源短缺的影响，联合国粮食及农业组织日前发布的《2020 年粮食及农业状况》报告指出当前全球 32 亿人口面临水源短缺问题，约 12 亿人生活在严重缺水和水资源短缺的农业地区；④ 尽管对气候变化和极端事件变化估计的不确定性依然存在，但观测记录与研究显示，与全球变暖关系密切的一些极端事件，如厄尔尼诺、干旱、洪水、热浪、风暴、雪崩和泥石流等的频率和强度可能会增加。

3. 工业革命以来的水环境变化

工业革命以来，由于现在工农业生产的发展、人口的激增和城市化过程的加快，人类对水资源的耗费急剧增长，同时排放出大量的污染物进入水体，超过了水体的环境容量和自净能力，造成日趋严重的水污染。同时，全球气候变暖对于水环境密切相关的冰川、冻土和积雪造成极大影响。例如：① 乞力马扎罗山峰的冰川面积在 1912～2000 年减少了 81%；② 自 1900 年以来，北半球季节冻土的面积最多时减少了 7%，春季减少高达 15%；③ 在海岸带地区，来自海洋的洪水以及在某些大三角洲地区来自河流的洪水量增加，将会面临洪水和海面上升的双重风险。

4. 工业革命以来生物多样性的变化

人类活动正在使地球生物多样性的变化超过其自然变化的速率。在过去的2亿年中，每27年有1种植物从地球上消失，每1世纪有9个物种灭绝，但随着人类活动的增加，生物多样性锐减和消亡的速度明显加剧：① 在过去的4个世纪中，人类活动已经引起全球700多个物种的灭绝，包括100多种哺乳动物和160种鸟类；② 在过去的100年中，约有100种鸟类、哺乳动物和两栖动物被充分证明已经灭绝；③ 19世纪50年代以来，由于过度捕捞，大型食肉鱼类减少了90%。人类的过度开发直接或间接地摧毁了许多物种赖以生存的环境。此外，污染、疾病以及地球气候变暖也是造成大量物种濒临灭绝的原因（Pielke，2008）。

第二节　海洋在古气候突变中的作用

一、经向翻转环流

如第一章所述，现代大洋经向翻转环流（MOC）的一个显著特征是北大西洋有深水环流形成而北太平洋没有。现代大西洋北部的深水源头很强劲，它可以通过深层西边界流越过赤道最终进入南大洋与威德尔海和罗斯海的深水相汇合，再进入广阔的印度洋和太平洋海域而上升。海洋和大气将热量从热带输送到高纬度地区。海洋传输在低纬地区很重要，而大气的传输在高纬度地区很重要。

深层水和底层水的形成受海表盐度的影响非常明显，尤其是温度极低（–2℃）时，盐度对密度影响更大。尽管热盐是热盐环流触发的重要因素，但海洋作为热机的效率却十分低，单纯的热盐差异不足以驱动实际海洋中如此深厚的环流。机械能驱动的海洋混合以及由此导致的涌升被认为是海洋热盐环流的重要驱动力（黄瑞新，2012）。MOC能够输送大量的热量、水和营养物质，其存在和变化对全球气候系统有十分重要的影响。

（一）大西洋经向翻转环流（AMOC）

AMOC是全球海洋环流的一个重要组成部分。冬季，北大西洋的表层海水温度很低，当海冰形成时，水分子形成冰，而盐离子则留在海水中。这样，围绕着冰的海水既冷又咸，密度增加，促使表层海水下沉到海底。下沉的海水将CO_2带到海底，使其与大气隔绝。由于大西洋通过南极绕极流与其他大洋连接，所以来自南大西洋的海水会在北大西洋下沉。海洋表层的下沉冷海水被来自墨西哥湾流和北大西洋环流的温暖海水补充替代，从而完成了这个环流循环。大西洋通过南极绕极流与全球海洋的其他部分相连，因此替代的水体主要从遥远的南大西洋远道而来。挪威和格陵兰海域海水的下沉保证了北大西洋海域不被冰封。随着温暖海水的变冷，它们释放热量到邻近区域，进而使欧洲地区不过于寒冷。当表层海水向北流动时，经过热带地区被加热到28℃左右，导致太阳被大西洋所吸收的能量大多由环流传输到北大西洋海域。所有被大西洋吸收的太阳热量，其中约有1兆瓦被带往北方，以温暖北半球，热量的北向流动及发散可以保持欧洲气候的温暖。这使得 60°N 的斯堪的纳维亚地区的人类生存比加拿大北部和西伯利亚地区更为舒适。如果这种大洋环流变弱、停滞或逆转，其对气候的影响将是非常显著的。

（二）AMOC 的突然变化

冰芯与海底沉积物的数据指示北半球的气候曾发生多次显著的改变，这些变化与 AMOC 的变化有关：① 大量的冰山从欧洲大陆的冰盖汇入北大西洋，这些冰山挟带的砂和砾石随着冰的融化沉入海底，在海底沉积物岩心中可以发现这些来自大陆的砂砾所形成的砂层和砾石层；② 格陵兰岛的冰芯数据显示气候突然寒冷，并持续约 1000 年，然后逐渐回暖；③ 在寒冷时期，极锋南移，锋面将大西洋温暖的表层海水与寒冷的被冰所覆盖的极地水分隔开，覆盖在海水上的冰层向南最远甚至延伸到了地中海。末次冰期期间，冰山的这种间发性的扩张，对北半球的温度起到了调节的作用，似乎是远北大西洋海域盐度降低减弱了 AMOC 所导致。从格陵兰冰芯、深海沉积物以及高山湖泊沉积物得到的数据显示：全新世以来 AMOC 较为稳定，分割冷暖水团的极锋使得温暖的海水可以扩展到达挪威海域。在最后一个冰河时代，冰山的间发性扩张会降低海水的盐度，并减弱 AMOC 的强度，使极锋向南移动，西班牙以南海域的海水保持温暖。在最后一个间冰期，相似的波动引起了快速而剧烈的气候变化（Zahn，1994）。

二、海洋系统在气候突变中的作用与反馈

（一）海洋对地球气候有着重要的影响

如果没有海洋，地球将完全不是现在的样子。海洋是地球系统重要的组成部分，海洋和其中的生命改造了地球，它通过影响物质和能量的转移来影响气候系统。从根本上讲，海洋塑造了我们的大气层。从百万年的时间尺度上来说，生物决定了大气中气体的浓度。如果生物不存在，特别是海洋生物不存在，地球将和现在完全不同。更深层地讲，海洋微生物不可逆地改变了 H、C、N、O 和 S 的地球化学和生物地球化学循环（Falkowski and Godfrey，2008）。地球只有一个海洋，它被分成不同的部分，包括太平洋、大西洋、印度洋和北冰洋。如果地球包括拥有的是几个不同的互不连接的大洋，地球将与现在完全不同。

（二）海洋与气候突变

如前面章节所述，海洋对气候的形成及变化有着重要的作用。同样，海洋系统在气候突变中也扮演着重要的角色。AMOC 和大洋输运带的变化可能引起全球气候突变。北半球冰盖随冰期—间冰期的转换而发生大幅度的往复进退，但冰雪积累、冰盖扩展的过程十分缓慢，冰川融化、冰盖退缩的过程却十分迅速，呈不对称变化的特点。这一过程既是对全球温度变化的响应，同时也对全球温度变化起到强烈的正反馈作用。气候变冷导致高纬度地区冰盖的积累与扩展，而陆地冰盖与海冰的扩大进一步促进了变冷；当气候变暖时，冰盖退缩，也存在同样的正反馈过程。间冰期向冰期转换：水分从海洋中转移到冰盖→全球海平面下降→大洋面积缩小，海面蒸发减弱→全球降水减少→气候变干。

冰期向间冰期转换：大量水分从冰盖返回大洋中，导致海平面上升。海面上升会托起搁浅在陆架上的冰盖，使它们破碎并随海流向外海流动。这一过程的一个重要后果是原先内陆部分冰盖冰体的流失，内陆冰川上大量的冰流可能会因此而快速移动，快速流动的冰流会把内陆的冰体送到海边，随着内陆部分冰盖冰体的流失，冰盖变薄，这种冰盖消退的过程通常被称为“下削”。这种机制的意义在于，冰退作用的增强不是靠大气的增温使冰体融化，而是靠崩裂的海冰随海流漂走之后由海水的热量使冰融化。上述现象可能是冰盖退缩比冰盖扩张迅速得多的原因之一。

三、海洋和上个冰川世纪

地球历史上曾发生过多次冰期，最近一次是第四纪冰期。古近纪—新近纪末气候转冷，第四纪初期，寒冷气候带向中低纬度地带迁移，使高纬度地区和山地广泛发育冰盖或冰川。这一时期始于距今 300 万～200 万年前，结束于距今 2 万～1 万年前。此次冰期规模很大：在欧洲冰盖南缘可达 50°N 附近；在北美冰盖前缘延伸到 40°N 以南；南极洲的冰盖也远比现在大得多。包括赤道附近地区的山岳冰川和山麓冰川，都曾经向下延伸到较低的位置。到晚上新世（距今约 3 百万年前），北半球的气候变冷导致冰川的显著扩展，此后在北大西洋中发现有冰漂碎屑存在，这一现象标志着作为第四纪特征的冰盖迅速增长与消融的时期的开始。

在冰期时，正常的水文系统（指间冰期时候）在全世界大片地区被彻底中断。由于陆地冰川积累了巨大体积，海平面比现在最多下降了 120m。珊瑚礁阶地所记录的海平面变化与深海氧同位素的变化大体同步，反映全球海平面随着全球气候与冰盖的大幅度变化而发生大幅度升降。北半球冰盖生成的时间晚于南半球，一个可能的原因是，南、北美洲之间的通道在此时期关闭，导致墨西哥湾暖流增强，从而将更多的水汽输送到高纬度地区，促进了那里的降雪过程。

随着始新世之后南大洋和北大西洋的变冷，高纬地区冰盖逐渐扩大。冰盖的建立增大了赤道和极地之间的温度梯度和气压梯度，导致贸易风（信风）的风速增大，加大的风速更利于把日益变干的撒哈拉地区地表的冲积物改造为沙丘，使得北非地区干旱化。

第三节　海洋与未来气候变化

气候系统的演变是大气圈、生物圈、水圈和地圈（岩石圈）四个亚系统相互作用的结果，而不是某些因素的简单叠加。例如，岩石圈中的有机质通过腐解作用释出 CO_2 到大气圈中；水圈中的水体既可以吸收大气圈中的 CO_2，也可以释放所溶解的 CO_2 到大气圈中；岩石圈的活动（风化、岩溶作用吸收 CO_2，火山活动释出 CO_2）也会影响其他圈层中 CO_2 的分布与变化；生物圈中的生物体通过呼吸作用和光合作用也可以显著改变大气中 CO_2 含量（Bendall et al.，2008；Falkowski and Godfrey，2008）。而不同圈层作用周期的时间尺度从以年计到以千万年计相差悬殊。因此，科学家对于未来气候的预测是一项非常艰巨的挑战，同时预测的结果也带有某种不确定性（Houweling et al.，1999）。

一、海洋大气预报模式

（一）目前人们所知道的气候变化

地球气候变暖是大气中温室气体含量的增加造成的。大气中温室气体的浓度正在上升，这主要是人类的各种活动造成的，包括对森林的破坏以及化石燃料的燃烧。化石燃料会放出 CO_2，其中含碳量最高的是煤，石油次之，天然气的含碳量较低。矿物能源开采过程中伴生的煤炭瓦斯气体及天然气泄漏可向大气排放 CO_2 和 CH_4。水泥、石灰、化工等工业生产过程会排放 CO_2。水稻田、牛羊等反刍动物消化过程会排放 CH_4。土地利用（破坏植被）减少对 CO_2 的吸收。 某些废弃物会排放 CH_4 和 N_2O。人类活动排放的温室气体主要有二氧化碳（CO_2）、甲烷（CH_4）、氧化亚氮（N_2O）、氢氟碳化物（HFCs）、全氟化碳（PFCs）和六氟化硫（SF_6）等。其中对气候变化影响最大的是 CO_2，它所产生的增温效应占所有温室气体总增温效应的63%。而且它在大气中的存留期很长，最长可达到200年，因而最受关注。HFCs 和 PFCs 是 CFCs（氯氟碳化物）的替代物，虽然它对臭氧层的损耗大为减轻，但对气候变化的增温效应仍然是显著的。除了上述6种温室气体以外，对流层臭氧（O_3）也是一种值得关注的温室气体。20世纪90年代，旨在减少甲烷等温室气体排放的《京都议定书》签订之后，虽然人类活动排放的甲烷量有所下降，但这似乎只是暂时的，大气中的甲烷含量可能会再次上升（Lelieveld，2006）。地球气候是由许多系统交互作用形成的结果。

（二）对未来气候的预测

1. 大致的预测

气候变化的预测主要是建立在物理气候系统的模型上。假定大气中 CO_2 的增长率继续增加，那么在2100年，大气中 CO_2 含量将会达到万分之七，地球平均表面温度增长2～6℃。海平面将会上升0.5 m（IPCC，2007）。

2. 影响预测准确性的因素

这些预测的准确性取决于很多因素。大气中 CO_2 浓度会按当前增长率继续增加吗？答案是几乎无法预测。这取决于：①经济、政治和地理因素；② 国家发展的速度，其又取决于经济活动，而经济的发展是不可预料的；③ 全球灾难，如战争或者全球性疾病发生的可能性；④ 政治决策如何影响化石燃料的使用？对其他能源的使用，如核能、太阳能和风能，政府将会采取怎样的措施？⑤ 有没有足够的石油储备来使用并导致 CO_2 的浓度可以增加？还有多少的石油天然气可以开发？由于这些不确定性，预测在2100年 CO_2 的浓度可能在 400×10^{-6}～1200×10^{-6} 之间。

3. 气候模型

气候变化的预测主要是建立在物理气候系统的模型上。然而全球生物地球化学模型与大气海洋模型可能忽视了地球自我调节能力。过于简化研究方法，过于依赖计算机的模拟，可能造成认识错误。实际上，观察和实验比建模更加重要（Kump，2009）。

气候模型必须包括大气、陆地和海洋，生物、化学和物理成分应包括在内。它应该能解决气候在时间和空间上的气候变化问题，必须能够研究大尺度时间的变化问题。目前我们仍有一些不知道的气候问题需要解决。我们不了解云层会对反射太阳辐射产生怎样具体的影响。生命会如何适应气候的变化？这会对气候变化产生怎样的反馈？对于这些，我们也是知之甚少的。例如，森林可能会向北部扩展，减弱北极对太阳光的反射率，导致北极变暖。我们对气溶胶（空气中的微粒）的了解也很少。它们对大气吸收和反射太阳能产生怎样的影响？有多少种类的气溶胶是由人类活动排放到大气中去的？我们不知道太阳活动是否会变化，以及是否会对地球的气候产生影响。对气候系统的反馈作用了解很少。如果表面海水变暖，浮游生物的活动会改变吗？季风的变化会不会使其运送到海洋中的金属元素发生变化？如果金属元素的运输发生变化，那么对海洋浮游生物的影响又是怎样的呢？如果海表温度上升，海洋系统的稳定性就会发生变化。这些变化会对海流和上升流挟带的营养物质造成怎样的影响？厄尔尼诺会有怎样的变化？我们不知道热带太平洋将会变得更加寒冷还是温暖，然而可以确定的是，热带太平洋对全球气候格局具有重要的影响（Vecchi et al.，2008）。海洋系统稳定性的改变会不会对大洋深层环流产生影响？大洋底层环流的改变会造成气候突变吗？海水温度会不会使甲烷水合物释放出甲烷？而甲烷是一种温室气体。

目前的模型不能预测热带太平洋将会对全球变暖做出怎样的反应，无法对过去气候的突变做出合理的解释，但可以通过气候模型对过去气候变化的分析了解它的准确性。

气候模型之所以无法精准地预测未来气候，主要是因为未来的很多变化无法被预测，如流行病、战争、政治格局、经济活动，这些都会影响温室气体的排放，还有未来太阳活动可能发生改变，地球系统比我们建立的模型复杂得多。我们可以对过去发生的变化做出假设，但无法预测未来，即便忽略政治、经济、太阳以及火山的活动（Philander，1998）。

4. 目前来说全球变暖的影响尚不明确

很多近极地的地区会变暖，而且这正在发生。但是我们无法知道局部地区和人口稠密地区温度上升的程度；无法知道气候的变化对降水分布、热带风暴以及干旱会有怎样具体的影响；不完全了解气候变暖怎样改变生态系统。然而全球变暖的影响并不一定全是坏的，加拿大、美国、新英格兰和俄罗斯等严寒地区气温变暖，可能对人类生产生活有积极影响（Frosch and Trenberth，2009）。

5. 短期时间的预测还是很有可行性的

如果无法确定对下个世纪的预测是否准确，那么可以将时间缩短。第三次世界大战可能会发生吗？不得而知。会不会暴发全球性的疾病，以至于碳排放量大大降低？2019年新冠病毒暴发，在全球封锁下2020年碳排放量降低了24亿t（Friedlingstein et al.，2021）。经济增长率会一直保持现有的水平吗？化石燃料在未来有可能被其他能源取代。

现在也有很多新能源，但是化石燃料仍然是主要能源。目前我们只了解了少数地球系统的反馈机制。这些模型很复杂吗？气候将会一直持续变暖吗？由于气候系统有其独特的惯性，很有可能是这样。因为即使在此期间人类的活动没有向大气中排放 CO_2，目前大气中多余的 CO_2 仍会使全球变暖。总体来说，预测未来几十年的气候变化还是比较准确的。

二、CO_2 的增多以及对未来气候变化的预测

全世界有超过 60 亿的人燃烧燃料取暖、发电照明、工厂运行以及为汽车、公交、船、火车飞机等提供动力。燃料产生 CO_2 并释放到大气中。每年燃料的燃烧增加了大约 6Gt 的碳到大气中。2020 年全球 CO_2 浓度平均估计为 414 ppm，比工业化前水平高出 48%，比 1990 年水平高出 16%，比 2015 年水平高出 3%（Friedlingstein et al.，2020）。CO_2 是温室气体，大气 CO_2 浓度的增加必然会影响地球辐射平衡。地球要保持恒定的温度，就需要它向外的辐射量必须与吸收太阳的辐射量大致平衡。大气中过多的 CO_2 将吸收一部分地表向外的辐射，最终导致地表温度升高。

（一）CO_2 和温度的测量

全球大气的混合需要几年的时间，因此 CO_2 的测量需要选在远离当地影响的地方。两个最著名的测量地点在夏威夷的莫纳罗亚山（Mauna Loa）和南极洲的沃斯托克站（Vostok）。

Keeling 和他的同事自 1958 年开始在夏威夷的莫纳罗亚进行 CO_2 观测（Harris，2010），结合 Vostok 极地冰芯数据，得到了 1880～2004 年间大气中 CO_2 的浓度，发现与全球表面平均温度变化趋势基本吻合。Vostok 冰芯采自南极冰盖，从表面到底部的柱状冰芯，全长 2083 m，分割成 4～6 m 的小段冰芯带回。冰芯显示出每年一层的结构，可以用来标记冰柱里气泡的年代。分析气泡中的气体含量特征就可以算出冰层形成时大气中 CO_2 的浓度。根据氧和氘同位素的比值可以确定冰芯形成时的温度。Vostok 冰芯计算出的大气 CO_2 浓度显示，现在的 CO_2 浓度远远高于过去 40 万年间所有的值，而且当 CO_2 的浓度升高时，温度也高（Kennedy and Hanson，2006）。

（二）人类制造的 CO_2 来源

人类制造的 CO_2 大多数来自化石燃料，如煤、石油和天然气。燃烧森林开垦农田，用来取暖和做饭用的木材的燃烧也会产生少量的 CO_2。根据 2005 年英国石油的《BP 世界能源统计年鉴》可知，全球消耗的化石燃料大约是 82.6 亿 t 油当量。2003 年全球石油消费是每天 76.8 百万桶油。余下的大部分能源来自天然气和煤。美国每年人均能源消费量约为 57 桶油。这些能量用来生活工作照明、为电力卡车和汽车提供动力以及机械操作。按每桶 50 美元，57 桶原油为 2850 美元。如果完全用电力作为能源，每人每年将花费 7300 美元。美国的能量消耗大约 89.4%来自化石燃料的燃烧。其中，39.1%石油，25.9%天然气，24.4%煤，8.1%核能，2.5%水力发电。虽然美 国只占有世界人口的 4.6%，但是消耗了世界能源的 24%。

（三）未来气候变化预测

由于未来自然气候变化的方向还有很大的不确定性，特别是在人们关心的年代到世纪时间尺度上，现在还不能给出明确回答，这里所讨论的只是人为温室气体增加可能造成的气候变化。

1. 温室气体浓度

未来大气温室气体浓度取决于人类排放量、海洋对碳的吸收、陆地生物圈对碳的吸收等多种生物地球化学过程。这些过程目前尚存在很多不确定性，因此预测未来的大气温室气体浓度也只能给出一个粗略的范围。未来大气中温室气体的浓度整体上是呈上升趋势。如果未来100年人类CO_2排放量仍然处于增加的趋势，则可以预见大气中温室气体的浓度将会加速上升，其上升速率取决于不同的排放情景。

2. 增温的预测

未来CO_2等温室气体增加，还将使全球温度进一步变暖。对于未来全球增温，目前主要是采用数值模式进行预测。此外，根据目前气候变化的趋势外推和根据地质时期资料的古气候类比方法也得到应用。

Manabe 和 Wetherald（1975）最先尝试用全球大气环流模式模拟CO_2增加所导致的气温变化，他们发现当CO_2增加一倍时，全球表面气温平均可升高2～3℃。后来的模拟包括了更真实的海陆分布和季节变化，并考虑了海洋的动力和热力交换过程，但所得出的增温幅度与Manabe和Wetherald（1975）的结果相似，一般在2～4℃之间。这一增温值是20世纪时间段内增温值（0.6℃左右）的3～7倍，大大超过了近1万年中任何时期的增温速度（Manabe and Wetherald，1975）。因此可以判断，全球将继续变暖，人类将完全进入一个变暖的世界。

全球不同区域的升温预测结果有一定的差异。多数陆地的变暖速率比全球平均变暖速率更快，冬季北半球的高纬地区和青藏高原的增温幅度，相比全球平均增温幅度超出40%。夏季则是地中海盆地、亚洲的中部和北部以及青藏高原地区增温最大，南亚和南美洲的南部在夏季，以及南亚地区在冬季和夏季，增温的幅度都比全球平均增温值要小。

此外，一些古气候研究和模式结果表明，在全球增温过程中，北大西洋深层水生成速率将减小。这意味着，墨西哥湾暖流和北大西洋漂流的强度将减弱，并将引起整个北大西洋及其两岸陆地，特别是西欧和西北欧地区冬季温度明显下降。

3. 降水或干湿的预测

大气CO_2增加导致气候变化的另一个重要方面是降水量或土壤水分的改变。在某种程度上，这种水分条件的变化比气温变化更有意义。在研究这个问题时已采用了气候模式、历史类比和动力分析三种方法，其中气候模式仍然是研究较多的。

在模式预测CO_2影响的初期就已经指出，由于增强的蒸发作用，全球降水平均值将有所增加。CO_2倍增后，降水平均值可增多百分之几（Manabe and Wetherald 1975）。Manabe

和 Wetherald（1985）的模拟表明，CO_2 增加后一个基本变化就是全球水分循环过程的加强，蒸发量和降水量都将增加。

Flohn 等（1990）的研究表明，在以 40°N 和 10°S 为中心的两个纬度带，可能出现降水明显减少和温度明显上升的趋势，从而导致干旱现象的发生和加剧。这是由于大陆腹地温度上升引起蒸发作用增强，而降水量并没有跟上所导致。而在 10°N～20°N 之间、50°N 以北地区及 30°S 以南地区的降水将会增多。这些变化对世界水资源的分布可能有明显影响。一些河流的平均流量可能显著增大，从而导致所在地区经常洪水泛滥。而另一些地区的河流流量会大大减少，又会严重影响农业的灌溉。

大气中 CO_2 的增加对大范围的雨灌农业影响很复杂，比灌溉农业的影响更难估计。CO_2 是植物的一种养料，也是光合作用的原料之一。较高的 CO_2 浓度有利于光合作用的进行，使植物生长得更快。许多植物在富 CO_2 的环境里，会部分关闭它们的气孔即叶孔，就能减少水分的蒸发。目前，对降水或土壤水分变化的预测还存在很大的不确定性。

4. 冰原消退

西南极洲（指 0°子午线到 180°子午线以西的陆地和冰原部分）是大众所关注的焦点，因为大气中 CO_2 含量增加所引起的全球性变暖有可能使全世界的极地冰川融化。广为关注的有关气候变暖的一个可能后果，便是西南极洲冰原的消退问题，因为该冰原大部分位于海平面以下。海平面以上的冰川面积约 200 万 km^2。如果这些冰全部融化进入海洋，海平面将升高 5～6 m，这将使荷兰、孟加拉国、美国南部沿海低地的许多沿海城市被海水吞没，还会淹没世界上人口密集的河流三角洲地带的大量农田。此外，当海洋变暖时，由于热胀冷缩作用，海水的体积会膨胀变大，从而引起海平上升。

气候变化对冰川的影响是十分复杂的，冰川的消长既取决于其上积雪量的多少，又取决于夏季积雪融化量。冰川的变化是以上两个变量之间差值的体现。在气候模式中，为了预测冰川未来的融化状况，必须同时考虑这两个要素。预测表明，北半球的冰川和冰盖在 21 世纪将继续大范围退缩（Kennedy and Hanson，2006），南极冰原的冰量可能由于降水的增加而增加，格陵兰冰盖减少，这可能是由于融冰径流增加量超过了降雪的增加量。2002 年 3 月拉森 B 冰架的迅速塌崩是一个明显的冰原消退的先兆。但根据目前的预测，整体来看，在 21 世纪西南极冰架不可能大规模消失，因而也不会导致海平面的显著上升。

在人类活动的影响下，目前的环境正以多种方式发生退化，而全球变暖将加速这些退化。对位于河流出海口附近地势较低的国家（如孟加拉国），以及分布在大洋中的许多小岛国来说，海平面升高将导致更加糟糕的后果，这个问题已引起上述国家的特别关注。由于土地过度利用及森林砍伐，随着某些地区旱涝的增加，火灾、土壤流失现象将加剧。在一些地区，大范围的森林砍伐以及随之而来的干旱气候将使得农业生产难以维持。全球变暖对水分供给的影响非常大，预计地球上某些地区将会变暖变干，干旱的可能性大增，尤其是在夏季，而某些地区则会发生更多的洪涝灾害。气候变化对人类本身的直接影响主要是极端高温产生的热效应所导致的疾病，它将变得更加频繁与广泛。影响人类健康同时，较高的温度也有助于某些热带传染性疾病（如疟疾）向新的地区传播。

三、气候变化中的其他影响因子

由之前介绍的内容可知，地球的气候变化受多种自然以及人为因素的影响，但是来自地球内部或者外部的突然力量也有可能导致全球气候的变化，甚至是突变。

（一）火山喷发

强烈的火山喷发能够把大量的气体和火山灰抛向高空，火山尘幕中的固体粒子可在平流层停留 1 年以上，并通过平流层化学、动力学的影响而介入全球变化的过程；它们可以改变平流层的化学成分并造成化学过程异常，将对大气中的 CO_2、O_3 等的平衡产生影响；而受火山活动影响最大的，可能是平流层中气溶胶及其光学性质的变化所造成的太阳辐射收支的变化；强火山爆发能在平流层下部形成一个持久的含有硫酸盐粒子的气溶胶层，它们存留在平流层中增加了大气的反射率，因而减少了到达地面的直接太阳辐射，进而导致温度下降，这个影响被称为“阳伞效应”。

印度尼西亚坦博拉火山（Tambora）于 1815 年 4 月爆发，从 4 月 5 日持续喷发到 7 月中旬，是世界上有历史记载的持续时间最长的一次火山爆发。火山爆发释放的能量，相当于第二次世界大战末期美国投在日本广岛的“小男孩”原子弹爆炸威力的 6.2 万倍。坦博拉火山喷出的火山灰随着气体主方向飘向火山的西北面，在火山西北方向 1500km 之外，地面降落的火山灰厚度达到了 1 cm，150km 外火山灰有 1 m 厚。同时，坦博拉火山喷出的火山灰在地球大气圈中形成一个火山灰圈层，遮挡了太阳进入整个地球的光和热，从而导致整个世界一年多的气候状况受到影响，且这种影响持续了很长时间，以至 1816 年被称为“没有夏季的一年”，全球气温平均下降 0.53℃（李矫译和杨占译，2019）。

（二）陨石撞击

地球每天都要接受 5 万 t 的陨石来袭，大多数陨石在距地面 5～20 km 的高空就已燃尽，即便落在地上也难找到。但是如果有一天一颗体型巨大的陨石落向地球将会如何？一般天文学家认为，直径几十米的陨石撞击地球就会造成强烈影响，估计直径在一二百米的陨石会造成毁灭性的气候巨变，造成至少 90%的人类死亡。

关于恐龙灭绝除了超级火山喷发假说外，还有陨石撞击这一假说。6500 万年前，有一颗至少 10 km 的小行星撞击了地球，随后地球发生了巨大的震荡，由此引起的一系列气候突变直接导致了诸多物种包括恐龙的灭亡。当陨石以高速撞击地球时，将产生一系列的物理、化学和地质作用过程。当陨石通过地球大气层时，陨石的外壳因受超高温和超高压作用而爆炸、气化、熔融和粉碎。强大的冲击波使地面可燃烧的物质燃烧，导致大量烟尘和燃烧颗粒物弥漫在大气中。撞击体本身所挟带的如镍等重金属，使地球环境恶化，生物中毒死亡。大量气化物质和熔融溅射物质以及撞击释放的气体会阻挡入射的太阳辐射，引起全球降温，形成漫长而黑暗的冬季，并影响光合作用，使食物链中断。

（三）太阳活动

太阳辐射直接驱动了发生在地球表面的各种过程。太阳辐射的变化改变了到达大气层的能量，并通过影响物理气候系统的能量收支平衡导致气候变化，进而引起全球变化。太阳活动高峰期，与太阳微粒辐射密切相关的极光现象明显增加。对树木年轮中的 ^{14}C 测量的结果表明，太阳活动强时，^{14}C 含量低；反之，^{14}C 含量高，可能是强磁场使宇宙射线偏离了地球。太阳活动高峰期臭氧层变厚并且升温，加速平流层中臭氧的生成，引起温室效应。据估计，太阳辐射变化 1%，地面平均温度可变化 1℃左右。

第八章　人类如何应对全球变化

全球变化的时间尺度从地球行星演化的几十亿年到太阳辐射的几秒间变化，空间尺度从全球到大气和海洋的几十米间波动，其时空尺度范围很大，涉及的内容也十分丰富。例如，气候系统与水文循环过程、固体地球系统与岩石圈循环过程、生态系统与生物地球化学循环过程、人类生态系统与人类活动过程等都属于全球变化的范畴。本书第四～第六章也讲述了海洋、大气、生物圈对全球变化，尤其是气候变暖的响应。在全球变化中大气成分及其含量、相态等变化是最活跃的，生物圈的变化是最复杂的，海洋和土壤的变化则是最广泛的。自明清“小冰期”结束，近代工业革命以来，全球地面平均温度（SAT）波动增长特征明显（Yao et al.，2017），平均 SAT 上升了近 1℃（Kosaka and Xie，2016），20 世纪 70 年代中期至 1995 年 SAT 上升约 0.5℃，近三十年的变暖速度已超过气候系统内在变率所引起的升温速率（Trenberth and Fasullo，2013）。全球变暖俨然已成为全球变化最突出的标志，气候增暖已对地球各圈层产生了广泛影响，并与各国经济和社会发展密切相关。面对全球气候变化，人类应该如何应对？这也是全人类需要去思考和面对的严峻问题。本章主要介绍近一百多年的气候变暖相关科学研究、气候谈判和人类应对全球气候变暖的措施等。

第一节　科 学 研 究

一、近一百多年的全球变暖

人类认识到全球变暖引起的现象，是应对全球变化的重要前提和开展科学研究的出发点。全球变暖更多的信息和证据在 IPCC 气候变化评估报告中有详细记录和研究。自 1988 年 IPCC 成立以来，该组织分别于 1990 年、1995 年、2001 年、2007 年、2014 年、2021 年出版了六份气候变化评估报告，在国际社会各界产生了重大影响，它们已经成为气候变化领域的标准参考著作，被决策者和科学家等广泛使用。

大气具有增温效应，该理论最早是由法国物理学家和数学家傅里叶于 1827 年提出。大气中的温室气体能吸收地面长波辐射，使地气系统的温度长期保持在适合人类和其他生物生存的水平。如果没有温室气体，地表温度将较现在低 33°C 左右。但如果温室气体浓度一直增加，则会产生增强的温室效应，从而打破地-气系统的辐射平衡。工业革命以来，人类通过开采、燃烧化石燃料，以及进行运输、养殖、废弃物处理、改变土地利用率等过程排放的 CO_2、CH_4 和 N_2O 等人为温室气体中，CO_2 排放量占比超过一半。从图 8.1 可以发现，近半个世纪大气中 CO_2 含量呈指数增加，陆地增温幅度显著强于海洋，中国的增温速率与全球陆地的增温速率基本一致。通过计算相关系数可知，大气 CO_2 含量和陆地、海洋、中国平均温度距平序列的相关系数分别为 0.79、0.88 和 0.53，且均通过显著性检验，这说明气候增暖程度和大气 CO_2 含量呈显著正相关。IPCC 第六次评估报告显示 2011 年以来大气中温室气体含量持续增加，2019 年 CO_2 年平均含量为 410×10^{-6}，CH_4 为 1866×10^{-9}，N_2O 为 332×10^{-9}。2001～2020 年全球平均温度比 1850～1900 年平均值高约 0.99℃，2011～2020 年全球平均温度较 1850～1900 年平均值高 1.09℃，其中陆地增幅 1.59℃高于海洋的 0.88℃。

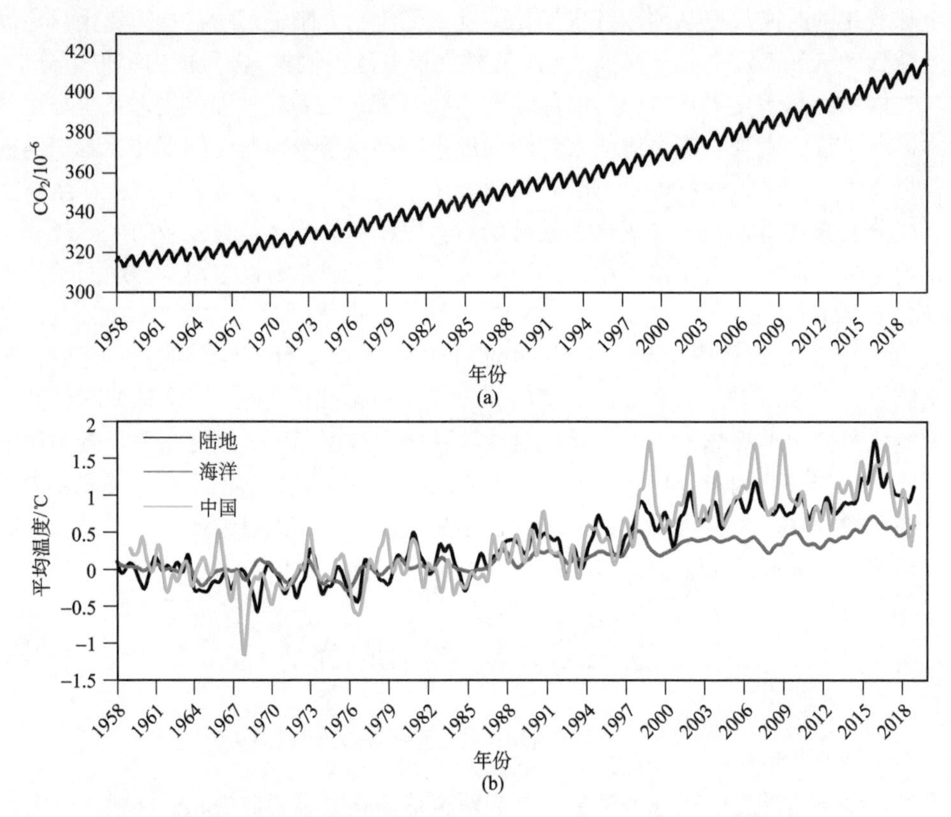

图 8.1　CO_2 时间序列和 HADCRU 资料陆地、海洋和中国平均温度距平时间序列

（数据源自 NOAA）

众所周知，影响气候变化的原因主要有两个：自然原因（海温、陆地、火山活动、太阳活动、自然变率等）和人为原因（人为温室气体排放、土地利用、城市化等）。IPCC 第五次报告称 1951～2010 年 SAT 的升高主要是温室气体浓度的人为增加和其他人为强迫共同导致（图 8.2）。大气中 CO_2 浓度的增加增强了温室效应，使全球 SAT 增加，这是全球变暖的主要原因。地表和海洋蒸发以及植物蒸腾作用产生的水汽占大气成分约 2%，但其对温室效应的贡献率为 36%～72%，因此水汽的增温效应也成为气候变暖的一个可能原因（Held and Soden，2000）。

全球变暖意味着气候资源条件的变化，SAT 的升高，改变了水、热资源的空间分布，因此对温度和水分变化敏感的地区和生物首先受到影响。例如，全球变暖使冰冻圈退缩，尤其是极地冰川、海冰和永久冻土层融化等。北极的升温速度是地球其他地方的 2 倍以上，自工业革命以来升温 2～3℃，数值模拟结果显示未来北极的升温速度比其他地区更快，到 21 世纪 30 年代升温速度达 0.6℃/10a（Smith et al.，2015）。根据美国国家冰雪数据中心（National Snow and Ice Data Center，NSIDC）的观测记录显示，2020 年 8 月 17 日海冰面积约 5.15×10^6 km^2，为自 1979 年有卫星记录以来第三低（历史最低值年为 2012 年，其次为 2019 年）。模拟结果显示到 2035 年夏季，北极海冰将完全融化（Guarino et al.，2020），到时北极将出现无冰夏季。极地海冰消融，对生态系统、淡水系统和地表能量收支等会产生影响（Serreze et al.，2007）。NOAA 在 12 月 8 日发布的 2020 年度《北极报告》中称北极温度升高、冰冻圈退缩以及生物变化的持续转变非常明显，欧亚北极地区的极端温度对年际变率和整个北极环境中的联系产生影响。近几十年青藏高原气候变暖是冻土退化的根本因素，人类活动在局部加速了这种变化，推测未来几十年内冻土退化仍会保持或加速。过去 50 年，青藏高原积雪面积总体也呈减少趋势（姚檀栋等，2013）。

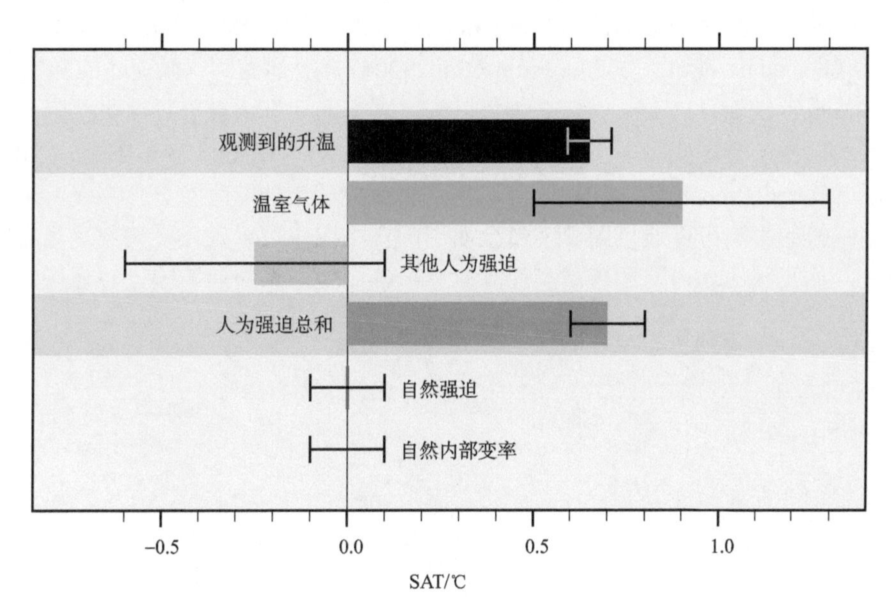

图 8.2　1951～2010 年期间造成观测全球地面平均温度变化的原因（IPCC，2014b）

气候变化也意味着海洋变化，海温升高会破坏海洋和陆地生态系统（Ramírez et al.，2017；Lehodey et al.，2013）。上层海洋升温速率更快，对大多数海洋生物如浮游生物、鱼类和鲸鱼等造成严重威胁。全球 50%～70%的珊瑚受到全球变化的影响，海温升高会进一步导致珊瑚白化（Hoegh-Guldberg，1999）。1998 年、2010 年和 2014～2017 年三次全球珊瑚白化事件严重破坏了珊瑚礁生态系统，澳大利亚大堡礁北部有多半的珊瑚礁在第三次白化事件中死亡。自工业革命以来，海水吸收了 1/3 大气中人类排放的 CO_2，从而导致海水酸化。海水酸化会导致珊瑚生产碳酸钙的能力下降（高坤山，2011）。全球 SAT 升高和区域降水的增加或减少会改变物种的分布，威胁生物多样性（Trisos et al.，2020）。例如，温度升高将导致耐热物种增加，而降水变化将导致需水物种的丰度发生变化，观测结果显示气候变化导致佛罗里达州南部的橡树群落向高纬度迁移（Feeley et al.，2020）。如果 SAT 升高 5℃，全世界多达 60%的鱼类的生存将受到严重威胁（Dahlke et al.，2020）。

海洋变化也体现在海水热膨胀和海平面上升。格陵兰冰盖是影响海平面上升的主要因子，倘若其全部消融，海平面将上升 6m，印度洋海平面在过去两个世纪已经上升 1m（Kench et al.，2020）。1992～2018 年全球冰川存储量已经减少 3902 亿 t，使海平面上升了 10.8mm，模拟显示，到 2100 年全球海平面将上升 70～130mm（Shepherd et al.，2020）。海平面上升将淹没大量岛屿和低海拔地区，如美国墨西哥湾沿岸和东部沿海地区，荷兰和比利时的大部分地区，以及孟加拉国等，一些主要城市如东京、纽约、孟买、上海和达卡等都面临海平面进一步上升的威胁。据估计到 21 世纪末，每年将有 3.6 亿人遭遇沿海洪水灾害影响（Shepherd et al.，2020）。海平面上升也会产生一些次生灾害，如破坏沿岸红树林生态系统，海水倒灌、城市洪水排泄不畅，以及对航运、水产养殖业等的不利影响。

全球变暖也会使全球水循环或区域水循环发生变化（Bintanja et al.，2020）。海温升高会刺激海流加速运动（Voosen，2020b；Armitage et al.，2020），热带气旋的生成频数、强度、持续时间（Webster et al.，2005；Knutson et al.，2010；Kossin et al.，2020）、极端降水强度（Konapala et al.，2020；Prein et al.，2017）等都受到气候变暖的影响。IPCC 第六次评估报告显示，自 20 世纪 50 年代以来，观测的亚洲大部分地区极端降水有显著增加趋势。同样，全球变暖也会对农业、粮食安全（Wheeler and Von Braun，2013）及人体健康（Obradovich et al.，2017）等产生危害。关于全球变暖对自然系统、生态系统和人类系统等的影响可以通过图 8.3 做全面了解。从图中可以发现，气候变化对生态环境脆弱区，如我国西北内陆和青藏高原高寒地区陆面生态系统的影响比较显著。

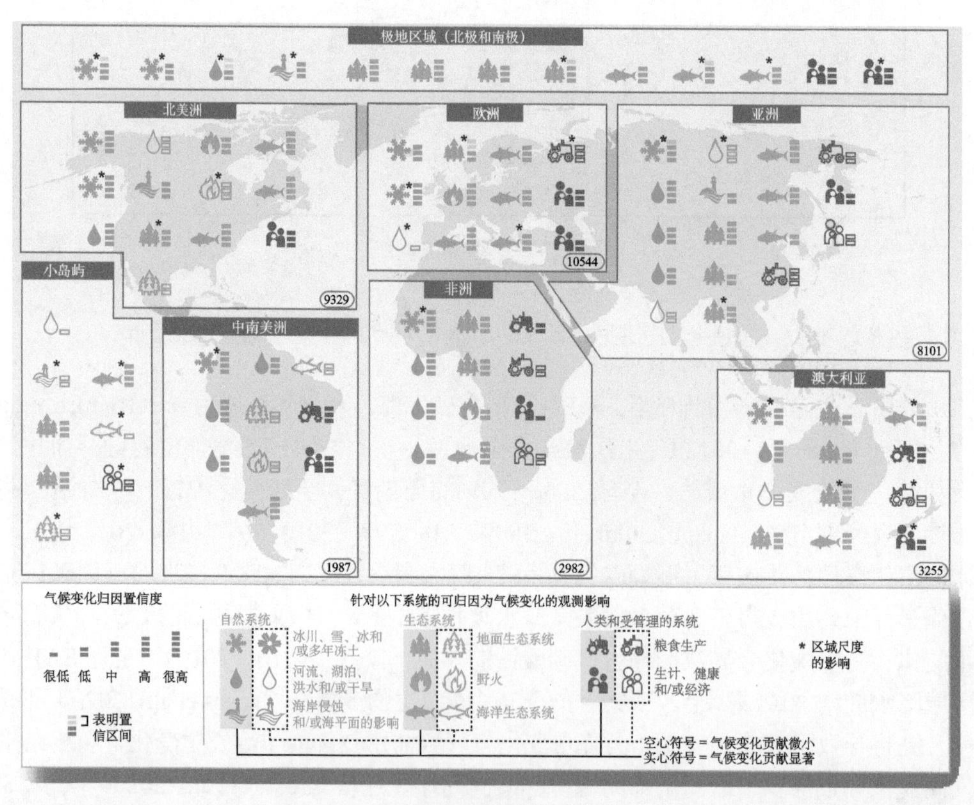

图 8.3　基于自 IPCC 第四次评估报告以来可用的科技文献归因于气候变化的广泛影响（IPCC，2014b）

右下角椭圆中数字表示 2001～2010 年关于该地区气候变化的文献数量（根据 Scopus 数据库查询）

二、21 世纪初的增温停滞

近一百多年全球变暖是一个不争的事实，但在整体增温的趋势上存在波动，1900 年以后 SAT 的波动比较明显。模拟和观测的结果均显示，20 世纪 50 年代和 21 世纪初两个时段 SAT 增温很小（Yao et al.，2017），因此把这两个时段称为增温停滞时期（hiatus）。21 世纪初，关于 hiatus 的研究较多（Chen and Tung，2014；Schmidt et al.，2014；Huang et al.，2017；Meehl et al.，2011；England et al.，2014），该现象已成为气候变化研究的热点（Hawkins et al.，2014；Roberts et al.，2015a），并被评为 2014 年十大科学事件之一。在 21 世纪以来，hiatus 的研究受到科学界、新闻媒体及社会公众的广泛关注（Medhaug et al.，2017）。对于 hiatus 现象机制的研究，有助于提高对强降水、台风及热浪等极端气候灾害的预估能力，对我国乃至周边国家都有重要的社会效益，对制定未来气候变化政策和应对战略具有重要的科学意义（林霄沛等，2016）。

最早关注 21 世纪初 hiatus 事件的是英国地质学家 Carter，他在一篇评论中提到 1998～2005 年间全球平均 SAT 并未增加。随后公众对该现象进行了广泛讨论，但科学界并未给予足够认识（宋斌等，2015）。直到 2009 年，Easterling 和 Wehner（2009）、Knight 等（2009）先后对此次事件进行深入研究。Easterling 和 Wehner（2009）发现在温室气体排放增加的情况下，观测和气候模式模拟结果都显示全球 SAT 在近十几年没有增加，甚至有减小的特点出现，并且认为会持续二十年左右。Knight 等（2009）利用 HadCRUT3 资料估算的 1999～2008 年的增温率为 0.07±0.07°C/10a，明显小于 1979～2005 年的 0.18°C /10a（Solomon et al.，2007）。然而我国在 1999～2008 年间增温幅度达到 1℃，并没有表现出明显的增暖停滞现象，冬季则有升温趋缓的情况（王绍武等，2010），青藏高原地区也呈现增温的情况（Duan and Xiao，2015）。由此可见，hiatus 事件也有很强的区域特征。

21 世纪初 hiatus 期间，对流层低层气温仍然在上升，平流层则一直在降温（Santer et al.，2014），热带太平洋出现强冷异常，这与 La Niña 现象或者 PDO 处于负位相时海温空间分布模态基本一致。海温冷异常中心存在于欧亚大陆以及北极，暖异常中心位于北美、大西洋和印度洋区域（Yao et al.，2017）。hiatus 期间碳排放依然以 3.1% 的速度增加，大气中 CO_2 浓度也在继续上升，温室效应仍在加剧（王绍武等，2014）。增强温室效应和全球 SAT 增加趋缓之间有何联系？hiatus 的原因是什么？这些问题均值得探究。大型火山爆发（Schmidt et al.，2014）、太阳活动变化（Hansen et al.，2010）、人类活动排放的气溶胶、温室气体以及气候系统内在变率（England et al.，2014；Watanabe et al，2013；Kosaka and Xie，2016）等因素都有可能是增温趋缓的原因。Chen 和 Tung（2014）提出深层海水热量增加减缓全球变暖。也有学者认为 21 世纪初的 hiatus 现象是资料缺失所致（Karl et al.，2015）。不论是研究全球变化、气候变暖，还是增温停滞，这些现象及其真正成因都需要强有力的观测数据来支撑和证实，而资料的缺失也有可能造成统计结果失真。虽然卫星探测技术、遥感监测技术、超级计算机技术以及资料同化技术等日趋成熟，为人类研究地球系统科学提供了大量数据，但仍需注意的是全球 SAT 观测资料存在缺失的事实。例如，南半球中高纬度地区几乎没有地面温度的观测资料，北极和非洲地区也缺少大量温度观测资料（Medhaug et al.，2017）。研究结果表明，1998～2012 年升温速率趋缓主要是气候系统内部变率引起的，从长期趋势看，气候增暖的趋势仍然存在（McKenna et al.，2020a）。IPCC 第六次评估报告显示气候变暖的速度正在加快，1970 年以来升温幅度比过去 2000 年的任何 50 年都要快，由此可见，21 世纪初的 hiatus 只是气候变暖大趋势下的一段小插曲。

三、全球变化相关组织和计划

为应对全球变化，国际科学理事会、世界气象组织、联合国教育、科学及文化组织、联合国环境规划署等组织联合开展了世界气候研究计划（World Climate Research Program，WCRP）、国际地圈-生物圈计划（IGBP）、国际全球环境变化人文因素计划（IHDP）和国际生物多样性计划（DIVERSITAS）四大科学计划，并构建了全球气候观测系统（Global Climate Observing System，GCOS）、全球陆地观测系统（Global Terrestrial Observing System，GTOS）、全球海洋观测系统（Global Ocean Observing System，GOOS）、全球环境监测系统（Global Environment Monitoring System GEMS）、地球观测系统（Earth Observing System，EOS）和全球通量观测网（Fluxnet）等一系列观测系统。

WCRP 组织是联合国世界气象组织，教育、科学及文化组织国际科学院联盟以及政府间海洋学委员会的 18 位科学家于 1980 年成立的全球性气候研究组织，总部位于瑞士日内瓦，主要任务和宗旨是预测气候变化，监测人类活动对气候所产生的影响，协助分析及预测地球系统变化，为人类目前和未来的利益服务。目前集中对海冰融化及全球效应、云、环流和气候敏感性、碳循环、极端天气和气候、水资源管理、区域海平面变化以及短期后期预测等进行研究，现在 WCRP 的核心子计划有：①气候与冰冻圈计划（Climate and Cryosphere，CliC），CliC 鼓励并促进对冰冻圈的研究，以增进对冰冻圈及其与全球气候系统相互作用的了解，并增强利用冰冻圈的一部分来探测气候变化的能力；②全球能源和水交换（Global Energy and Water Exchanges，GEWEX），GEWEX 是一项研究、观测和科学活动的综合计划，着重于确定全球和区域水文循环，辐射过程等；③平流层-对流层过程及其在气候中的作用（Stratosphere-troposphere Processes And their Role in Climate，SPARC），SPARC 旨在解决大气动力学和可预测性、化学和气候以及对气候了解的长期记录方面的关键问题；④气候变率与可预测性研究计划（Climate and Ocean Variability，Predictability and Change，CLIVAR），CLIVAR 的任务是了解耦合的海洋-大气系统的动力学、相互作用和可预测性，为此，它有助于观察、分析和预测地球气候系统的变化，从而使人们能够更好地了解气候的变异性，可预测性和变化。2020 年 12 月，WCRP 又增加了两个核心子计划，分别为地球系统模拟与观测能力项目（Earth System Modeling and Observaitonal Capabilities，ESMOC）和区域气候降尺度项目（Regional Climate Information for Societies，RCIS）。在 WCRP 计划实施的几十年里，顺利完成了热带海洋和全球大气计划、世界大洋环流实验和北极气候系统研究计划等。

IGBP 于 1987 年启动，旨在协调有关地球生物化学过程、物理过程及其与人类系统之间全球和区域相互作用的国际研究，并提供重要的科学引导和加强对地球系统的了解，以帮助在快速全球变化中引导社会走上可持续发展的道路。

IHDP 最初是由国际社会科学理事会于 1990 年发起。IHDP 是一个跨学科的、非政府性的国际科学计划，旨在促进和共同协调研究。IHDP 结构设置围绕研究、能力建设、网络化三大目标进行，包括科学委员会、核心科学计划、联合科学计划、秘书处、国家委员会等五大模块。

DIVERSITAS 成立于 1991 年，旨在处理全球生物多样性变化和丧失引起的复杂科学问题，通过自然科学和社会科学各学科领域科学家联合的方式，促进全球关注的跨国家和区域边界的生物多样性问题的研究，从而增加在全球范围实施生物多样性研究计划的价值。

2001 年 WCRP、IGBP、IHDP 和 DIVERSITAS 组建地球系统科学联盟（Earth System Science Partnership，ESSP），促进地球系统的综合集成研究。2012 年，国际科学理事会和国际社会科学理事会发起，联合国教育、科学及文化组织，联合国环境规划署，联合国大学，贝尔蒙特论坛（Belmont Forum）和国际全球变化研究资助机构等组织共同牵头，组建了为期十年的大型科学计划“未来地球计划”。未来地球计划是以解决问题为导向，为可持续发展提供理论支持和行动组织，并设置了三个研究方向：动态地球（dynamic planet）、全球发展（global development）、可持续发展转型（transition to sustainability）。其中，动态地球关注的是方法、状态和关键地区，包括寒带地区、热带地区以及极地地区等；全球发展关注的是资源管理、生态系统管理和公共管理；可持续发展转型关注的是转变过程的创新和变化以及全球和区域管理。同时，建议增强 8 个关键交叉领域：地球观测系统、数据共享系统、地球系统模式、发展地球科学理论、综合与评估、能力建设与教育、信息交流、科学政策的沟通和平台。

第二节　气 候 谈 判

气候变化是当今及 21 世纪人类面临的长期重大挑战，各国应共同应对。国际气候治理的主要依托平台是联合国气候变化谈判会议。自 1992 年《联合国气候变化框架公约》（United Nations Framework Convention on Climate Change，UNFCC）诞生以来，各国就减缓气候变化的共同意愿已进行 25 次气候谈判，即联合国气候变化大会（Conference of the parties to climate change，COP）（表 8.1）。1997 年的日本京都气候变化大会和 2015 年的法国巴黎气候变化大会之后分别签订了《京都议定书》（下文简称 KP）和《巴黎协定》（下文简称 PA）。UNFCC 是全人类面对气候问题制定的第一个国际公约，是进行气候谈判的开端和总体框架。KP 是第一份具有法律效力的气候法案，PA 是第一份全体缔约方通过的气候法案。通常将 2015 年巴黎气候变化大会之后称为“后京都”时代，这也是气候谈判的关键阶段。如何合理分配排放指标，保证发达国家和发展中国家都能得到发展，一直是各个国家制定减排措施时争论的焦点。从历次的气候谈判中可以了解到，气候谈判必将是一项长期且艰巨的任务，需要各国通力合作。

UNFCC 是由 154 个国家于 1992 年 5 月在联合国环境与发展大会签署通过，1994 年 3 月生效实施。批准公约的国家叫公约缔约方，联合国气候变化大会也叫作 UNFCC 缔约方会议。公约规定，从1995年起，公约缔约方每年召开会议，评估应对气候变化的进展。截至2018年8月，UNFCC缔约方共有197个国家和地区，其中有192个国家同意签署KP，197个国家全部同意签署PA。UNFCC将缔约国分为发达国家和发展中国家，确立了“共同但有区别的责任”，明确发达国家应承担率先减排和向发展中国家提供资金技术支持的义务，发展中国家未分配任何具体的减排任务。

表8.1　联合国气候变化大会

年份	举办国家和城市	主要成果
1995	德国，柏林	通过《共同履行公约的决定》《柏林授权书》等
1996	瑞士，日内瓦	起草《柏林授权书》涉及的议定书
1997	日本，京都	签订《京都议定书》，1998年5月29日，中国签署《京都议定书》
1998	阿根廷，布宜诺斯艾利斯	制定落实《京都议定书》的计划
1999	德国，波恩	通过《京都议定书》执行细节和会议决议等
2000	荷兰，海牙	各方对《京都议定书》意见不统一
2001	摩洛哥，马拉喀什	通过《京都议定书》，形成马拉喀什协议文件
2002	印度，新德里	通过《德里宣言》
2003	意大利，米兰	各方对《京都议定书》具体执行意见不统一
2004	阿根廷，布宜诺斯艾利斯	10周年总结和展望
2005	加拿大，蒙特利尔	《京都议定书》正式生效。大会取得的重要成果被称为“蒙特利尔路线图”
2006	肯尼亚，内罗毕	制定“内罗毕工作计划”，一致同意“适应基金”
2007	印尼，巴厘岛	通过 “巴厘岛路线图”，启动“双轨制”谈判
2008	波兰，波兹南	八国集团*领导人就温室气体长期减排目标达成一致，启动帮助发展中国家应对气候变化的适应基金
2009	丹麦，哥本哈根	发表《哥本哈根协议》
2010	墨西哥，坎昆	各方对《京都议定书》具体执行意见不统一
2011	南非，德班	《京都议定书》第二承诺期并启动绿色气候基金，成立绿色基金董事会和“德班平台”
2012	卡塔尔，多哈	通过《多哈修正》
2013	波兰，华沙	各方对《京都议定书》具体执行意见不统一
2014	秘鲁，利马	商议巴黎气候大会协议草案
2015	法国，巴黎	签订《巴黎协定》
2016	摩洛哥，马拉喀什	通过《巴黎协定》第一次缔约方大会决定和UNFCC会议决定
2017	德国，波恩	通过“斐济实施动力”一系列成果
2018	波兰，卡托维兹	制定《巴黎协定》实施细则
2019	西班牙，马德里	各方对《巴黎协定》实施细节意见不统一
2021		因全球受2019年爆发的新型冠状病毒疫情影响，原定于2020年11月的气候变化大会推迟至2021年11月。计划商讨《巴黎协定》实施细节

*八国集团指的是美国、英国、德国、法国、日本、意大利、加拿大及俄罗斯的联盟。

KP于1997年日本京都联合国气候变化大会通过，2005年生效。KP是在UNFCC目标指导下，为发达国家和地区规定了量化的阶段性温室气体减排或限排目标，但并未对适应行动提出任何目标，也没有给发展中国家制定任何的量化减、限排目标，所规定的阶段性目标随着其承诺期的延续而更新（高翔和腾飞，2016）。议定书明确了发达国家整体率先减排的目标和受管控的温室气体类型[二氧化碳（CO_2）、甲烷（CH_4）、亚硝酸氧化物（N_2O）、全氟化碳（PFC）、氢氟碳化物（HFC）和六氟化硫（SF_6）]，并确立了三种基于市场的灵活履约机制，分别为清洁发展机制（Clean Development Mechanism，CDM）、联合履行机制（Joint Implementation，JI）和国际排放贸易机制（International Emissions Trading，IET）同时要求有减排任务的国家和地区在 2012 年之前将其温室气体排放总量减少到 1990 年水平的 5%（第一承诺期）。排放贸易指的是允许国家和地区之间相互交易碳排放额度，世界碳交易市场大致可以分为两类：一类是依据配额的交易，即“限量与贸易”，第二类是基于项目的交易（周宏春，2009）。虽然 KP 对于应对减缓气候变暖做出了很大努力，但实际执行的情况并不是很好。很多国家未完成第一承诺期的排放任务，美国也未加入 KP，加拿大则于 2011 年退出，日本、俄罗斯和新西兰在 2012 年的多哈气候变化大会上明确表示不参加 KP 的第二承诺期。

PA 于 2015 年法国巴黎气候变化大会通过，并于 2016 年 4 月签订。它是继承 KP 使命、应对气候变化和适应其影响的第三个国际气候变化协定，也意味着全球气候治理有了新起点。协定明确发达国家和发展中国家各自的责任，通过国家自主贡献（Nationally Determined Contribution，NDC）的方式充分动员所有缔约方采取应对气候变化行动（巢清尘等，2016），目的是把全球平均气温升幅控制在工业化前水平以上 2°C 之内，并努力将气温升幅限制在工业化前水平以上 1.5°C 之内，首次明确要使资金流动符合温室气体低排放和气候适应型发展的路径（高翔和腾飞，2016）。NDC 是 PA 最核心的制度，要求缔约方根据自身的发展阶段和具体国情，自主决定未来一个时期的贡献目标和实现方式，体现了自主性和渐进性（高翔和樊星，2020）。PA 第六条要求建立国际碳市场机制和非市场机制来帮助各缔约方落实 NDC（田慧芳，2020）。PA 达成后，全球应对气候变化的模式也发生了机制上的转变，全球气候治理由 KP 设立的自上而下减排模式开始转变为广泛参与的自下而上全球合作减排模式，可持续发展和低碳转型在全世界得到认可，清洁能源、循环经济和绿色经济等话题也越来越热（黄磊等，2020）。中国签署 PA 协定后，中国政府向 UNFCC 提交了国家自主贡献方案，承诺在 2030 年左右实现 CO_2 排放达到峰值并努力尽早达峰，2030 年单位国内生产总值 CO_2 排放比 2005 年下降 60%～65%，2030 年非化石能源占一次能源消费比重达到 20%左右，以及 2030 年森林蓄积量比 2005 年增加 45 亿 m^3 左右（周丽等，2020）。国务院于 2016 年 11 月 4 日发布《“十三五”控制温室气体排放工作方案》，并提出到 2020 年，单位国内生产总值 CO_2 排放比 2015 年下降 18%，单位工业增加值 CO_2 排放量比 2015 年下降 22%，能源消费总量控制在 50 亿 t 标准煤以内，单位国内生产总值能源消费比 2015 年下降 15%，非化石能源比重达到 15%。作为最大的发展中国家和负责任的大国，中国已经主动承诺承担国际应对气候变化和环境改善的相关责任，明确提出了近、中、远期的 CO_2 减排政策目标（周丽等，2020）。2017 年中国共产党第十九次全国代表大会报告明确提出，中国积极“引导应对气候变化国际合作，成为全球生态文明建设的重要参与者、贡献者、引领者”，推动构建人类气候命运共同体。

气候变化是当前全球共同面临的重大挑战，深刻影响着人类的生存与发展。加拿大和美国的退出，使 KP 第二承诺期的履行陷入困境，但 PA 的签署又给气候谈判带来勃勃生机。PA 是多边主义的成果，凝聚了多边共识，加强了 UNFCC 的实施，是 2020 年后国际合作应对气候变化的重要法律遵循。2019 年联合国气候行动峰会、青年峰会和亚太气候周会议等都是国际社会积极合作、努力应对气候变化而开展的有意义的交流。2021 年，美国总统拜登就任后，宣布重新加入 PA，中国也愿同美方及国际社会一道，合作应对共同挑战，共同推动 PA 全面有效实施，携手构建合作共赢、公平合理的气候治理体系，助力全球低碳转型和疫后绿色复苏。“共同但有区别的责任”成为当今谈判的主题，如何实现“共同但有区别的责任”是气候谈判面临的重大挑战。中国正引导应对气候变化的国际合作，成为全球生态文明的重要建设者、参与者、引领者。

第三节　节 能 减 排

近一百多年大气中增加的以 CO_2 为首的温室气体，其排放源大多与人类活动息息相关，如能源、建筑、工业和农业等这些领域都会释放 CO_2。2020 年 8 月 24 日，为满足低碳发展和绿色发展的时代需求，科学推进防灾减灾、应对气候变化和生态文明建设，中国气象局气候变化中心发布《中国气候变化蓝皮书（2020）》，指出气候系统变暖加速。气候变暖与排放至大气中的长寿命温室气体浓度的增加有关，尤其与 CO_2 浓度的增加有关（IPCC，2014b）。IPCC 第六次评估报告更是明确人类活动导致了全球变暖的观点。自 2006 年以来，WMO 每年出版一次《温室气体公报》。报告主要长寿命温室气体（CO_2、CH_4 和 N_2O）的最新大气含量和变化率，并总结了其他温室气体的贡献。从表 8.2 可以看到 2017～2018 年 CO_2、CH_4 和 N_2O 的绝对增幅分别为 2.3×10^{-6}、10×10^{-9} 和 1.2×10^{-9}，基本接近 2016～2017 年的增幅，并且与过去十年增幅相当。截至 2020 年 7 月大气中 CO_2 浓度已经达到 414×10^{-6}，相比较工业革命前的 278×10^{-6} 增加了约 49%，根据模式模拟结果显示，21 世纪大气中 CO_2 含量将达到 450×10^{-6}～600×10^{-6}（Solomon et al.，2009）。CO_2 贡献约 66%的长寿命温室气体辐射强迫，随着其浓度的不断增加，增强温室效应也越来越强。近半个多世纪，能源（energy）、环境（environment）与经济（economy）之间的关系始终是学者和决策者激烈讨论的话题（陈诗一，2010）。由于增强的温室效应已经引起一系列的环境、经济和公共安全等问题。减缓增温速率，节能减排，降低温室气体排放，俨然已成为 21 世纪各界普遍关注的全球性问题，也是气候谈判的关键。

表 8.2　全球主要温室气体含量及其变化趋势

主要温室气体	CO_2	CH_4	N_2O
2018 年全球平均含量	$407.8\pm0.1\times10^{-6}$	$1869\pm2\times10^{-9}$	$331.1\pm0.1\times10^{-9}$
与 1750 年相比的 2018 年含量/%	147	259	123
2017～2018 年绝对增幅	2.3×10^{-6}	10×10^{-9}	1.2×10^{-9}
2017～2018 年相对增幅/%	0.57	0.54	0.36
过去十年的年平均绝对增幅	2.26×10^{-6}/a	7.1×10^{-9}/a	0.95×10^{-9}/a

注：世界气象组织于 2019 年发布基于观测手段的 2018 年温室气体公报。

2020年11月22日，习近平主席在二十国集团领导人利雅得峰会“守护地球”主题边会上致辞，指出“地球是我们的共同家园。我们要秉持人类命运共同体理念，携手应对气候环境领域挑战，守护好这颗蓝色星球”。致辞中强调了加大应对气候变化力度、深入推进清洁能源转型和构筑尊重自然的生态系统。2020年12月12日，习近平主席在气候雄心峰会上发表“继往开来，开启全球应对气候变化新征程”的讲话，指出“中国为达成应对气候变化《巴黎协定》作出重要贡献，也是落实《巴黎协定》的积极践行者”。我们力争2030年前CO_2排放达到峰值，努力争取2060年前实现碳中和。讲话中进一步强调坚持绿色复苏的气候治理新思路。这不仅是我国积极应对气候变化的国策，也是基于科学论证的国家战略。它更明确了“能源革命”的阶段目标，也要求我们为低碳能源转型做出更为扎实、积极的努力（杜祥琬和冯丽妃，2020）。

碳中和是指企业、团体或个人测算在一定时间内直接或间接产生的温室气体排放总量，通过植树造林、节能减排等形式，以抵消自身产生的CO_2排放量，实现CO_2“零排放”。碳中和能够推动绿色的生活、生产，实现全社会绿色发展。碳达峰与碳中和的低碳绿色发展战略给国内科技界提出了更高的要求，科技支撑如何在碳中和目标实现过程中发挥作用值得深思和深入研讨，积极践行习近平总书记绿色发展的指示精神，为“做好碳达峰、碳中和工作”贡献力量。在深入推进清洁能源转型方面，中国建成了全球最大的清洁能源系统，新能源汽车产销量连续5年居世界首位。根据“十四五”规划和2035年远景目标建议，中国将推动能源清洁低碳安全高效利用，加快新能源、绿色环保等产业发展，促进经济社会发展全面绿色转型。绿水青山就是金山银山，要大力倡导绿色低碳的生产生活方式，从绿色发展中寻找发展的机遇和动力。

根据PA的目标，目前很多国家都在努力制定各项减排措施，争取实现碳中和。McKenna等（2020b）的研究结果指出，即使考虑到内部变率的作用，迅速减少全球温室气体排放也能大大降低未来20年升温速度，这样既可以实现缓解升温峰值等长期目标，又可以减少近期升温带来的风险。即使人类社会在21世纪中叶实现“碳中和”，短期内还是有可能会出现前所未有的升温速度，但是最严格的减排措施（SSP1-1.9）可以将SSP3-7.0情景下未来20年的升温风险降低13倍。研究中利用最新的CMIP6气候模型的结果和一个基于观测的简单气候模拟器（FaIR）研究了不同排放路径对2021～2040年升温的影响，CMIP6和FaIR的结果表明严格的减排措施可以有效地减缓未来20年升温速度。2100年升温低于2℃情景下（SSP1-2.6），升温速率的中位数几乎是最坏情景下（无减排情景：SSP5-8.5）的一半，是中等强度措施（SSP3-7.0）的2/3。如果实施最强的减排措施，即2100年升温低于1.5℃情景下（SSP1-1.9），升温速率的中位数是无减排情景（SSP5-8.5）的1/3（McKenna et al.，2020a）。需要说明的是CMIP6中排放情景SSPs是CMIP5中排放情景RCPs的升级。关于SSPs排放情景的说明可参考IPCC第六次评估报告。美国威廉姆斯公司（Williams Companies）最新的研究认为，通过大力提高能源效率，利用清洁电力（特别是风能和太阳能），并实施碳捕获技术，美国可于2050年实现碳中和。当然，节能减排关乎民生、关乎企业竞争力、关乎国家的可持续发展，也关乎人类命运共同体。节能减排的措施可以从以下的几个方面考虑。

（1）推进国际气候谈判，争取积极成果。所有国家都排放温室气体，但高度工业化国家和人口稠密国家的排放量却大大超过其他国家。自 18 世纪中叶开始以来，北美和欧洲率先进行工业化的国家释放了大多数温室气体。现今中国和印度等大型发展中国家，因快速的工业化进程也释放越来越多的温室气体。不同国家对碳排放权分配方案存在较大争议，导致气候谈判进展缓慢。所以首先需要国际社会通力合作，通过气候谈判，从国家层面确定减排目标，采取气候行动，以达到低碳减排、减缓增暖的目的。2005 年 KP 在人类历史上首次以法规的形式限制温室气体排放，并过三种碳排放机制，把碳排放权量化并定价和交易。《巴黎协定》第六条建立的两种国际碳市场机制受到广泛关注，缔约方可利用这两种市场机制开展合作减排，以帮助其达成 NDC（高帅等，2019）。通过采取命令控制、经济制裁、利用市场化的激励等措施达到减排目的，但是不同手段的经济代价不一样。例如，用耗电低、寿命长、无毒环保的 LED 灯代替白炽灯，利用垃圾填埋气发电等减排成本低；有些减排成本费用高昂，如碳捕获和储存（Carbon Capture and Storage，CCS）、插电式混合动力汽车、核能、降低农业化水平等。

（2）加强国际多边或双边在气候变化问题上的合作。2005 年 7 月 28 日在老挝万象，中国、美国、印度、澳大利亚、韩国和日本六国共同发表了《亚太清洁发展与气候新伙伴计划意向声明》，旨在发展高效低成本清洁技术以及 CO_2 捕获和储存技术，从而达到减排的目的，这项计划是亚太地区区域性合作新机制。2014 年 11 月中国和美国联合发布《中美气候协议》，这标志两个碳排放大国在减排方面的决心，美国制定完成“清洁电力计划”，中国政府承诺到 2030 年单位国内生产总值 CO_2 排放将比 2005 年下降 60%～65%。根据《中国应对气候变化的政策与行动 2019 年度报告》显示，2018 年中国单位国内生产总值 CO_2 排放比 2005 年累计下降 45.8%，相当于减排 52.6 亿 t CO_2。2019 年 10 月 25～26 日，由中国、印度、巴西和南非组成的“基础四国”气候变化部长级会议称坚持多边合作，应对气候变化。2020 年 7 月 7 日欧盟、加拿大和中国共同主办第四届气候行动部长级会议。2020 年 7 月 15 日第 15 次欧盟-印度峰会中表示双方将加大在气候变化领域的合作。来自英国、法国、美国、日本、印度、南非、澳大利亚、巴西、中国 9 个国家 12 所大学的负责人及气候变化领域的学术带头人召开世界大学气候变化联盟第一次全体会议，宣布世界大学气候变化联盟正式成立。

（3）加大节能减排研发投入，促进节能减排技术的扩散。大力发展清洁能源和绿色建筑等，如开发核能、风能、太阳能、水能、生物质能、地热能、海洋能等可再生清洁能源。能源转型是人类文明形态不断进步的历史必然。当年，煤、油、气等化石能源的发现和利用，极大地提高了劳动生产力，使人类文明由农耕文明进入工业文明，这是典型的能源革命，它给人类带来了很大的进步。但近两百多年来，工业文明也产生了严重的环境、气候和可持续问题。现代非化石能源的进步，正在推动人类由工业文明走向生态文明，引发新一轮能源革命（杜祥琬和冯丽妃，2020）。现今我国大力推广新能源电动汽车，自 2021 年 1 月 1 日～2022 年 12 月 31 日，对购置的新能源汽车免征车辆购置税。免征车辆购置税的新能源汽车是指纯电动汽车、插电式混合动力（含增程式）汽车、燃料电池汽车。而从 2018 年起对小排量车购置税则从原来的 7.5%上升至 10%。通过发展碳捕获与封存等地球工程技术，节能减排，将大型发电厂、钢铁厂、化工厂等排放的 CO_2 捕获并分离，输送至油气田、海洋等合适地点进行长期封存，这是减少大气中 CO_2 的有效手段。碳捕获地质封存将是一种有效的缓解气候变化工具，但同时其成本较高。

（4）因区域和行业不同，实施差异化的节能减排政策。我国长江经济带碳排放量在长江下游地区明显高于中上游，下游地区碳排放量占比达到一半（何昌建，2020）。长江下游经济水平和技术水平都较中上游高，因此可以承担更多减排责任。石油开采、黑金采选、木材采运和燃气煤气等能耗和排放密集型行业，理论上应该承担更多的减排责任，但强制型减排政策也会在一定程度影响产能和经济水平。张晓梅和庄贵阳（2015）系统总结了关于区域和行业差异化碳减排政策的研究，我国在构建促进区域均衡，协调可持续的差异化节能减排政策体系还需要面临经济社会发展的不确定性带来的巨大挑战。

（5）加强气候变化的科普宣传，培养公众低碳环保意识。2020 年 7 月 23 日，联合国秘书长古特雷斯先生受邀参与清华大学 2020 年全球暑期学校课程之一的“气候变化大讲堂”。2020 年 7 月 31 日，中国首部应对气候变化的科幻电影《致命复活》在北京首映。平时生活中，我们也可以通过力所能及的行动为节能减排做贡献，如淋浴时间不要过长、减少开小汽车的次数、废物回收利用、使用节能灯、节约用电用水、自备购物袋、捐赠不使用的东西、不要开着门窗开空调等。阿里巴巴集团推出的蚂蚁森林项目，就是鼓励大众的低碳环保行为，该项目也获得联合国最高环保荣誉——“地球卫士奖”中的“激励与行动奖”。

节能减排是中国可持续发展的内在要求，无论国际气候谈判进展如何，中国都将坚定不移地走绿色低碳发展之路（张晓梅和庄贵阳，2015）。应对气候变化，中国政府也一直在努力。《环境保护税法》（2016 年通过，2018 年修正）是我国环境保护事业第一个绿色税制，其中第二条明确规定“在中华人民共和国领域和中华人民共和国管辖的其他海域，直接向环境排放应税污染物的企业事业单位和其他生产经营者为环境保护税的纳税人，应当依照本法规定缴纳环境保护税”。该税法的颁布意味着自 1979 年以来实施的排污费将彻底退出历史舞台，改征收环保税，并体现出多排污多交税，少排污少交税的原则。2017 年中国共产党第十九次全国代表大会提出要实现中国梦，构建人类命运共同体的观点，更把美丽中国和中国梦与人类文明融汇为一体，并提出“绿水青山就是金山银山”的理念。电动汽车近几年在我国的大力推广以及电动汽车产业的蓬勃发展，均可见我国在节能减排、减缓气候环境变化方面的充足信心。国家发展和改革委员会 2017 年 12 月印发了《全国碳排放权交易市场建设方案（发电行业）》，这标志着我国碳排放交易体系完成了总体设计，已正式启动全国碳排放权交易体系，建设全国碳排放权交易市场，是利用市场机制控制和减少温室气体排放、推动绿色低碳发展的一项重大创新实践。

近一百多年的气候变暖导致地球系统发生明显改变，并伴随越来越多和越来越强的极端气候事件。提高防灾减灾能力，并制定相应的防灾减灾应急预案，努力减轻由气候变化引起的气象、海洋、农业、水利等灾害的影响。2011 年中国气象局发布气象灾害应急预案，2017 年广东省发布新版《广东省气象灾害应急预案》，2020 年广东省自然资源厅发布《广东省自然资源厅海洋灾害应急预案》。2015 年国家预警信息发布中心正式启动业务运行，截至 2018 年，已有 31 个省级发布中心，343 个地市级发布中心。通过手机、传真、邮件、网站、高音喇叭、显示屏、广播、微信和微博等对气象、海洋、水利、农业和交通等灾害及时发布预警信息。通过预警平台的建设和应急预案的制定，可最大限度减轻可能由全球变暖带来的灾害影响。

气候变化是一个全球性的议题，虽然我们对全球变化尤其是气候变暖的成因尚未有清晰的认识，但可以肯定的是人类活动正在加剧这种变化，并且大气中人为温室气体浓度的增加对这种变化起主导作用。应对气候变化，需要各个国家和地区、政府、团体及公众共同长久有效的努力。

参 考 文 献

毕思文, 2003. 地球系统科学. 北京: 科学出版社.

毕思文, 2004. 地球系统科学综述. 地球物理学进展, 19(3): 503-515.

蔡榕硕, 陈际龙, 黄荣辉, 2006. 我国近海和临近海的海洋环境对最近全球气候变化的响应. 大气科学, 30(5): 1019-1033.

曹杰, 陈新军, 刘必林, 等, 2010. 鱿鱼类资源量变化与海洋环境关系的研究进展. 上海海洋大学学报, 19(2): 232-239.

巢清尘, 张永香, 高翔, 等, 2016. 巴黎协定——全球气候治理的新起点. 气候变化研究进展, 12(1): 61-67.

陈宝红, 周秋麟, 杨圣云, 等, 2009. 气候变化对海洋生物多样性的影响. 台湾海峡, 28(3): 437-444.

陈大可, 2010. 厄尔尼诺预测能力还有多少提升空间//"10000 个科学难题"地球科学编委会. 10000 个科学难题-地球科学卷. 北京: 科学出版社.

陈杭徽, 吴晓雪, 范江涛, 等, 2020. 年超强厄尔尼诺事件对西北太平洋柔鱼渔场变动的影响. 中国水产科学, 27(10): 1243-1253.

陈鹭真, 王文卿, 林鹏, 2005. 潮汐淹水时间对秋茄幼苗生长的影响. 海洋学报(中文版), 27(2): 141-146.

陈诗一, 2010. 节能减排与中国工业的双赢发展: 2009—2049. 经济研究, 2010(3): 129-143.

陈爽, 陈新军, 2020. 气候变化对东北大西洋渔获物组成、多样性和营养级的影响. 海洋学报, 42(10): 100-109.

陈小燕, 2013. 基于遥感的长时间序列浮游植物的多尺度变化研究. 杭州: 浙江大学.

陈效逑, 2001. 自然地理学. 北京: 北京大学出版社.

戴天元, 2004. 福建省海洋渔业经济科学发展的思路. 福建水产,(4): 1-5.

丁一汇, 孙颖, 刘芸芸, 等, 2013. 亚洲夏季风的年际和年代际变化及其未来预测. 大气科学, 37(2): 253-280.

杜祥琬, 冯丽妃, 2020. 碳达峰与碳中和引领能源革命. 中国科学报: 12-22(001).

杜岩, 廖晓眉, 2018. 气候变化下近岸及开阔大洋上升流系统如何演变//"10000 个科学难题"海洋科学编委会. 10000 个科学难题-海洋科学卷. 北京: 科学出版社: 1069-1073.

冯士筰, 李凤岐, 李少菁, 1999. 海洋科学导论. 北京: 高等教育出版社: 1-371.

高坤山, 2011. 海洋酸化正负效应: 藻类的生理学响应. 厦门大学学报(自然科学版), 50(2): 411-417.

高帅, 李梦宇, 段茂盛, 等, 2019. 《巴黎协定》下的国际碳市场机制: 基本形式和前景展望. 气候变化研究进展, 15(3): 222-231.

高翔, 滕飞, 2016. 《巴黎协定》与全球气候治理体系的变迁. 中国能源, 38(2): 29-32.

高翔, 樊星, 2020. 《巴黎协定》国家自主贡献信息、核算规则及评估. 中国人口·资源与环境, 30(5): 10-16.

顾延生, 2019. 植硅体研究在古生态, 古环境和考古领域的应用. 国际学术动态, 223(4): 17-19.

郭爱, 陈新军, 2009. 利用水温垂直结构研究中西太平洋鲣鱼栖息地指数. 海洋渔业, 31(1): 1-9.

郭爱, 陈新军, 范江涛, 2010. 中西太平洋鲣鱼时空分布及其与 ENSO 关系探讨. 水产科学, 29(10): 591-596.

郭锦宝, 1997. 化学海洋学. 厦门: 厦门大学出版社.

郭亚娟, 周伟华, 袁翔城, 等, 2018. 两种造礁石珊瑚对海水酸化和溶解有机碳加富的响应. 热带海洋学报, 37(1): 57-63.

郭子骁, 施苏华, 2018. 印度西太平洋地区红树的保护生物学和亲缘地理学研究. 中国植物学会第十六次全国会员代表大会暨 85 周年学术年会.

何斌源, 赖廷和, 2000. 红树植物桐花树上污损动物群落研究. 广西科学, 7(4): 309-312.

何昌建, 2020. 长江经济带碳排放的区域差异与影响因素研究. 重庆: 重庆工商大学.

何发祥, 陈清花, 郑爱榕, 1995. 厄尔尼诺与浙江近海冬汛带鱼渔获量关系. 海洋湖沼通报,(3): 17-23.

何发祥, 洪华生, 陈刚, 2003. ENSO 现象与台湾海峡西部海区中下层鱼类渔获量关系. 海洋湖沼通报, (1): 27-34.

洪华生, 何发祥, 杨圣云, 1997. 厄尔尼诺现象和浙江近海鲐鲹鱼渔获量变化关系——长江口 ENSO 渔场学问题之二. 海洋湖沼通报,(4): 8-16.

洪华生, 何发祥, 陈钢, 1998. ENSO 现象与台湾海峡西部海区浮游生物的关系——台湾海峡西部海区 ENSO 渔场学问题之一. 海洋湖沼通报, (4): 1-9.

黄邦钦, 胡俊, 柳欣, 等, 2011. 全球气候变化背景下浮游植物群落结构的变动及其对生物泵效率的影响. 厦门大学学报(自然科学版), 50(2): 402-410.

黄晖, 张浴阳, 刘骋跃, 2020. 热带岛礁型海洋牧场中珊瑚礁生境与资源的修复. 科技促进发展, 16(2): 225-230.

黄嘉欣, 郑明轩, 黄颖彦, 等, 2020. 粤西沿海地区半红树植物群落组成和分布及其影响因子研究. 湿地科学, 18(1): 91-100.

黄磊, 张永香, 巢清尘, 等, 2020. "后巴黎"时代中国应对气候变化能力建设方向. 科学通报, 65(5): 373-379.

黄荣辉, 皇甫静亮, 刘永, 等, 2016. 西太平洋暖池对西北太平洋季风槽和台风活动影响过程及其机理的最近研究进展. 大气科学, 40(5): 877-896.

黄瑞新, 2012. 大洋环流: 风生与热盐过程. 北京: 高等教育出版社: 389-400.

黄梓荣, 王跃中, 2009. 北部湾出现苏门答腊金线鱼及其形态特征. 台湾海峡, 28(04): 516-519.

焦敏, 陈新军, 高郭平, 2015. 气候变化对北极渔业资源的影响研究进展. 极地研究, 27(4): 454-462.

金建华, 廖文波, 王伯荪, 等, 2003. 新生代全球变化与中国古植物区系的演变. 广西植物, (3): 217-225.

雷小途, 2011. 全球气候变化对台风影响的主要评估结论和问题. 中国科学基金, 25(2): 85-89.

雷小途, 徐明, 任福民, 2009. 全球变暖对台风活动影响的研究进展. 气象学报, 67(5): 679-688.

李崇银, 穆穆, 周广庆, 等, 2008. ENSO 机理及其预测研究. 大气科学, 32(4): 761-781.

李建平, 任荣彩, 齐义泉, 等, 2013. 亚洲区域海—陆—气相互作用对全球和亚洲气候变化的作用研究进展. 大气科学, 37(2): 518-538.

李轿译, 杨占译, 2019. 1815 年, 一次改变世界的火山爆发. 现代阅读,(6): 89-90.

李晓峰, 2015. 环状模概念. 地球科学进展, 30(3): 367-384.

李新正, 李宝泉, 王洪法, 等, 2007. 南沙群岛渚碧礁大型底栖动物群落特征. 动物学报, 1: 83-94.

李永平, 雷小途, 2018. 海温增暖对台风生成频数和强度的影响//"10000 个科学难题"海洋科学编委会. 10000 个科学难题-海洋科学卷. 北京: 科学出版社.

李玉尚, 2010. 1600 年之后黄海鲱的旺发及其生态影响. 中国农史, 29(2): 10-21.

李玉尚, 陈亮, 2009. 明代黄渤海和朝鲜东部沿海鲱鱼资源数量的变动及原因. 中国农史, 28(2): 9-22.

李仲均, 1998. 我国古代关于“海陆变迁”地质思想资料考辨// 李仲均. 李仲均文集—中国古代地质科学史研究. 西安: 西安地图出版社.

梁必骐, 1991. 南海热带大气环流系统. 北京: 气象出版社.

廖宝文, 2010. 三种红树植物对潮水淹浸与水体盐度适应能力的研究. 北京: 中国林业科学研究院.

廖岩, 陈桂珠, 2007a. 三种红树植物对盐胁迫的生理适应. 生态学报, (6): 2208-2214.

廖岩, 陈桂珠, 2007b. 盐度对红树植物影响研究. 湿地科学, 5(3): 266-273.

林海, 1988. 地球系统科学. 地球科学信息, 2: 1-7.

林鹏, 陈德海, 肖向明, 等, 1984. 盐度对两种红树植物叶片糖类含量的影响. 海洋学报, 6(6): 851-855.

林霄沛, 许丽晓, 李建平, 等, 2016. 全球变暖 “停滞” 现象辨识与机理研究. 地球科学进展, 31(10): 995-1000.

林霄沛, 杨俊超, 吴宝兰, 2018. 风生环流与热盐环流有何联系？//“10000 个科学难题”海洋科学编委会. 10000 个科学难题-海洋科学卷. 北京: 科学出版社: 18-20.

林秀雁, 卢昌义, 2006. 滩涂高程对藤壶附着秋茄幼林影响的初步研究. 厦门大学学报 (自然科学版), 4: 575-579.

林秀雁, 卢昌义, 2008. 不同高程对藤壶附着红树幼林的影响. 厦门大学学报(自然科学版), 47(2): 253-259.

林秀雁, 卢昌义, 王雨, 等, 2006. 盐度对海洋污损动物藤壶附着红树幼林的影响. 海洋环境科学, S1: 25-28.

刘红, 2009. 长江河口泥沙混合和交换过程研究. 上海: 华东师范大学.

刘骥平, 2010. 极地气候变化及其影响 //“10000 个科学难题”地球科学编委会. 10000 个科学难题-地球科学卷. 北京: 科学出版社.

刘静, 宁平, 2011. 黄海鱼类组成、区系特征及历史变迁. 生物多样性, 19(6): 764-769.

刘秦玉, 谢尚平, 郑小童, 2013. 热带-海洋大气相互作用. 北京: 高等教育出版社.

刘瑞玉, 2011. 中国海物种多样性研究进展. 生物多样性, 19(6): 614-626.

刘伟, 刘征宇, 2018. 热盐环流与气候突变的关系 //“10000 个科学难题”海洋科学编委会. 10000 个科学难题-海洋科学卷. 北京: 科学出版社.

刘秀, 郝海坤, 庞世龙, 等, 2012. 两种半红树植物幼苗的耐盐性研究. 中南林业科技大学学报, 32(6): 43-47.

刘征宇, 2018. 大洋环流变化和年代际气候变率//“10000 个科学难题”海洋科学编委会. 10000 个科学难题-海洋科学卷. 北京: 科学出版社.

龙丽娟, 杨芳芳, 韦章良, 2019. 珊瑚礁生态系统修复研究进展. 热带海洋学报, 38(6): 1-8.

路泽廷, 曹丽霞, 沈红, 等, 2014. 一个 ENSO 集合数值预测系统的历史后报试验. 海洋技术学报, 33(1): 67-75.

马建, 刘秦玉, 2018. 全球增暖背景下不同大洋气候变化的差异//“10000 个科学难题”海洋科学编委会. 10000 个科学难题-海洋科学卷. 北京: 科学出版社.

马建华, 郑海雷, 张春光, 等, 2002. 盐度对秋茄和桐花树幼苗蛋白质、H_2O_2 及脂质过氧化作用的影响. 厦门大学学报(自然科学版),(3): 354-358.

乔方立, 2010. 海-气相互作用//“10000 个科学难题”地球科学编委会. 10000 个科学难题-地球科学卷.

北京: 科学出版社.
秦蕴珊, 李铁刚, 苍树溪, 2000. 末次间冰期以来地球气候系统的突变. 地球科学进展(3): 243-250.
邱凤英, 李志辉, 廖宝文, 2010a. 半红树植物水黄皮幼苗耐盐性的研究. 中南林业科技大学学报, 30(10): 62-67.
邱凤英, 廖宝文, 蒋燚, 2010b. 半红树植物海檬果幼苗耐盐性研究. 防护林科技,(5): 5-9.
邱凤英, 廖宝文, 肖复明, 2011. 半红树植物杨叶肖槿幼苗耐盐性研究. 林业科学研究, 24(1): 51-55.
曲宝晓, 宋金明, 李学刚, 2020. 海洋酸化之时间序列研究进展. 海洋通报, 39(3): 281-290.
曲建升, 葛全胜, 张雪芹, 2008. 全球变化及其相关科学概念的发展与比较. 地球科学进展, 23(12): 1276-1284.
任国玉, 2017. 重大气候突变会不会发生?——兼评《气候变化突发影响: 预见意外》. 气候变化研究进展, 13(2): 181-184.
任宏利, 郑飞, 罗京佳, 等, 2020. 中国热带海-气相互作用与ENSO动力学及预测研究进展. 气象学报, 78(3): 351-369.
任素玲, 李云, 方翔, 等, 2018. 利用风云气象卫星反演产品定义南海夏季风爆发指标. 热带气象学报, 34(5): 587-597.
宋斌, 智协飞, 胡耀兴, 2015. 全球变暖停滞的形成机制研究进展. 大气科学学报, 38(2): 145-154.
苏纪兰, 2005. 南海环流动力机制研究综述. 海洋学报(中文版),(6): 3-10.
孙军, 薛冰, 2016. 全球气候变化下的海洋浮游植物多样性. 生物多样性, 24(7): 739-747.
孙颖, 2010. 气候敏感性与反馈//"10000个科学难题"地球科学编委会. 10000个科学难题-地球科学卷. 北京: 科学出版社.
孙有方, 江雷, 雷新明, 等, 2020. 海洋酸化、暖化对两种鹿角珊瑚幼虫附着及幼体存活的影响. 海洋学报, 42(4): 96-103.
覃祯俊, 余克服, 王英辉, 2016. 珊瑚礁生态修复的理论与实践. 热带地理, 36(1): 80-86.
田慧芳, 2020. 起死回生的2019气候变化大会. 世界知识, (1): 56-57
汪品先, 2014. 地球系统科学的理解与误解—献给第三届地球系统科学大会. 地球科学进展, 29(11): 1277-1279.
王斌, 周天军, 俞永强, 等, 2008. 地球系统模式发展展望. 气象学报, 66(6): 857-869.
王东晓, 王强, 蔡树群, 等, 2019. 南海中深层动力格局与演变机制研究进展. 中国科学: 地球科学, 49(12): 1919-1932.
王桂华, 苏纪兰, 齐义泉, 2005. 南海中尺度涡研究进展. 地球科学进展, 20(8): 882-886.
王慧, 刘秋林, 李欢, 等, 2018. 海平面变化研究进展. 海洋信息, 33(3): 19-25.
王绍武, 罗勇, 唐国利, 等, 2010. 近10年全球变暖停滞了吗? 气候变化研究进展, 6(2): 95-99.
王绍武, 黄建斌, 闻新宇, 2012. 古气候的启示. 气象, 38(3): 257-265.
王绍武, 罗勇, 赵宗慈, 等, 2014. 全球变暖的停滞还能持续多久? 气候变化研究进展, (6): 465-468.
王伟, 2010. 热盐环流的形成及演变机理//"10000个科学难题"地球科学编委会. 10000个科学难题-地球科学卷. 北京: 科学出版社.
王效科, 白艳莹, 欧阳志云, 等, 2002. 全球碳循环中的失汇及其形成原因. 热带地理, 22(1): 94-103.
吴国雄, 孟文, 1998. 赤道印度洋—太平洋地区海气系统的齿轮式耦合和ENSO事件 I. 资料分析. 大气科学,(4): 3-5.
吴立新, 李春, 2010. 气候年代际变化的成因及预测//"10000个科学难题"地球科学编委会. 10000个科学难题–地球科学卷. 北京: 科学出版社.
夏杨, 孙旭光, 闫燕, 等, 2017. 全球变暖背景下 ENSO 特征的变化. 科学通报, 62: 1738-1751.
向平, 杨志伟, 林鹏, 2006. 人工红树林幼林藤壶危害及防治研究进展. 应用生态学报, 17(8): 1526-1529.
谢尚平, 龙上敏, 2018. 海洋过程对气候预估不确定性的贡献//“10000 个科学难题”海洋科学编委会. 10000 个科学难题–海洋科学卷. 北京: 科学出版社.
许丽晓, 谢尚平, 2018. 全球增暖背景下海洋水团的变化//“10000 个科学难题”海洋科学编委会. 10000 个科学难题–海洋科学卷. 北京: 科学出版社.
徐永福, 2010. 全球碳循环与气候变化//“10000 个科学难题”地球科学编委会. 10000 个科学难题–地球科学卷. 北京: 科学出版社.
徐兆礼, 2005. 长江口邻近水域浮游动物群落特征及变动趋势. 生态学杂志, 7: 780-784.
徐兆礼, 2011. 中国近海浮游动物多样性研究的过去和未来. 生物多样性, 19(6): 635-645.
徐兆礼, 高倩, 2009. 长江口海域真刺唇角水蚤的分布及其对全球变暖的响应. 应用生态学报, 20(5): 1196-1201.
徐兆礼, 陈佳杰, 2015. 东、黄渤海带鱼的洄游路线. 水产学报, 39(6): 824-835.
徐兆礼, 王荣, 陈亚瞿, 2003. 黄海南部及东海中小型浮游桡足类生态学研究Ⅰ. 数量分布. 水产学报, S1: 1-8.
徐兆礼, 沈新强, 马胜伟, 2005. 春、夏季长江口邻近水域浮游动物优势种的生态特征. 海洋科学,(12): 13-19.
薛云红, 2018. 厦门秋茄蛎盾蚧(Lepidosaphes sp.)生物学特性及其综合防治技术的研究. 厦门: 厦门大学.
闫静, 1994. 大气中二氧化碳的现状与今后趋势. 世界环境, 4: 34-39.
杨海军, 2018. 变动气候中大气和海洋经向热量输送//“10000 个科学难题”海洋科学编委会. 10000 个科学难题–海洋科学卷. 北京: 科学出版社.
杨守业, 2010. “沧海桑田”与海平面变化//“10000 个科学难题”海洋科学编委会. 10000 个科学难题–海洋科学卷. 北京: 科学出版社.
杨修群, 朱益民, 谢倩, 等, 2004. 太平洋年代际振荡的研究进展. 大气科学, 28(6): 979-992.
姚翠鸾, George N S, 2015. 海洋暖化对海洋生物的影响. 科学通报, 60(9): 805-816.
姚檀栋, 秦大河, 沈永平, 等, 2013. 青藏高原冰冻圈变化及其对区域水循环和生态条件的影响. 自然杂志, 35(3): 179-186.
叶笃正, 罗四维, 朱抱真, 1957. 西藏高原及其附近的流场结构和对流层大气的热量平衡. 气象学报, 28(1): 108-121.
叶勇, 卢昌义, 胡宏友, 等, 2004a. 三种泌盐红树植物对盐胁迫的耐受性比较. 生态学报, 11: 2444-2450.
叶勇, 卢昌义, 郑逢中, 等, 2004b. 模拟海平面上升对红树植物秋茄的影响. 生态学报, 10: 2238-2244.
余为, 陈新军, 2018. 西北太平洋柔鱼冬春生群体栖息地的变化研究. 海洋学报, 40(3): 86-94
翟惟东, 戴民汉, 2010. 海洋吸收人为二氧化碳的能力会达到饱和吗//“10000 个科学难题”海洋科学编委会. 10000 个科学难题–海洋科学卷. 北京: 科学出版社.
占瑞芬, 丁一汇, 吴立广, 等, 2016. ENSO 在青藏高原积雪与西北太平洋热带气旋生成频数关系中的作用. 中国科学: 地球科学, 46: 1358-1370.
张飞萍, 杨志伟, 江宝福, 等, 2008. 红树林考氏白盾蚧的初步研究. 福建林学院学报, 28(3): 316-320.
张兰生, 方修琦, 任国玉, 等, 2017. 全球变化(第二版). 北京: 高等教育出版社.
张晓梅, 庄贵阳, 2015. 中国省际区域碳减排差异问题的研究进展. 中国人口·资源与环境, 25(2):

135-143.
张学洪, 俞永强, 周天军, 等, 2013. 大洋环流和海气相互作用的数值模拟讲义. 北京: 气象出版社.
张学敏, 商少平, 张彩云, 等, 2005. 闽南—台湾浅滩渔场海表温度对鲐鲹鱼类群聚资源年际变动的影响初探. 海洋通报,(4): 91-96.
赵辰辰, 王永波, 胥勤勉, 2020. 2.5 Ma 以来中国陆地孢粉记录反映的古气候变化. 海洋地质与第四纪地质, 40(4): 175-191.
郑菲, 李建平, 刘婷, 2014. 南半球环状模气候影响的若干研究进展. 气象学报, 72(5): 926-939.
郑飞, 朱江, 王慧, 2007. ENSO 集合预报系统的检验评价. 气候与环境研究, 12(5): 587-594.
郑海雷, 林鹏, 1997. 红树植物白骨壤对盐度的某些生理反应. 厦门大学学报(自然科学版), (1): 139-143.
郑全安, 2018. 卫星合成孔径雷达探测海洋亚中尺度动力过程. 北京: 海洋出版社.
郑全安, 谢玲玲, 胡建宇, 等, 2017. 南海中尺度涡研究进展. 海洋科学进展, 35(2): 131-158.
郑文教, 林鹏, 1992. 盐度对红树植物海莲幼苗的生长和某些生理生态特性的影响. 应用生态学报, 3(1): 9-14.
周宏春, 2009. 世界碳交易市场的发展与启示. 中国软科学, (12): 39-48.
周克, 2006. 胶州湾浮游动物的物种组成与优势种时空分布特征. 北京: 中国科学院研究生院(海洋研究所).
周丽, 夏玉辉, 陈文颖, 2020. 中国低碳发展目标及协同效益研究综述. 中国人口·资源与环境, 30(7): 10-17.
周时强, 李复雪, 洪荣发, 1993. 九龙江口红树林上附着动物的生态. 台湾海峡, 12(4): 335-341.
周甦芳, 2005. 厄尔尼诺-南方涛动现象对中西太平洋鲣鱼围网渔场的影响. 中国水产科学, 6: 73-78.
周细平, 蔡立哲, 傅素晶, 2014a. 福建同安湾红树林树上大型底栖动物的生态分布. 泉州师范学院学报, 32(6): 5-9.
周细平, 蔡立哲, 傅素晶, 2014b. 同安湾人工红树林区大型底栖动物群落比较. 泉州师范学院学报, 32(2): 7-12.
朱诚, 谢志仁, 李枫, 等, 2003. 全球变化科学导论. 南京: 南京大学出版社.
朱诚, 马春梅, 陈刚, 等, 2017. 全球变化科学导论. 北京: 科学出版社.
朱力平, 梁尔源, 2010. 代用资料揭示青藏高原的气候和环境变迁. 大自然, (2): 4-9.
朱乾根, 林锦瑞, 寿绍文, 等, 2015. 天气学原理. 北京: 气象出版社.
左涛, 2003. 东、黄海浮游动物群落结构研究. 北京: 中国科学院研究生院.
Abelson A, Reed D C, Edgar G J, 2020. Challenges for Restoration of Coastal Marine Ecosystems in the Anthropocene. Frontiers in marine science, 7: 544105.
Adler R F, Gu G, Sapiano M, et al., 2017. Global precipitation: Means, variations and trends during the satellite era(1979–2014). Surveys in Geophysics, 38(4): 679-699.
Adrien C, Linwood H P, 2018. Management strategies for coral reefs and people under global environmental change: 25 years of scientific research. Journal of Environmental Management, 209: 462-474.
Adusumilli S, Fricker H A, Medley B, et al., 2020. Interannual variations in meltwater input to the Southern Ocean from Antarctic ice shelves. Nature Geoscience, 13: 616-620.
Ainsworth T D, Gates R D, 2016. Corals' microbial sentinels The coral microbiome will be key to future reef health. Science, 352(6293): 1518-1519.
Alberto M, Young I R, Hemer M, et al., 2020. Projected 21st century changes in extreme wind-wave events.

Science Advances, 6(24): 1-9.

Alexander M A, Bladé I, Newman M, et al., 2002. The atmospheric bridge: The influence of ENSO teleconnections on air–sea interaction over the global oceans. Journal of climate, 15(16): 2205-2231.

Alexander N, Gütschow J, Mengel M, el al., 2019. Attributing long-term sea-level rise to Paris Agreement emission pledges. Proceedings of the National Academy of Sciences, 116(47): 23487-23492.

Altman J, Ukhvatkina O N, Omelko A M, et al., 2018. Poleward migration of the destructive effects of tropical cyclones during the 20th century. Proceedings of the National Academy of Sciences, 115(45): 11543-11548.

Amaya D J, Miller A J, Xie S P, et al., 2020. Physical drivers of the summer 2019 North Pacific marine heatwave. Nature Communications, 11(1): 1-9.

Amaya D J, Alexander M A, Capotondi A, et al., 2021. Are Long-Term Changes in Mixed Layer Depth Influencing North Pacific Marine Heatwaves? Bulletin of the American Meteorological Society, 102(1): 59-66.

An S, Kug J, Ham Y, et al., 2008. Successive modulation of ENSO to the future greenhouse warming. Journal of Climate, 21(1): 3-21.

Armitage T W, Manucharyan G E, Petty A A, et al., 2020. Enhanced eddy activity in the Beaufort Gyre in response to sea ice loss. Nature Communications, 11(1): 1-8.

Atamanchuk D, Koelling J, Send U, et al., 2020. Rapid transfer of oxygen to the deep ocean mediated by bubbles. Nature Geoscience, 13(3): 232-237.

Bakun A, 1990. Global climate change and intensification of coastal ocean upwelling. Science, 247(4939): 198-201.

Bakun A, Black B A, Bograd S J, et al., 2015. Anticipated effects of climate change on coastal upwelling ecosystems. Current Climate Change Reports, 1(2): 85-93.

Balaguru K, Foltz G R, Leung L R, et al., 2015. Dynamic potential intensity: an improved representation of the ocean's impact on tropical cyclones. Geophysical Research Letters, 42(16): 6739-6746.

Balaguru K, Foltz G R, Leung L R, 2018. Increasing Magnitude of Hurricane Rapid Intensification in the Central and Eastern Tropical Atlantic. Geophysical Research Letters, 45(9): 4238-4247.

Balmaseda M A, Trenberth K E, Kallen E, 2013. Distinctive climate signals in reanalysis of global heat content. Geophysical Research Letters, 40(9): 1754-1759.

Barange M, 2003. Ecosystem science and the sustainable management of marine resources: from Rio to Johannesburg. Frontiers in Ecology and the Environment, 1(4): 190-196.

Battisti D S, Hirst A C, 1989. Interannual variability in a tropical atmosphere–ocean model: influence of the basic state, ocean geometry and nonlinearity. Journal of the Atmospheric Sciences, 46(12): 1687-1712.

Bay R A, Palumbi S R, 2014. Multilocus Adaptation Associated with Heat Resistance in Reef-Building Corals. Current Biology. 24(24): 2952-2956.

Beaugrand G, Ibanez F, 2002. Spatial dependence of calanoid copepod diversity in the North Atlantic Ocean. Marine ecology progress series, 232: 197-211.

Beaugrand G, Reid P C, 2003. Long-term changes in phytoplankton, zooplankton and salmon related to climate. Globe change biology, 9(6): 801-817.

Beaugrand G, Reid P C, 2012. Relationships between North Atlantic salmon, plankton, and hydroclimatic change in the Northeast Atlantic. Ices Journal of marine science, 69(9): 1549-1562.

Beaugrand G, Ibanez F, Lindley, J A et al., 2002a. Diversity of calanoid copepods in the North Atlantic and adjacent seas: species associations and biogeography. Marine ecology progress series, 232: 179-195.

Beaugrand G, Reid P C, Ibanez, F, et al., 2002b. Reorganization of North Atlantic marine copepod biodiversity and climate. Science, 296(5573): 1692-1694.

Beck M W, Losada I J, Menendez P, et al., 2018. The global flood protection savings provided by coral reefs. Nature Communications, 9(1): 1-9.

Behrenfeld M J, Randerson J T, McClain C R, et al., 2001. Biospheric primary production during an ENSO transition. Science, 291(5513): 2594-2597.

Bendall D S, Howe C J, Nisbet E G, et al., 2008. Introduction. Photosynthetic and atmospheric evolution. Philosophical Transactions of the Royal Society B: Biological Sciences, 363(1504): 2625-2628.

Benthuysen J A, Feng M, Zhong L, 2014. Spatial patterns of warming off Western Australia during the 2011 Ningaloo Niño: Quantifying impacts of remote and local forcing. Continental Shelf Research, 91: 232-246.

Benthuysen J A, Oliver E C J, Feng M, et al., 2018. Extreme marine warming across tropical Australia during austral summer 2015-2016. Journal Geophysical Research-Oceans, 123(2): 1301-1326.

Bhatia K T, Vecchi G A, Murakami H, et al., 2018. Projected response of tropical cyclone intensity and intensification in a global climate model. Journal of Climate, 31(20): 8281-8303.

Bhatia K T, Vecchi G A, Knutson T R, et al., 2019. Recent increases in tropical cyclone intensification rates. Nature Communications, 10(635): 1-9.

Bigg G R, 2003. The Oceans and Climate. Cambridge: Cambridge University Press.

Bindoff N L, Stott P A, AchutaRao K M, et al., 2013. Detection and Attribution of Climate Change: from Global to Regional// Stocker T F, Qin D, Plattner G K, et al., Climate Change 2013: The Physical Science Basis, Contribution of Woring Group I to the Fifth Assessment Report of the Intergovernmental Panel on Climate Change. Cambridge: Cambridge University Press: 867-952.

Bindoff N L, Willebrand J, Artale V, et al., 2007. Observations: Oceanic Climate Change and Sea Level//Solomon S, Qin D, Manning M, et al., Climate Change 2007: The Physical Science Basis. Contribution of Working Group I to the Fouth Assessment Report of the Intergovernmental Panel on Climate Change. Cambridge: Cambridge University Press: 385-433.

Bintanja R, Wiel K V D, Linden E C V D, et al., 2020. Strong future increases in Arctic precipitation variability linked to poleward moisture transport. Science Advances, 6(7): eaax6869.

Bischoff T, Schneider T, 2014. Energetic constraints on the position of the intertropical convergence zone. Journal of Climate, 67(13): 4937-4951.

Bjerknes J, 1969. Atmospheric teleconnections from the equatorial Pacific. Monthly Weather Review, 97(3): 163-172.

Blanchard D C, Woodcock A H, 1957. Bubble Formation and Modification in the Sea and its Meteorological Significance. Tellus, 9(2): 145-158.

Boé J, Hall A, Qu X, 2009. September sea-ice cover in the Arctic Ocean projected to vanish by 2100. Nature Geoscience, 2(5): 341-343.

Boers N. 2021. Observation-based early-warning signals for a collapse of the Atlantic Meridional Overturning

Circulation. Nature Climate Change, 11:680-688.

Bond N A, Cronin M F, Freeland H, et al., 2015. Causes and impacts of the 2014 warm anomaly in the NE Pacific. Geophysical Research Letters, 42(9): 3414-3420.

Booth B B B, Dunstone N J, Halloran P R, et al., 2012a. Aerosols implicated as a prime driver of twentieth-century North Atlantic climate variability. Nature, 484(7393): 228-232.

Booth J F, Thompson L A, Patoux J, et al., 2012b. Sensitivity of midlatitude storm intensification to perturbations in the sea surface temperature near the Gulf Stream. Monthly Weather Review, 140(4): 1241-1256.

Borkman D G, Smayda T, 2009. Multidecadal(1959–1997)changes in Skeletonema abundance and seasonal bloom patterns in Narragansett Bay, Rhode Island, USA. Journal of sea research, 61(1-2): 84-94.

Bostrom-Einarsson L, Babcock R C, Bayraktarov E, et al., 2020. Coral restoration - A systematic review of current methods, successes, failures and future directions. PLOS ONE, 15(1): e0226631.

Bouwer L M, Jonkman S N, 2018. Global mortality from storm surges is decreasing. Environmental Research Letters, 13(1): 1-8.

Brauer A, Haug G H, Dulski P, et al., 2008. An abrupt wind shift in western Europe at the onset of the Younger Dryas cold period. Nature Geoscience, 1(8): 520-523.

Breitburg D, Levin L A, Oschlies A, et al., 2018. Declining oxygen in the global and coastal waters. Science, 359(6371): eaam7240.

Briner J P, Cuzzone J K, Badgeley J A, et al., 2020. Rate of mass loss from the Greenland Ice Sheet will exceed Holocene values this century. Nature, 586: 70-74.

Broadman E, Kaufman D S, Henderson A C G, et al., 2020. Coupled impacts of sea ice variability and North Pacific atmospheric circulation on Holocene hydroclimate in Arctic Alaska. Proceedings of the National Academy of Sciences, 117(52): 33034-33042.

Broecker W S, Peteet D M, Rind D, 1985. Does the ocean-atmosphere system have more than one stable mode of operation? Nature, 315: 21-26.

Bronselaer B, Zanna L, 2020. Heat and carbon coupling reveals ocean warming due to circulation changes. Nature, 584(7820): 227-233.

Bryden H L, McDonagh E L, King B A, 2003. Changes in ocean water mass properties: Oscillations or trends? Science, 300(5628): 2086-2088.

Bryden H L, Longworth H R, Cumningham S A, 2005. Slowing of the Atlantic meridional overturning circulation at 25°N. Nature, 438(7068): 655-657.

Buckley M W, Marshall J, 2016. Observations, inferences, and mechanisms of the Atlantic meridional overturning circulation: a review. Reviews of Geophysics, 54(1): 5-63.

Caesar L, Rahmstorf S, Robinson A, et al., 2018. Observed fingerprint of a weakening Atlantic Ocean overturning circulation. Nature, 556(7700): 191-196.

Cai J, Xu J, Guan Z, et al., 2019. Interdecadal variability of El Niño onset and its impact on monsoon systems over areas encircling the Pacific Ocean. Climate Dynamics, 52(12): 7173-7188.

Callaghan J, Power S B, 2011. Variability and decline in the number of severe tropical cyclones making land-fall over eastern Australia since the late nineteenth century. Climate Dynamics, 37(3): 647-662.

Camargo S J, Wing A A, 2021. Increased tropical cyclone risk to coasts. Science, 371(6528): 458-459.

Cantin N E, Cohen A L, Karnauskas K B, et al., 2010. Ocean Warming Slows Coral Growth in the Central Red Sea. Science, 329(5989): 322-325.

Capotondi A, Alexander M A, Bond N A, et al., 2012. Enhanced upper ocean stratification with climate change in the CMIP3 models. Journal of Geophysical Research: Oceans, 117(C4): 1-23.

Capotondi A, Wittenberg A T, Newman M, et al., 2017. Understanding ENSO diversity. Bulletin of the American Meteorological Society, 96(6): 921-938.

Carilli J, Donner SD, Hartmann AC, et al., 2012. Historical Temperature Variability Affects Coral Response to Heat Stress. PLOS ONE, 7(3): e34418.

Carpenter L J, Archer S D, Beale R, 2012. Ocean-atmosphere trace gas exchange. Chemical Society Reviews, 41(19): 6473-6506.

Carrigan A D, Puotinen M, 2014. Tropical cyclone cooling combats region-wide coral bleaching. Global Change Biology, 20(5): 1604-1613.

Casas-Prat M, Wang X L, 2020. Projections of extreme ocean waves in the Arctic and potential implications for coastal inundation and erosion. Journal of Geophysical Research: Oceans, 125(8): 1-10.

Cavalieri D J, Parkinson C L, Vinnikov K, 2003. 30-year satellite record reveals contrasting Arctic and Antarctic decadal sea ice variability. Geophysical Research Letters, 30(18): 1970.

Cavole L, Demko A, Diner R, et al., 2016. Biological impacts of the 2013-2015 warm water anomaly in the northeast Pacific: winners, losers, and the future. Oceanography, 29(2): 273-285.

Chadwick R, Boutle I, Martin G, 2013. Spatial patterns of precipitation change in CMIP5: why the rich do not get richer in the tropics. Journal of Climate, 26(11): 3803-3822.

Chan J C L, 2006. Comment on "change in tropical cyclone number, duration, and intensity in a warming environment". Science, 311(5768): 1713-1714.

Chan J C, Zhou W, 2005. PDO, ENSO and the early summer monsoon rainfall over south China. Geophysical Research Letters, 32(8): 1-5.

Charlson R, Lovelock J, Andreae M, et al., 1987. Oceanic phytoplankton, atmospheric sulphur, cloud albedo and climate. Nature, 326: 665-661.

Charney J G, 1975. Dynamics of deserts and drought in the Sahel. Quarterly Journal of the Royal Meteorological Society, 101(428): 193-202.

Chen C T A, Liu K K, Macdonald R W, 2003. Continental Margin Exchanges // Fasham M J R, Ocean Biogeochemistry: the role of the Ocean Carbon Cycle in Global Changes. New York: Springer: 53-98.

Chen K, Gawarkiewicz G, Kwon Y O, et al., 2015. The role of atmospheric forcing versus ocean advection during the extreme warming of the Northeast U. S. continental shelf in 2012. Journal Geophysical Research-Oceans, 120(6): 4324-4339.

Chen N, Thual S, Hu S, 2019. El Nio and the Southern Oscillation: Observation. Reference Module in Earth Systems and Environmental Sciences.

Chen W, Feng J, Wu R, 2013. Roles of ENSO and PDO in the link of the East Asian winter monsoon to the following summer monsoon. Journal of Climate, 26(2): 622-635.

Chen X J, Zhao X H, Chen Y, 2007. Influence of El Niño/La Niña on the western winter–spring cohort of neon flying squid(Ommastrephes bartramii)in the Northwestern Pacific Ocean. ICES Journal of Marine Science, 64(6): 1152-1160.

Chen X, Zong Y, 1999. Major impacts of sea-level rise on agriculture in the Yangtze delta area around Shanghai. Applied Geography, 19(1): 69-84.

Chen X, Tung K K, 2014. Varying planetary heat sink led to global-warming slowdown and acceleration. Science, 345(6199): 897-903.

Chen X, Tung K K, 2018. Global surface warming enhanced by weak Atlantic overturning circulation. Nature, 559: 387-391.

Cheng L, Trenberth K E, Fasullo J, et al., 2017. Improved estimated of ocean heat content from 1960 to 2015. Science Advances, 3(3): 1-10.

Cheng L, Trenberth K E, Gruber N, et al., 2020. Improved estimates of changes in upper ocean salinity and the hydrological cycle. Journal of Climate, 33(23): 10357-10381.

Cheng L, Abraham J, Trenberth K E, et al., 2021. Upper Ocean Temperatures Hit Record High in 2020. Advances in Atmospheric Sciences, 38: 523-530.

Cheung W W L, 等, 2009. 全球气候变化对海洋生物多样性影响的预测. 徐瑞永译. 中国渔业经济, 6(27): 85-93.

Chiba S, Ono T, Tadokoro K, et al., 2004. Increased stratification and decreased lower trophic level productivity in the Oyashio region of the North Pacific: A 30-year retrospective study. Journal of Oceanography, 60(1): 149-162.

Chisholm S W, 2000. Stirring times in the Southern Ocean. Nature, 407: 685-687.

Chung E S, Timmermann A, Soden B J, et al., 2019. Reconciling opposing Walker circulation trends in observations and model projections. Nature Climate Change, 9(5): 405-412.

Church J A, 2007. OCEANS: A change in circulation. Science, 317(5840): 908-909.

Church J A, White N J, 2015. A 20th century acceleration in global sea-level rise. Geophysical Research Letters, 33(1): 313-324.

Church J A, White N J, Konikow L F, et al., 2011. Revisiting the earth's sea-level and energy budgets from 1961 to 2008. Geophysical Research Letters, 38: 1-4.

Collins M, Knutti R, Arblaster J, et al., 2013. Long-term Climate Change: Projections, Commitments and Irreversibility// Stocker T F, Qin D, Plattner G K, et al., Climate Change 2013: The Physical Science Basis, Contribution of Working Group I to the Fifth Assessment Report of the Intergovernmental Panel on Climate Change. Cambridge: Cambridge University Press: 255-316.

Collins M, Sutherland M, Bouwer L, et al., 2019. Extremes, Abrupt Changes and Managing Risk// Pörtner H O, Roberts D C, Masson-Delmotte V, et al., IPCC Special Report on the Ocean and Cryosphere in a Changing Climate chapter 6. https: //www.IPCC. ch/srocc/chapter/chapter-6/.

Comiso J, Parkinson C, Gersten R, et al., 2008. Accelarated decline in the Arctic sea ice cover. Geophysical Research Letters, 35(1): 179-210.

Corrick E C, Drysdale R N, Hellstrom J C, et al., 2020. Synchronous timing of abrupt climate changes during the last glacial period. Science, 369(6506): 963-969.

Cox P M, Betts R A, Ones C D, et al., 2000. Acceleration of global warming due to carbon-cycle feedback in a couple model. Nature, 408(6813): 184-187.

Cronin M F, Bond N A, Farrar J T, et al., 2013. Formation and erosion of the seasonal thermocline in the Kuroshio extension recirculation gyre. Deep Sea Research , 85: 62-74.

Cuffey K M, Clow G D, 1997. Temperature, accumulation, and ice sheet elevation in central Greenland throguh the last deglacial transition. Journal of Geophysical Research, 102(C12): 26383-26396.

Cunningham S A, Kanzow T, Rayner D, et al., 2007. Temporal variability of the Atlantic meridional overturning circulation at 26. 5°N. Science, 317(5840): 935-938.

Dahlke F T, Wohlrab S, Butzin M, et al., 2020. Thermal bottlenecks in the life cycle define climate vulnerability of fish. Science, 369(6499): 65-70.

Dahlman, Lindsey R, 2020. "Climate Change: Ocean Heat Content: NOAA Climate. gov. " Climate. gov, National Oceanic and Atmospheric Administration. https: //www.climate.gov/newsfeatures/understanding-climate/climate-change-ocean-heat-content. 2020-08-17.

Dai G, Mu M, 2020. Influence of the Arctic on the Predictability of Eurasian Winter Extreme Weather Events. Advances in Atmospheric Sciences, 37(4): 307-317.

Daloz A S, Camargo S J, 2017. Is the poleward migration of tropical cyclone maximum intensity associated with a poleward migration of tropical cyclone genesis? Climate Dynamics, 50(1-2): 705-715.

Darmaraki S, Somot S, Sevault F, et al., 2019. Future evolution of marine heat waves in the Mediterranean Sea. Climate Dynamics, 53(3-4): 1371-1392.

David B, Naafs A, Monteiro F M, et al., 2019. Fundamentally different global marine nitrogen cycling in response to severe ocean deoxygenation. Proceedings of the National Academy of Sciences, 116(50): 24979-24984.

Day J W, Britsch L D, Hawes S R, et al., 2000. Pattern and process of land loss in the Mississippi Delta: a spatial and temporal analysis of wetland habitat change. Estuaries, 23(4): 425-438.

De Leeuw G, Andreas E L, Anguelova M D, et al., 2011. Production flux of sea spray aerosol. Reviews of Geophysics, 49(2): 1-39.

Delgado P, Hensel P F, Jiménez J A, et al., 2001. The importance of propagule establishment and physical factors in mangrove distributional patterns in a Costa Rican estuary. Aquatic Botany, 71: 157-178.

Delworth T L, Clark P U, Holland M, et al., 2008. The potential for abrupt change in the Atlantic Meridional Overturning Circulation, Chapter 4 in Abrupt Climate Change Final Report, Synthesis and Assessment Product 3.4, the U. S. Climate Change Science Program and the Subcommittee on Global Change Research.

Denniston R F, Villarini G, Gonzales A N, et al., 2015. Extreme rainfall activity in the Australian tropics reflects changes in the El Niño/Southern Oscillation over the last two millennia. Proceedings of the National Academy of Sciences, 112(15): 4576-4581.

Denommee K C, Bentley S J, Droxler A W, 2014. Climatic controls on hurricane patterns: a 1200-y near-annual record from Lighthouse Reef, Belize. Scientific Reports, 4(1): 1-7.

Deutsch C, Ferrel A, Seibel B, 2015. Climate change tightens a metabolic constraint on marine habitats. Science, 348(6239): 1132-1135.

Di Lorenzo E, Mantua N, 2016. Multi-year persistence of the 2014/15 North Pacific marine heatwave. Nature Climate Change, 6(11): 1042-1047.

Diaz R J, Rosenberg R, 2008. Spreading dead zones and consequences for marine ecosystems. Science, 321: 926-929.

Dixon G B, Davies S W, Aglyamova G A, et al., 2015. Mapping heat tolerance loci in the coral genome.

Integrative and comparative biology, 55(1): E47.

Doney S C, 2006. Plankton in a warmer world. Nature, 444(7120): 695-696.

Duan A, Xiao Z, 2015. Does the climate warming hiatus exist over the Tibetan Plateau? Scientific Reports, 5: 13711.

Dunstone N J, Smith D M, Hermanson L, et al., 2013. Anthropogenic aerosol forcing of Atlantic tropical storms. Nature Geoscience, 6(7): 534-539.

Durac P J, Wijiffels S E, 2010. Fifty-year trends in global ocean salinities and their relationship to broad-scale warming. Journal of Climate, 23(16): 4342-4362.

Durack P J, Wijffels S E, Matear R J, 2012. Ocean salinities reveal strong global water cycle intensification during 1950 to 2000. Science, 336(6080): 455-458.

Durack P J, Gleckler P J, Landerer F W, et al., 2014. Quantifying underestimates of long-term upper-ocean warming. Nature Climate Change, 4(11): 999-1005.

Earth System Science Committee, 1986. Earth system science: A program for global change. Washington DC: NASA.

Easterling D R, Wehner M F, 2009. Is the climate warming or cooling? Geophysical Research Letters, 36(8): L08706.

Edwards M, Beaugrand G, Reid P C, et al., 2002. Ocean climate anomalies and the ecology of the North Sea. Marine Ecology Progress Series, 239: 1-10.

Emanuel K A, 2005. Increasing destructiveness of tropical cyclones over the past 30 years. Nature, 436(7051): 686-688.

Emanuel K A, 2015. Effect of upper-ocean evolution on projected trends in tropical cyclone activity. Journal of Climate, 28(20): 8165-8170.

Emanuel K A, 2017. Assessing the present and future probability of Hurricane Harvey's rainfall. Proceedings of the National Academy of Sciences, 114(48): 12681-12684.

Endris H S, Lennard C, Hewitson B, et al., 2019. Future changes in rainfall associated with ENSO, IOD and changes in the mean state over Eastern Africa. Climate dynamics, 52(3-4): 2029-2053.

England M H, Mcgregor S, Spence P, et al., 2014. Recent intensification of wind-driven circulation in the Pacific and the ongoing warming hiatus. Nature Climate Change, 4(3): 222-227.

England M R, Polvani L M., Sun L, et al., 2020. Tropical climate responses to projected Arctic and Antarctic sea-ice loss. Nature Geoscience, 13: 275-281.

Erba E, 1994. Nannofossils and superplumes: The early Aptian “nannoconid crisis”. Paleoceanography, 9(3): 483-501.

Evan A T, Kossin J P, Chung C, et al., 2011. Arabian Sea tropical cyclones intensified by emissions of black carbon and other aerosols. Nature, 479: 94-97.

Fagoonee I, Wilson H B, Hassell M P, et al., 1999. The dynamics of zooxanthellae populations: A long-term study in the field. Science, 283(5403): 843-845.

Falkowski P G, Godfrey L V, 2008. Electrons, life and the evolution of Earth's oxygen cycle. Philosophical Transactions of the Royal Society of London, 363(1504): 2705-2716.

Fang G, Wang Y, Wei Z, et al., 2009. Interocean circulation and heat and freshwater budgets of the South China Sea based on a numerical model. Dynamics of Atmospheres and Oceans, 47(1-3), 55-72.

Feeley K J, Bravo-Avila C, Fadrique B, et al., 2020. Climate-driven changes in the composition of New World plant communities. Nature Climate Change, 10(10): 965-970.

Feng M, Wijffels S, 2002. Intraseasonal variability in the South Equatorial Current of the east Indian Ocean. Journal of Physical Oceanography, 32(1): 265-277.

Feudale L, Shukla J, 2007. Role of Mediterranean SST in enhancing the European heat wave of summer 2003. Geophysical Research Letters, 34(3): 1-4.

Fischer E M, Knutti R, 2015. Anthropogenic contribution to global occurrence of heavy-precipitation and high-temperature extremes. Nature Climate Change, 5(6): 560-564.

Fischer H, Behrens M, Bock M, et al., 2008. Changing boreal methane sources and constant biomass burning during the last termination. Nature, 452(7189): 864-867.

Flohn H, Kapala A, Knoche H R, et al., 1990. Recent changes of the tropical water and energy budget and of midlatitude circulations. Climate Dynamics, 4(4), 237-252.

Frederikse T, Landerer F, Caron L, et al., 2020. The causes of sea-level rise since 1900. Nature, 584(7821): 393-397.

Friedlingstein P, 2015. Carbon cycle feedbacks and future climate change. Philosophical Transactions of the Royal Society A: Mathematical, Physical and Engineering Sciences, 373: 1-14.

Friedlingstein P, Bopp L, Ciais P, et al., 2001. Positive feedback between future climate change and the carbon cycle. Geophysical Research Letters, 28(8): 1543-1546.

Friedlingstein P, Dufresne J L, Cox P M, et al., 2003. How positive is the feedback between climate change and the carbon cycle. Tellus B, 55(2): 692-700.

Friedlingstein P, O'Sullivan M, Jones M W, et al., 2020. Global carbon budget 2020. Earth System Science Data, 12(4): 3269-3340.

Frölicher T L, Laufkötter C, 2018. Emerging risks from marine heat waves. Nature Communications, 9(1): 1-4.

Frölicher T L, Fischer E M, Gruber N, 2018. Marine heat waves under global warming. Nature, 560(7718): 360-364.

Frosch R A, Trenberth K E, 2009. Geoengineering: What, how, and for whom? Physics Today, 62(2): 10-12.

Fu W, Randerson J T, Moore J K, 2016. Climate change impacts on net primary production(NPP)and export production(EP)regulated by increasing stratification and phytoplankton community structure in the CMIP5 models. Biogeosciences, 12(15): 12851-12897.

Fu Y, Li F, Karstensen J, et al., 2020. A stable Atlantic meridional overturning circulation in a changing North Atlantic Ocean since the 1990s. Science advances, 6(48): 1-10.

Fumo J T, Carter M L, Flick R E, et al., 2020. Contextualizing marine heatwaves in the Southern California Bight under anthropogenic climate change. Journal of Geophysical Research, 125(5): 1-10.

Fyfe J C, Salzen K, Gillett N P, et al., 2013. One hundred years of Arctic surface temperature variation due to anthropogenic influence. Scientific Reports, 3(2645): 1-7.

Galaasen E V, Ninnemann U S, Kessler A, et al., 2020. Interglacial instability of North Atlantic Deep Water ventilation. Science, 367(6485): 1485-1489.

Garbe J, Albrecht T, Levermann A, et al., 2020. The hysteresis of the Antarctic Ice Sheet. Nature, 585: 538-544.

Garner A J, Mann M E, Emanuel K A, et al., 2017. Impact of climate change on New York City's coastal flood hazard: Increasing flood heights from the preindustrial to 2300 CE. Proceedings of the National Academy of Sciences, 114(45): 11861-11866.

Gillett N P, Arora V K, Flato G M, et al., 2012. Improved constraints on 21st - century warming derived using 160 years of temperature observations. Geophysical Research Letters, 39(1): GL050226.

Gillett N P, Kirchmeier-Young M, Ribes A, et al., 2021. Constraining human contributions to observed warming since the pre-industrial period. Nature Climate Chang, 11(3): 207-212.

Gleckler P J, Santer B D, Domingues C M, et al., 2012. Human-induced global ocean warming on multidecadal timescales. Nature Climate Change, 2(7): 524-529.

Godinot C, Ferrier-Pages C, Montagna P, et al., 2011. Tissue and skeletal changes in the scleractinian coral Stylophora pistillata Esper 1797 under phosphate enrichment. Journal of experimental marine biology and ecology, 409(1-2): 200-207.

Gong D, Wang S, 1999. Definition of Antarctic Oscillation index. Geophysical Research Letters, 26(4): 459-462.

Gong G C, Chen Y L L, Liu K K, 1996. Chemical hydrography and chlorophyll a distribution in the East China Sea in summer: Implications in nutrient dynamics. Continental Shelf Research, 16(12): 1561-1590.

Goswami B N, Madhusoodanan M S, Neema C P, et al., 2006. A physical mechanism for North Atlantic SST influence on the Indian summer monsoon. Geophysical Research Letters, 33(2), L02706.

Gouretski V, Kennedy J, Boyer T, et al., 2012. Consistent near-surface ocean warming since 1900 in two largely independent observing networks. Geophysical Research Letters, 39(19): 1-4.

Gregory J M, Church J A, Boer G J, et al., 2001. Comparison of results from several AOGCMs for global and regional sea-level changes 1900-2100. Climate Dynamics, 18(3-4): 225-240.

Grinsted A, Moore J C, Jevrejeva S, 2012. Homogeneous record of Atlantic hurricane surge threat since 1923. Proceedings of the National Academy of Sciences, 109(48): 19601-19605.

Grise K M, Davis S M, 2020. Hadley cell expansion in CMIP6 models. Atmospheric Chemistry & Physics, 20(9): 5249-5268.

Guarino M V, Sime L C, Schreder D, et al., 2020. Sea-ice-free Arctic during the Last Interglacial supports fast future loss. Nature Climate Change, 10(10): 1-5.

Guo F, Liu Q, Yang J, et al., 2018. Three types of Indian Ocean Basin modes. Climate Dynamics, 51(11): 4357-4370.

Hallegatte S, 2013. A Cost Effective Solution to Reduce Disaster Losses in Developing Countries: Hydro-Meteorological Services, Early Warning, and Evacuation// Lomborg B, Global problems, smart solutions: costs and benefits. Cambridge: Cambridge University Press: 481-499.

Ham Y G, 2018. El Nino events set to intensify. Nature, 564(7735): 192-193.

Ham Y G, Kug J S, Park J Y, 2013a. Two distinct roles of Atlantic SSTs in ENSO variability: North tropical Atlantic SST and Atlantic Niño. Geophysical Research Letters, 40(15): 4012-4017.

Ham Y G, Kug J S, Park J Y, et al., 2013b. Sea surface temperature in the north tropical Atlantic as a trigger for El Niño/Southern Oscillation events. Nature Geoscience, 6(2): 112-116.

Handmer J, Honda Y, Kundzewicz Z W, et al., 2012. Changes in Impacts of Climate Extremes: Human Systems and Ecosystems// Field C B, Barros V, Stocker T F, et al., Managing the Risks of Extreme Events and Disasters to Advance Climate Change Adaptation. A Special Report of Working Groups I and of the Intergovernmental Panel on Climate Change(IPCC). Cambridge: Cambridge University Press: 231-290.

Hanna E, Cappelen J, Fettweis X, et al., 2021. Greenland surface air temperature changes from 1981 to 2019 and implications for ice-sheet melt and mass-balance change. International Journal of Climatology, 41: 1336-1352.

Hansen J, Ruedy R, Sato M, et al., 2010. Global surface temperature change. Reviews of Geophysics, 48(4): 1-29.

Harper D, Brenchley P J, 2004. Introduction to Palaeoecology, 2 UK-B Format Paperback, New Edition.

Harris D C, 2010. Charles David Keeling and the story of atmospheric CO_2 measurements. Annual Chemistry, 82(19): 7865-7870.

Harris S L, Varela D E, Whitney F W, et al., 2009. Nutrient and phytoplankton dynamics off the west coast of Vancouver Island during the 1997/98 ENSO event. Deep Sea Research Part II: Topical Studies in Oceanography, 56(24): 2487-2502.

Hawkins E, Edwards T, Mcneall D, 2014. Pause for thought. Nature Climate Change, 4(3): 154-156.

Hay C C, Morrow E M, Kopp R E, et al., 2015. Probabilistic reanalysis of twentieth-century sea-level rise. Nature, 517(7535): 481-484.

Hayashida H, Matear R J, Strutton P G, et al., 2020. Insights into projected changes in marine heatwaves from a high-resolution ocean circulation model. Nature Communications, 11(1): 1-9.

Hays G C, Richardson A J, Robinson C, 2005. Climate change and marine plankton. Trends in ecology & evolution, 20(6): 337-344.

Hedges J, Keil R G. 1995. Sedimentary organic matter preservation: an assessment and speculative synthesis. Marine Chemistry, 49: 81-115.

Heinrich H, 1988. Origin and consequences of cyclic ice rafting in the Northeast Atlantic Ocean during the past 130, 000 years. Quaternary Research, 29(2): 142-152.

Held I M, Hou A Y, 1980. Nonlinear axially symmetric circulations in a nearly inviscid atmosphere. Journal of the Atmospheric Sciences, 37(3): 515-533.

Held I M, Soden B J, 2000. Water vapor feedback and global warming. Annual review of energy and the environment, 25(1): 441-475.

Helm K P, Bindoff N L, Church J A, 2011. Observed decreases in oxygen content of the global ocean. Geophysical Research Letters, 38(23): L23602.

Hobday A J, Alexander L V, Perkins S E, et al., 2016a. A hierarchical approach to defining marine heatwaves. Progress in Oceanography, 141: 227-238.

Hobday A J, Spillman C M, Eveson J P, et al., 2016b. Seasonal forecasting for decision support in marine fisheries and aquaculture. Fish Oceanography, 25(S1): 45-56.

Hobday A J, Oliver E C J, Gupta A S, et al., 2018. Categorizing and naming marine heatwaves. Oceanography, 31(2): 1-12.

Hoegh- Guldberg O, 1999. Climate change, coral bleaching and the future of the world's coral reefs. Marine & Freshwater Research, 50(8): 839-866.

Hoegh-Guldberg O, Mumby P J, Hooten A J, et al., 2007. Coral reefs under rapid climate change and ocean acidification. Science, 318(5857): 1737-1742.

Hoegh-Guldberg O, Mumby P J, Hooten A J, et al., 2008. Coral adaptation in the face of climate change - Response. Science, 320(5874): 315-316.

Hoeke R K, Jokiel P L, Buddemeier R W, et al., 2011. Projected Changes to Growth and Mortality of Hawaiian Corals over the Next 100 Years. PLOS ONE, 6(3): e18038.

Holland G, Bruyère C L, 2014. Recent intense hurricane response to global climate change. Climate Dynamics, 42(3): 617-627.

Horton B P, Khan N S, Cahill N, et al., 2020. Estimating global mean sea-level rise and its uncertainties by 2100 and 2300 from an expert survey. npj Climate and Atmospheric Science, 3(18): 1-8.

Houghton J T, Jenkins G J, Ephraums J J, 1990. Climate Change: The IPCC Scientific Assessment. Cambridge: Cambridge University Press.

Houweling S, Kaminski T, Dentener F, et al., 1999. Inverse modeling of methane sources and sinks using the adjoint of a global transport model. Journal of Geophysical Research Atmospheres, 104(D21): 26137-26160.

Howarth R W, Billen G, Swaney D, et al., 1996. Regional nitrogen budgets and riverine N & P fluxes for the drainage to the North Atlantic Ocean: Natural and human influences. Biogeochemistry, 35: 75-139.

Hoyt D V, Schatten K H, 1997. The Role of the Sun in Climate Change. Oxford: Oxford University Press.

Hu J Y, Ho C R, Xie L L, et al., 2020a. Regional Oceanography of the South China Sea. Singapore: World Scientific.

Hu S J, Sprintall J, Guan C, et al., 2020b. Deep-reaching acceleration of global mean ocean circulation over the past two decades. Science advances, 6(6): eaax7727.

Hu S, Zhang L, Qian S, 2020c. Marine Heatwaves in the Arctic Region: Variation in Different Ice Covers. Geophysical Research Letters, 47.

Hu Y, Huang H, Zhou C, 2018. Widening and weakening of the Hadley circulation under global warming. Science Bulletin, 63(10): 640-644.

Huang J P, Xie Y K, Guan X D, et al., 2017. The dynamics of the warming hiatus over the Northern Hemisphere. Climate Dynamics, 48(1-2): 429-446.

Huang P, Lin I I, Chou C, et al., 2015. Change in ocean subsurface environment to suppress tropical cyclone intensification under global warming. Nature Communications, 6(7188): 1-9.

Huang R X, 2015. Heaving modes in the world oceans. Climate Dynamics, 45(11): 3563-3591.

Huang Z, Zhang W, Geng X, et al., 2020. Recent Shift in the State of the Western Pacific Subtropical High due to ENSO Change. Journal of Climate, 33(1): 229-241.

Hughes T P, Kerry J T, Álvarez-Noriega M, et al., 2017. Global warming and recurrent mass bleaching of corals. Nature, 543(7645): 373-377.

Hughes T P, Anderson K D, Connolly S R, et al., 2018a. Spatial and temporal patterns of mass bleaching of corals in the Anthropocene. Science, 359(6371): 80-83.

Hughes T P, Kerry J T, Baird A H, et al., 2018b. Global warming transforms coral reef assemblages. Nature, 556(7702): 492-496.

Hughes T P, Kerry J T, Baird A H, et al., 2019. Global warming impairs stock-recruitment dynamics of corals. Nature, 568(7752): 1-4.

Hui C, Zheng X T, 2018. Uncertainty in Indian Ocean Dipole response to global warming: the role of internal variability. Climate Dynamics, 51(9-10): 3597-3611.

Huo L, Guo P, Hameed S N, et al., 2015. The role of tropical Atlantic SST anomalies in modulating western North Pacific tropical cyclone genesis. Geophysical Research Letters, 42(7): 2378-2384.

Hurrell J W, Kushnir Y, Ottersen G, et al., 2003. An overview of the North Atlantic oscillation. Geophysical Monograph-American Geophysical Union, 134: 1-36.

IPCC, 1994. Climate change radiative forcing of climate change and an evaluation of the IPCCIS92 emission scenarios report on the IPCC, 1994. Cambridge, UK and New York, NY, USA: Cambridge University Press.

IPCC, 2007. Climate Change 2007: The Physical Science Basis, Contribution of Working Group I to the Fourth Assessment Report of the Intergovernmental Panel on Climate Change. Cambridge: Cambridge University Press.

IPCC, 2013. Climate Change 2013: The Physical Science Basis, Contribution of Working Group I to the Fifth Assessment Report of the Intergovernmental Panel on Climate Change. Cambridge : Cambridge University Press: 1-1535.

IPCC, 2014a. 气候变化 2014: 综合报告. 政府间气候变化专门委员会第五次评估报告第一工作组、第二工作组和第三工作组报告. 瑞士, 政府间气候变化专门委员会 IPCC.

IPCC, 2014b. Climate Change 2014: Synthesis Report. Contribution of Working Groups I, and to the Fifth Assessment Report of the Intergovernmental Panel on Climate Change. Journal of Romance Studies, 4(2): 85-88.

Irigoien X, Huisman J, Harris R P, 2004. Global biodiversity patterns of marine phytoplankton and zooplankton. Nature, 429(6994): 863-867.

Jacox M G, Alexander M A, Bograd S J, et al., 2020. Thermal displacement by marine heatwaves. Nature, 584(7819): 82-86.

Jahn A , Laiho R, 2020. Forced Changes in the Arctic Freshwater Budget Emerge in the Early 21st Century. Geophysical Research Letters, 47(15): 1-4.

Jansen E, Christensen J H, Dokken T, et al., 2020. Past perspectives on the present era of abrupt Arctic climate change. Nature Climate Change, 10: 714-721.

Jayne S R, Marotzke J, 2001. The dynamics of ocean heat transport variability. Reviews of Geophysics, 39(3): 385-417.

Jia F, Cai W, Wu L, et al., 2019. Weakening Atlantic Niño–Pacific connection under greenhouse warming. Science Advances, 5(8): eaax4111.

Jickells T D, An Z S, Andersen K K, et al., 2005. Global iron connections between desert dust, ocean biogeochemistry, and climate. Science, 308(5718): 67-71.

Jin F F, Neelin J D, Ghil M, et al., 1994. El Niño on the Devil's Staircase: Annual Subharmonic Steps to Chaos. Science, 264(5155): 70-72.

Jung M, Reichstein M, Schwalm C R, et al., 2017. Compensatory water effects link yearly global land CO_2 sink changes to temperature. Nature, 541(7638): 516-520.

Kallberg P, Berrisford P, Hoskins B J, et al., 2005. ERA-40 Atlas. Cuadernos de la Sociedad Española de Ciencias Forestales, 2005(7): 147-152.

Kalnay E, Cai M, 2003. Impact of urbanization and land-use change on climate. Nature, 423(6939): 528.

Kam J, Knutson T R, Zeng F, et al., 2015. Record annual mean warmth over Europe, the Northeast Pacific, and the Northwest Atlantic During 2014: assessment of anthropogenic influence. Bulletin of the American Meteorological Society, 96(12): 61-65.

Karl D M, Bidigare R R, Letelier R M, 2001. Long-term changes in plankton community structure and productivity in the North Pacific Subtropical Gyre: The domain shift hypothesis. Deep Sea Research Part II: Topical Studies in Oceanography, 48(8-9): 1449-1470.

Karl T R, Arguez A, Huang B, et al., 2015. Possible artifacts of data biases in the recent global surface warming hiatus. Science, 348(6242): 1469-1472.

Kataoka T, Tozuka T, Behera S, et al., 2014. On the Ningaloo Niño/Niña. Climmate Dynamics, 43(5): 1463-1482.

Keeling R F, Körtzinger A, Gruber N, 2010. Ocean deoxygenation in a warming world. Annual review of marine science, 2(1): 199-229.

Kench P, Mclean R F, Owen S, et al., 2020. Climate-forced sea-level lowstands in the Indian Ocean during the last two millennia. Nature Geoscience, 13(1): 61-64.

Kennedy D, Hanson B, 2006. Ice and History. Science, 311(5768): 1673.

Kennel C F, Yulaeva E, 2020. Influence of Arctic sea-ice variability on Pacific trade winds. Proceedings of the National Academy of Sciences, 117(6): 2824-2834.

Kiehl J L, Trenberth K E, 1997. Earths annual global energy budget. Bulletin of the American Meteorological Society, 78(2): 197-208.

Kim H S, Vecchi G A, Knutson T R, et al., 2014. Tropical cyclone simulation and response to CO_2 doubling in the GFDL CM2. 5 high-resolution coupled climate model. Journal of Climate, 27(21): 8034-8054.

King A D, Karoly D J, Henley B J, 2017. Australian climate extremes at 1. 5°C and 2°C of global warming. Nature Climate Change, 7: 412-416.

Klein S A, Soden B J, Lau N C, 1999. Remote sea surface temperature variations during ENSO: Evidence for a tropical atmospheric bridge. Journal of climate, 12(4): 917-932.

Klyashtorin L B, Borisov V, Lyubushin A, 2009. Cyclic changes of climate and major commercial stocks of the Barents Sea. Marine biology research, 5(1): 4-17.

Knight J R, Folland C K, Scaife A A, et al., 2006. Climate impacts of the Atlantic multidecadal oscillation. Geophysical Research Letters, 33(17).

Knight J, Kennedy J J, Folland C, et al., 2009. Do global temperature trends over the last decade falsify climate predictions. Bulletin of the American Meteorol Society, 90(8): 22-23.

Knutson T R, McBride J L, Chan J, et al., 2010. Tropical cyclones and climate change. Nature geoscience, 3(3): 157-163.

Knutson T R, Sirutis J J, Zhao M, et al., 2015. Global projections of intense tropical cyclone activity for the latetwenty-first century from dynamical downscaling of CMIP5/RCP4. 5 scenarios. Journal of Climate, 28(18): 7203-7224.

Knutson T R , Mcbride J L , Chan J, et al., 2016. Tropical cyclones and climate change. Nature Geoscience, 3(3): 157-163.

Knutson T R, Camargo S J, Chan J C L, et al., 2019. Tropical cyclones and climate change assessment: Part I. detection and attribution. Bulletin of the American Meteorological Society, 100: 1987-2007.

Konapala G, Mishra A K, Wada Y, et al., 2020. Climate change will affect global water availability through compounding changes in seasonal precipitation and evaporation. Nature communications, 11(1): 1-10.

Kosaka Y, Xie S P, 2016. The tropical Pacific as a key pacemaker of the variable rates of global warming. Nature Geoscience, 9: 669-674.

Kossin J P , Knapp K R , Olander T L, et al., 2020. Global increase in major tropical cyclone exceedance probability over the past four decades. Proceedings of the National Academy of Sciences, 117(22): 11975-11980.

Kossin J P, Emanuel K A, Vecchi G A, 2014. The poleward migration of the location of tropical cyclone maximum intensity. Nature, 509(7500): 349-352.

Kossin J P, Emanuel K A, Camargo S J, 2016. Past and projected changes in western North Pacific tropical cyclone exposure. Journal of Climate, 29(16): 5725-5739.

Kossin J P, 2017. Hurricane intensification along United States coast suppressed during active hurricane periods. Nature, 541(7637): 390-393.

Kossin J P, 2018. A global slowdown of tropical-cyclone translation speed. Nature, 558(7708): 104-107.

Kump L R, 2009. A Second Opinion for Our Planet. Science, 325(5940): 539-540.

Kwok R, Rothrock D A, 2009. Decline in Arctic sea ice thickness from submarine and ICESat records: 1958-2008. Geophysical Research Letters, 36: L15501.

Lackmann G M, 2015. Hurricane Sandy before 1900 and after 2100. Bulletin of the American Meteorological Society, 96(4): 547-560.

Laffoley D, Baxter J M, 2019. Ocean deoxygenation: everyones problem. International Union for Conservation of Nature.

Laffoley D, Baxter J M, Hassoun A, et al., 2020. Towards a western Indian Ocean regional ocean acidification action plan. International Union for Conservation of Nature.

Lai C, Kingslake J, Wearing M G, et al., 2020a. Vulnerability of Antarcticas ice shelves to meltwater-driven fracture. Nature, 584(7822): 574-578.

Lai Y, Li J, Gu X, et al., 2020b. Greater flood risks in response to slowdown of tropical cyclones over the coast of China. Proceedings of the National Academy of Sciences, 117(26): 14751-14755.

Lamarche-Gagnon G, Wadham J L, Sherwood-Lollar B, et al., 2019. Greenland melt drives continuous export of methane from the ice-sheet bed. Nature, 565(7737): 73-77.

Lan K W, Evans K, Lee M A, 2013. Effects of climate variability on the distribution and fishing conditions of yellowfin tuna(Thunnus albacares)in the western Indian Ocean. Climatic change, 119(1-SI): 63-77.

Landsea C W, Harper B A, Hoarau K, et al., 2006. Can we detect trends in extreme tropical cyclones? Science, 313(5786): 452-454.

Lau N C, Nath M J, 2000. Impact of ENSO on the variability of the Asian - Australian monsoons as simulated in GCM experiments. Journal of Climate, 13(24): 4287-4309.

Laufkötter C, Zscheischler J, Frölicher T L, 2020. High-impact marine heatwaves attributable to human-induced global warming. Science, 369(6511): 1621-1625.

Laxon S W, Giles K A, Ridout A L, et al., 2013. CryoSat-2 estimates of Arctic sea ice thickness and volume. Geophysical Research Letters, 40(4): 732-737.

Lean J, Beer J, Bradley R, 1995. Reconstruction of solar irradiance since 1610: Implications for climate change. Geophysical Research Letters, 22(23): 3195-3198.

Lehodey P , Senina I , Calmettes B, et al., 2013. Modelling the impact of climate change on Pacific skipjack tuna population and fisheries. Climatic Change, 119(1): 95-109.

Lelieveld J, 2006. Climate change: A nasty surprise in the greenhouse. Nature, 443(7110): 405-440.

Levis S, Antonov J, Boyer T, 2005. Warming of the world ocean, 1955-2003. Geophysical Research Letters, 32: 1-4.

Li G, Cheng L, Zhu J, et al., 2020. Increasing ocean stratification over the past half-century. Nature Climate Change, 10: 1116-1123.

Li L, Chakraborty P, 2020. Slower decay of landfalling hurricanes in a warming world. Nature, 587: 230-234.

Li R C Y, Zhou W, Shun C M, 2017. Change in destructiveness of landfalling tropical cyclones over China in recent decades. Journal of Climate, 30(9): 3367-3379.

Li T, Kwon M, Zhao M, et al., 2010. Global warming shifts Pacific tropical cyclone location. Geophysical Research Letters, 37(21): 1-5.

Lima F P, Wethey D S, 2012. Three decades of high-resolution coastal sea surface temperatures reveal more than warming. Nature Communications, 3(704): 1-6.

Lin N, Emanuel K, Oppenheimer M, et al., 2012. Physically based assessment of hurricane surge threat under climate change. Nature Climate Change, 2(6): 462-467.

Liss P S, Johnson M T, 2014. Ocean-Atmosphere Interactions of Gases and Particles. Berlin: Springer.

Liu G, Heron S, Eakin C, et al., 2014. Reef-scale thermal stress monitoring of coral ecosystems: new 5-km global products from NOAA coral reef watch. Remote Sensing, 6: 11579-11606.

Liu J, Curry J, Hu Y, 2004. Recent Arctic sea ice variability: connections to the Arctic Oscillation and the ENSO. Geophysical Research Letters, 31(9): 925-929.

Liu Z, Vavrus S, He F, et al., 2005. Rethinking tropical ocean response to global warming: The enhanced equatorial warming. Journal of Climate, 18(22): 4684-4700.

Liu Z, Otto-Bliesner B L, He F, et al., 2009. Transient simulation of last deglaciation with a new mechanism for Bølling-Allerød Warming. Science, 325(5938): 310-314.

Lomas M W, Swain A, Shelton R, et al, 2004. Taxonomic variability of phosphorus stress in Sargasso Sea phytoplankton. Limnology and Oceanography, 49(6): 2303-2309.

Long M C, Deutsch C A, Ito T, 2016. Finding forced trends in oceanic oxygen. Global Biogeochemical Cycles, 30(2): 381-397.

Long S M, Xie S P, Zheng X T, et al., 2014. Fast and slow response to global warming: Sea surface temperature and precipitation patterns. Journal of Climate, 27(1): 285-299.

Longhurst A, 2003. The symbolism of large marine ecosystems. Fisheries research, 61(1-3): 1-6.

Lu J, Zhao B, 2012. The role of oceanic feedback in the climate response to doubling CO_2. Journal of Cliamte, 25(21): 7544-7563.

Lu J, Vecchi G A, Reichler T, et al., 2007. Expansion of the Hadley cell under global warming. Geophysical Research Letters, 34(6): 125-141.

Lumbroso D M, Suckall N R, Nicholls R J, et al., 2017. Enhancing resilience to coastal flooding from severe storms in the USA: international lessons. Natural Hazards and Earth System Sciences, 17(8): 1357-1373.

Ma J, Xie S P, Kosaka Y, 2012. Mechanism for tropical tropospheric circulation change in response to global warming. Journal of Climate, 25(8): 2979-2994.

Mackas D L, Coyle K O, 2005. Shelf-offshore exchange processes, and their effects on mesozooplankton biomass and community composition patterns in the northeast Pacific. Deep-sea Research PartII-topical Studies in Oceanography, 52(5-6): 707-725.

Mackas D L, Galbraith M D, 2002. Zooplankton distribution and dynamics in a North Pacific eddy of coastal origin: 1. Transport and loss of continental margin species. Journal of Oceanography, 58(5): 725-738.

Mackas D L, Tsurumi M, Galbraith M D, et al., 2005. Zooplankton distribution and dynamics in a North Pacific Eddy of coastal origin: II. Mechanisms of eddy colonization by and retention of offshore species. Deep-sea research partII-topical studies in oceanography, 53(7-8): 1011-1035.

Manabe S, Wetherald R T, 1975. The Effects of Doubling the CO_2 Concentration on the Climate of a General Circulation Model. Journal of the Atmospheric ences, 32(1): 3-15.

Manabe S, Wetherald R T, 1985. CO_2 and Hydrology. Advances in Geophysics, 28(12): 131-157.

Manganello J V, Hodges K I, Dirmeyer B, et al., 2014. Future changes in the western North Pacific tropical cyclone activity projected by a multidecadal simulation with a 16-km global atmospheric GCM. Journal of Climate, 27(20): 7622-7646.

Matthew C L, Crtis D, Taka I, 2016. Finding forced trends in oceanic oxygen. Global Biogeochemical Cycles, 30(2): 381-397.

McKee K L, 1996. Growth and physiological responses of neotropical mangrove seedlings to root zone hypoxia. Tree Physiology, 16: 883-889.

McKenna C M, Maycock A C, Forster P M, et al., 2020a. Stringent mitigation substantially reduces risk of unprecedented near-term warming rates. Nature Climate Change, 11: 126-131.

McKenna S, Santoso A, Gupta A S, et al., 2020b. Indian Ocean Dipole in CMIP5 and CMIP6: characteristics, biases, and links to ENSO. Scientific reports, 10(1): 1-13.

McManus J F, Francois R, Gherardi J-M, 2004. Collapse and rapid resumption of Atlantic meridional circulation linked to deglacial climate changes. Nature, 428: 834-837.

Medhaug I, Tolpe M B S , Fischer E M, et al., 2017. Reconciling controversies about the global warming hiatus'. Nature, 545(7652): 41.

Meehl G A, Arblaster J M, Fasullo J T, et al., 2011. Model-based evidence of deep-ocean heat uptake during surface-temperature hiatus periods. Nature Climate Change, 1(7): 360-364.

Mei W, Xie S P, 2016. Intensification of landfalling typhoons over the northwest Pacific since the late 1970s. Nature Geoscience, 9(10): 753-757.

Meier W N, Stroeve J C, Fetterer F, 2006. Whither Arctic sea ice? A clear signal of decline regionally, seasonally and extending beyond the satellite record. Annals of Glaciology, 46: 428-434.

Meinen C S, Perez R C, Dong S, et al., 2020. Observed Ocean Bottom Temperature Variability at Four Sites in the Northwestern Argentine Basin: Evidence of Decadal Deep/Abyssal Warming Amidst Hourly to Interannual Variability During 2009-2019. Geophysical Research Letters, 47(18): 1-4.

Mendelsohn R, Emanuel K, Chonabayashi S, et al., 2012. The impact of climate change on global tropical cyclone damage. Nature Climate Change, 2(3): 205-209.

Meng J, Fan J, Ludescher J, et al., 2020. Complexity-based approach for El Niño magnitude forecasting before the spring predictability barrier. Proceedings of the National Academy of Sciences, 117(1): 177-183.

Meyers G, 1996. Variation of Indonesian throughflow and the El Niño - southern oscillation. Journal of

Geophysical Research: Oceans, 101(C5): 12255-12263.

Michael B, Harig C, Khan S A, et al., 2019. Accelerating changes in ice mass within Greenland, and the ice sheet's sensitivity to atmospheric forcing. Proceedings of the National Academy of Sciences, 116(6): 1934-1939.

Micheal O, Bruce G, Hinkel J, et al., 2019. Sea Level Rise and Implications for Low Lying Islands, Coasts and Communities. IPCC Special Report on the Ocean and Cryosphere in a Changing Climate.

Mills K, Pershing A, Brown C, et al., 2013. Fisheries management in a changing climate: lessons from the 2012 ocean heat wave in the Northwest Atlantic. Oceanography, 26(2): 191-195.

Minobe S, Kuwano-Yoshida A, Komori N, et al., 2008. Influence of the Gulf Stream on the troposphere. Nature, 452(7184): 206-209.

Moore J K, Fu W, Primeau F, et al., 2018. Sustained climate warming drives declining marine biological productivity. Science, 359(6380): 1139-1143.

Morim J, Hemer M, Wang X L, et al., 2019. Robustness and uncertainties in global multivariate wind-wave climate projections. Nature Climate Change, 9(9): 711-718.

Moritz D, Bitz C, Steig E, 2002. Dynamics of recent climate change in the Arctic. Science, 297(5586): 1497-1502.

Mörner N A, 2016. New Dawn of Truth, the London Conference on Climate Change. London: Science & Geoethics.

Mumby P J, Wolff N H, Bozec Y M, et al., 2014. Operationalizing the resilience of coral reefs in an era of climate change. Conservation Letters, 7(3): 176-187.

Munk W, 2003. Ocean freshening. sea level rising. Science, 300: 2041-2043.

Murakami H, Wang B, Kitoh A, 2011. Future change of western North Pacific typhoons: Projections by a 20-km-mesh global atmospheric model. Journal of Climate, 24(4): 1154-1169.

Murakami H, Vecchi G A, Delworth T L, et al., 2015. Investigating the influence of anthropogenic forcing and natural variability on the 2014 Hawaiian hurricane season. Bulletin of the American Meteorological Society, 96(12): 115-119.

Murakami H, Vecchi G A, Delworth T L, et al., 2017. Dominant role of subtropical Pacific warming in extreme eastern Pacific hurricane seasons: 2015 and the future. Journal of Climate, 30(1): 243-264.

Murakami H, Delworth T L, William F C, et al., 2020. Detected climatic change in global distribution of tropical cyclones. Proceedings of the National Academy of Sciences, 117(20): 10706-10714.

Najafi M R , Zwiers F W, Gillett N P , 2015. Attribution of Arctic temperature change to greenhouse-gas and aerosol influences. Nature Climate Change, 5(3): 246-249.

Nakamura J, Camargo S J, Sobel A H, et al., 2017. Western north Pacific tropical cyclone model tracks in present and future climates. Journal of Geophysical Research-Atmosphere, 122(18): 9721-9744.

NASA Advisory Council, 1988. Earth System Sciences Committee. Earth system science: A closer view. National Academies.

Newman M, Wittenberg A T, Cheng L, et al., 2018. The extreme 2015/16 El Nino, in the context of historical climate variability and change. Bulletin of the American Meteorological Society, 99(1): 15-20.

Nixon S W, Fulweiler R W, Buckley B A, et al, 2009. The impact of changing climate on phenology, productivity, and benthic–pelagic coupling in Narragansett Bay. Estuarine, Coastal and Shelf Science,

82(1): 1-18.

Nnamchi H C, Li J, Kucharski F, et al., 2015. Thermodynamic controls of the Atlantic Niño. Nature communications, 6(1): 1-10.

Norris R D, Turner S K, Hull P M, et al., 2013. Marine ecosystem response to cenozoic global change. Science, 341(6145): 492-498.

Notz D, Stroeve J, 2016. Observed Arctic sea-ice loss directly follows anthropogenic CO_2 emission. Science, 354(6313): 747-750.

Noy I, 2016. Tropical storms: the socio-economics of cyclones. Nature Climate Change, 6(4): 343-345.

O' Dowd C D, Leeuw G D, 2007. Marine aerosol production: a review of the current knowledge. Philosophical Transactions of the Royal Society A: Mathematical, Physical and Engineering Science, 365: 1753-1774.

O' Dowd C D, Facchini M C, Cavalli F, et al., 2004. Biogenically driven organic contribution to marine aerosol. Nature, 431(7009): 676.

Obradovich N, Migliorini R, Mednick S C, et al., 2017. Nighttime temperature and human sleep loss in a changing climate. Science Advances, 3(5): elb601555.

Oeschger H, Eddy J A, 1989. Global changes of the past. Report of a Meeting of the IGBP Working Group on Techniques for Extracting Environmental Data from the Past, held at the University of Berne, Switzerland, 6-8 July, 1988.

Oey L Y, Chou S, 2016. Evidence of rising and poleward shift of storm surge in western North Pacific in recent decades. Journal of Geophysical Research-Oceans, 121(7): 5181-5192.

Ogi M, Yamazaki K, Tachibana Y, et al., 2004. The summertime annular mode in the Northern Hemisphere and its linkage to the winter mode. Journal of Geophysical Research: Atmospheres, 109, D2014.

Oliver E C J, 2019. Mean warming not variability drives marine heatwave trends. Climate Dynamics, 53(3-4): 1653-1659.

Oliver E C J, Benthuysen J A, Bindoff N L, et al., 2017. The unprecedented 2015/16 Tasman Sea marine heatwave. Nature Communications, 8(1): 1-12.

Oliver E C J, Donat M G, Burrows M T, et al., 2018a. Longer and more frequent marine heatwaves over the past century. Nature Communications, 9(1): 1-12.

Oliver E C J, Perkins-Kirkpatrick S E, Holbrook N J, et al., 2018b. Anthropogenic and natural influences on record 2016 marine heat waves. Bulletin of the American Meteorological Society, 99(1): 44-48.

Ollila A, 2016. Climate Sensitivity Parameter in the Test of the Mount Pinatubo Eruption. Physical Science International Journal, 9(4), 1-14.

Oort A H, Yienger J J, 1996. Observed interannual variability in the Hadley circulation and its connection to ENSO. Journal of Climate, 9(11): 2751-2767.

Oppenheimer M, Glavovic B C, Hinkel J, et al., 2019. Sea Level Rise and Implications for Low-Lying Islands, Coasts and Communities//Pörtner H O, Roberts D C, Masson-Delmotte V, et al., IPCC Special Report on the Ocean and Cryosphere in a Changing Climate.

Oschlies A, Brandt P, Stramma L, et al., 2018. Drivers and mechanisms of ocean deoxygenation. Nature Geoscience, 11(7): 467-473.

Ottersen G, Planque B, Belgrano A, et al., 2001. Ecological effects of the North Atlantic Oscillation.

Oecalogia, 128(1): 1-14.

Otto A, Otto F E, Boucher O, et al., 2013. Energy budget constraints on climate response. Nature Geoscience, 6(6): 415-416.

Paerl H W, 1997. Coastal eutrophication and harmful algal blooms: Importance of atmospheric deposition and groundwater as “new” nitrogen and other nutrient sources. Limnology and Oceanography, 42: 1154-1165.

Palumbi S R, Barshis D J, Traylor-Knowles N, et al., 2014. Mechanisms of reef coral resistance to future climate change. Science, 344(6186): 895-898.

Pandolfi J M, Connolly S R, Marshall D J, 2011. The Future of Coral Reefs Response. Science, 334(6062): 1495-1496.

Park D S R, Ho C H, Chan J C L, et al., 2017. Asymmetric response of tropical cyclone activity to global warming over the North Atlantic and western North Pacific from CMIP5 model projections. Scientific Reports, 7: 1-8.

Paul B K, 2009. Why relatively fewer people died? The case of Bangladesh's Cyclone Sidr. Natural Hazards, 50(2): 289-304.

Paulmier A, Ruiz-Pino D, 2009. Oxygen minimum zones (OMZs) in the modern ocean. Progress in Oceanography, 80: 113-128.

Pauly D , Christensen V, 1995. Primary production required to sustain global fisheries. Nature, 374(6537): 255-257.

Pearce A F, Feng M, 2013. The rise and fall of the "marine heat wave" off Western Australia during the summer of 2010/2011. Journal of Marine Systems, 111: 139-156.

Philander S G, 1998. Is the Temperature Rising? The Uncertain Science of Global Warming. Princeton: Princeton University Press.

Pielke S R A, 2008. A broader view of the role of humans in the climate system. Physics Today, 61(11): 54-55.

Piontkovski S A, Landry M R, 2003. Copepod species diversity and climate variability in the tropical Atlantic Ocean. Fisheries oceanography, 12(4-5): 352-359.

Prein A F, Liu C, Ikeda K, et al., 2017. Increased rainfall volume from future convective storms in the US. Nature Climate Change, 7(12): 880-884.

Previdi M, Janoski T P, Chiodo G, et al., 2020. Arctic amplification: a rapid response to radiative forcing. Geophysical Research Letters, 47(17): 1-4.

Prigent A, Lubbecke J F, Bayr T, et al., 2020. Weakened SST variability in the tropical Atlantic Ocean since 2000. Climate Dynamics, 54(5): 2731-2744.

Prospero J M, Ginoux P, Torres O, et al., 2002. Environmental characterization of global sources of atmospheric soil dust derived from the NIMBUS7 TOMS absorbing aerosol product. Reviews of Geophysics, 40: 1002.

Qi D, Chen L., Chen B, et al., 2017. Increase in acidifying water in the western Arctic Ocean. Nature Climate Change, 7(3): 195-199.

Qiu B, Chen S, Hacker P, 2004. Synoptic-scale air-sea flux forcing in the western North Pacific: Observations and their impact on SST and the mixed layer. Journal of Physical Oceanography, 34(10): 2148-2159.

Qu T, Song Y T, Yamagata T, 2009. An introduction to the South China Sea throughflow: Its dynamics, variability, and application for climate. Dynamics of Atmospheres and Oceans, 47(1-3): 3-14.

Rabalais N N, Diaz R J, Levin L A, et al., 2010. Dynamics and distribution of natural and human-caused hypoxia. Biogeosciences, 7(2): 585-619.

Rahmstorf S, Box J, Feulner G, et al., 2015. Exceptional twentieth-century slowdown in Atlantic Ocean overturning circulation. Nature Climate Change, 5(5): 475-480.

Ramírez F, Afán I, Davis L S, et al., 2017. Climate impacts on global hot spots of marine biodiversity. Science Advances, 3(2): e1601198.

Ramírez I J, Briones F, 2017. Understanding the El Niño Costero of 2017: the definition problem and challenges of climate forecasting and disaster responses. International Journal of Disaster Risk Science, 8(4): 489-492.

Redfield A, 1942. The processes determining the concentration of oxygen, phosphate and other organic derivatives within the depths of the Atlantic Ocean. Papers in Physical Oceanography and Meteorology, 9: 1-22.

Reguero B G, Losada I J, Méndez F J, 2019. A recent increase in global wave power as a consequence of oceanic warming. Nature Communications, 10(1): 1-14.

Reimer J J, Vargas R, Rivas D, et al., 2015. Sea surface temperature influence on terrestrial gross primary production along the Southern California current. PLoS ONE, 10(4): 1-15.

Renssen H, Mairesse A, Goosse H, et al., 2015. Multiple causes of the Younger Dryas cold period. Nature Geoscience, 8: 946-949.

Rhein M, Rintoul S R, Aooki S, et al., 2013. Observations: Ocean//Stocker T F, Qin D, Plattner G K, et al., Climate Change 2013: The Physical Science Basis, Contribution of Working Group I to the Fifth Assessment Report of the Intergovernmental Panel on Climate Change. Cambridge: Cambridge University Press: 255-316.

Richardson P L, 2008. On the history of meridional overturning circulation schematic diagrams. Progress in Oceanography, 76(4): 466-486.

Rignot E, Kanagaratnam P, 2006. Changes in the velocity structure of the Greenland ice sheet. Science, 311(5763): 986-990.

Risser M D, Wehner M F, 2017. Attributable human-induced changes in the likelihood and magnitude of the observed extreme precipitation during hurricane Harvey. Geophysical Research Letters, 44(24): 12457-12464.

Roberts C D, Palmer M D, Mcneall D, et al., 2015a. Quantifying the likelihood of a continued hiatus in global warming. Nature Climate Change, 2015, 5(4): 337-342.

Roberts M J, Vidale P L, Mizielinski M S, et al., 2015b. Tropical cyclones in the UPSCALE ensemble of high-resolution global climate models. Journal of Climate, 28(2): 574-596.

Roemmich D, McGowan J, 1995. Climatic warming and the decline of zooplankton in the California Current. Science, 267(5202): 1324-1326.

Ronbinson I S, 2010. Discovering the Ocean from Space: The Unique Applications of Satellite Oceanography. Berlin: Springer.

Rosenberg R, 1990. Marine eutrophication case studies in Sweden. Ambio, 19: 102-108.

Rudnick D L, Jan S, Centurioni L, et al., 2011. Seasonal and mesoscale variability of the Kuroshio near its origin. Oceanography, 24(4): 52-63.

Sabine C L, Feely R A, Gruber N, et al., 2004. The oceanic sink for anthropogenic CO_2. Science, 305(5682): 367-371.

Sainsbury N C, Genner M J, Saville G R, et al., 2018. Changing storminess and global capture fisheries. Nature Climate Change, 8(8): 655-659.

Saji N H, Yamagata T, 2003. Possible impacts of Indian Ocean Dipole mode events on global climate. Climate Research, 25(2): 151-169.

Saji N H, Goswami B N, Vinayachandran P N, et al., 1999. A dipole mode in the tropical Indian Ocean. Nature, 401(6751): 360-363.

Sakamoto T T, Hasumi H, Ishii M, et al., 2005. Responses of the Kuroshio and the Kuroshio Extension to global warming in a high-resolution climate model. Geophysical Research Letters, 32(14): 337-349.

Sallee J B, Pellichero V, Akloudas C, et al., 2021. Summertime increases in upper-ocean stratification and mixed-layer depth. Nature, 591: 592-598.

Saltzman E S, Cooper W J, 1989. Biogenic Sulfur in the Environment. Washington: ACS Symposium Series.

Santer B D, Bonfils C, Taylor K E, et al., 2014. Volcanic contribution to decadal changes in tropospheric temperature. Nature Geoscience, 7(3): 185-189.

Sasgen I, Wouters B, Gardner A S, et al., 2020. Return to rapid ice loss in Greenland and record loss in 2019 detected by the GRACE-FO satellites. Communications Earth & Environment, 1(1): 1-8.

Scannell H A, Pershing A J, Alexander M A, et al., 2016. Frequency of marine heatwaves in the North Atlantic and North Pacific since 1950. Geophysical Research Letters, 43(5): 2069-2076.

Schlegel R W, Oliver E C J, Perkins-Kirkpatrick S, et al., 2017a. Predominant atmospheric and oceanic patterns during coastal marine heatwaves. Frontiers in Marine Science, 4(323): 1-15.

Schlegel R W, Oliver E C J, Wernberg T, et al., 2017b. Nearshore and offshore co-occurrence of marine heatwaves and cold-spells. Progress in Oceanography, 151: 189-205.

Schlesinger W H, 1997. An analysis of global change. Biogeochemistry. Academic Press: San Diego, CA, USA.

Schmidt G A, Shindell D T, Tsigaridis K, 2014. Reconciling warming trends. Nature Geoscience, 7(3): 158-160.

Schmidtko S, Johnson G C, 2012. Multi-decadal warming and shoaling of Antarctic Intermediate Water. Journal of Clim1ate, 25(1): 207-221.

Schmidtko S, Stramma L, Visbeck M, 2017. Decline in global oceanic oxygen content during the past five decades. Nature, 542(7641): 335-339.

Scott D B, Schell T, Rochon A, et al., 2008. Benthic foraminifera in the surface sediments of the Beaufort Shelf and slope, Beaufort Sea, Canada: Applications and implications for past sea-ice conditions. Journal of marine systems, 74(3-4): 840-863.

Seager R, Battisti D S, 2007. Challenges to our understanding of the general circulation: abrupt climate change // Schneider T, Sobel A S, The Global Circulation of the Atmosphere: Phenomena, Theory, Challenges. Princeton: Princeton University Press.

Seager R, Hoerling M, Schubert S, et al., 2015. Causes of the 2011-14 California Drought. Journal Climate,

28(18): 6997-7024.

Sedjo R A, 1992. Temperate forest ecosystems in the global carbon cycle. Ambio, 21: 274-277.

Seidel D J, Fu Q, Randel W J, et al., 2008. Widening of the tropical belt in a changing climate. Nature geoscience, 1(1): 21-24.

Serreze M, Holland M, Stroeve J, 2007. Perspectives on the Arctic's shrinking sea-ice cover. Science, 315(5818): 1533-1536.

Sévellec F, Fedorov A, Liu W, 2017. Arctic sea-ice decline weakens the Atlantic Meridional Overturning Circulation. Nature Climate Change, 7(8): 604-610.

Sharmila S , Walsh K J E, 2018. Recent poleward shift of tropical cyclone formation linked to Hadley cell expansion. Nature Climate Change, 8(8): 730-736.

Shepherd A, Ivins E, Rignot E, et al., 2020. Mass balance of the Greenlandice sheet from 1992 to 2018. Nature, 579(7798): 233-239.

Siegenthaler U, Sarmiento J L, 1993. Atmospheric carbon dioxide and the ocean. Nature, 365: 119-125.

Silvy Y, Guilyardi E, Sallée J, et al., 2020. Human-induced changes to the global ocean water masses and their time of emergence. Nature Climate Chang, 10(11): 1030-1036.

Simmons I G, 2008. Global Environmental History. Chicago: University of Chicago Press.

Slater T, Lawrence I R, Otosaka I N, et al., 2021. Earth's ice imbalance. The Cryosphere, 15: 233-246.

Smale D A, Wernberg T, 2013. Extreme climatic event drives range contraction of a habitat-forming species. Proceedings of the Royal Society B: Biological Sciences, 280(1754): 1-9.

Smeed D A, McCarthy G D, Cunningham S A, et al., 2014. Observed decline of the Atlantic meridional overturning circulation 2004-2012. Ocean Science, 10(1): 29-38.

Smale D A, Wernberg T, Oliver E C J, et al., 2019. Marine heatwaves threaten global biodiversity and the provision of ecosystem services. Nature Climate Change, 9(4): 306-312.

Smith S J, Edmonds J, Hartin C A, et al., 2015. Near-term acceleration in the rate of temperature change. Nature Climate Change, 5(4): 333-336.

Sobel A H, Camargo S J, Hall T M, et al., 2016. Human influence on tropical cyclone intensity. Science, 353(6296): 242-246.

Solomon S, Manning M, Marquis M, et al., 2007. Climate Change 2007-the Physical Science Basis: Working Group I Contribution to the Fourth Assessment Report of the IPCC. Cambridge: Cambridge University Press.

Solomon S, Plattner G K, Knutti R, et al., 2009. Irreversible climate change due to carbon dioxide emissions. Proceedings of the National Academy of Sciences, 106(6): 1704-1709.

Spalding M, Kelleher G, Boucher T, et al., 2006. How protected are coral reefs? Science, 314(5800): 757-760.

Srokosz M A , Bryden H L, 2015. Observing the Atlantic Meridional Overturning Circulation yields a decade of inevitable surprises. Science, 348(6241): 1-5.

Stansfield A M, Reed K A, Zarzycki C M, 2020. Changes in Precipitation from North Atlantic Tropical Cyclones under RCP Scenarios in the Variable-Resolution Community Atmosphere Model. Geophysical Research Letters, 47(12): 1-4.

Steffen W, Sanderson R A, Tyson P D, et al., 2006. Global Change and the Earth System: A Planet under Pressure. Berlin: Springer.

Stephen D, Balayla D M, Becares E, et al., 2004. Continental-scale patterns of nutrient and fish effects on shallow lakes: introduction to a pan-European mesocosm experiment. Freshwater Biology, 49(12): 1517-1524.

Stevens S W, Johnson R J, Maze G, et al., 2020. A recent decline in North Atlantic subtropical mode water formation. Nature Climate Change, 10(4): 335-341.

Stewart R, 2009. Our Ocean Planet, Oceanography in the 21st Century. Texas: Department of Oceanography, Texas A&M University.

Stocker T F, 2020. Surprises for climate stability. Science, 367(6485): 1425-1426.

Stott P A, 2003. Attribution of regional-scale temperature changes to anthropogenic and natural causes. Geophysical Research Letters, 30(14): 1-2.

Stouffer R J, Yin J, Gregory J M, et al., 2006. Investigating the causes of the response of the thermohaline circulation to past and future climate changes. Journal of Climate, 19(8): 1365-1387.

Stramma L, Johnson G C, Sprintall J, et al., 2008. Expanding oxygen-minimum zones in the tropical oceans. Science, 320(5876): 655-658.

Strobl E, 2012. The economic growth impact of natural disasters in developing countries: Evidence from hurricane strikes in the Central American and Caribbean regions. Journal of Development Economics, 97(1): 130-141.

Stull R, 2015. Practical Meteorology: An Algebra-Based Survey of Atmospheric Science. Columbia: University of British Columbia.

Suarez M J, Schopf P S, 1988. A delayed action oscillator for ENSO. Journal of the Atmospheric Sciences, 45(21): 3283-3287.

Sugi M, Murakami H, Yoshida K, 2017. Projection of future changes in the frequency of intense tropical cyclones. Climate Dynamics, 49(1-2): 619-632.

Sumaila U, Cheung W, Lam V, et al., 2011. Climate change impacts on the biophysics and economics of world fisheries. Nature Climate Change, 1(9): 449-456.

Sydeman W J, Garciareyes M, Schoeman D S, et al., 2014. Climate change and wind intensification in coastal upwelling ecosystems. Science, 345(6192): 77-80.

Takahashi T, Sutherland S C, Wanninkh R, et al., 2009. Climatological mean and decadal change in surface ocean pCO_2, and net sea-air CO_2 flux over the global oceans. Deep-Sea Research, 56(8): 554-577.

Takayabu I, Hibino K, Sasaki H, et al., 2015. Climate change effects on the worst-case storm surge: a case study of Typhoon Haiyan. Environmental Research Letters, 10(6): 1-9.

Tans P, Fung I Y, Takahashi T, 1990. Observational constraints on the global atmospheric CO_2 budget. Science, 247: 1431-1438.

Thomas M A, Suntharalingam P, Pozzoli L, et al., 2010. Quantification of DMS aerosol-cloud-climate interactions using the ECHAM5-HAMMOZ model in a current climate scenario. Atmospheric Chemsitry and Physics, 10(15): 7425-7438.

Thompson D W, Wallace J M, 2001. Regional climate impacts of the Northern Hemisphere annular mode. Science, 293(5527): 85-89.

Thornalley D J R, Oppo D W, Ortega P, et al., 2018. Anomalously weak Labrador Sea convection and Atlantic overturning during the past 150 years. Nature, 556(7700): 227-230.

Timmermans B, Stone D, Wehner M, et al., 2017. Impact of tropical cyclones on modeled extreme wind-wave climate. Geophysical Research Letters, 44(3): 1393-1401.

Tolman C F, 1899. The carbon dioxide of the ocean and its relations to the carbon dioxide of the atmosphere. The Journal of Geology, 7(6): 585-618.

Tommasi D, Stock C A, Alexander M A , et al., 2017a. Multi-annual climate predictions for fisheries: an assessment of skill of sea surface temperature forecasts for large marine ecosystems. Frontiers in Marine Science, 4: 1-13.

Tommasi D, Stock C A, Hobday A J, et al., 2017b. Managing living marine resources in a dynamic environment: The role of seasonal to decadal climate forecasts. Progress in Oceanography, 152: 15-49.

Toomey M R, Donnelly J P, Woodruff J D, 2013. Reconstructing mid late Holocene cyclone variability in the Central Pacific using sedimentary records from Tahaa, French Polynesia. Quaternary Science Reviews, 77: 181-189.

Trablka J R, 1985. Atmospheric Carbon Dioxide and the Global Carbon Cycle. Washington: U S Department of Energy.

Trenberth K E, 1997. The definition of El Niño. Bulletin of the American Meteorological Society, 78(12): 2771-2777.

Trenberth K E, Fasullo J T, 2013. An apparent hiatus in global warming? Earth's Future, 1(1): 19-32.

Trisos C H, Merow C, Pigot A L, 2020. The projected timing of abrupt ecological disruption from climate change. Nature, 580: 496-501.

Trujillo A P, Thurman H V, 2001. Essentials of Oceanography. Boston: Prentice Hall.

Tu S, Xu J, Chan J C L, et al., 2021. Recent global decrease in the inner-core rain rate of tropical cyclones. Nature Communications, 12(1948): 1-9.

Tuleya R E, Bender M, Knutson T R, et al., 2016. Impact of upper-tropospheric temperature anomalies and vertical wind shear on tropical cyclone evolution using an idealized version of the operational GFDL hurricane model. Journal of Atmospheric Sciences, 73(10): 3803-3820.

UNESCO, 1981. Preliminary report of the joint panel on oceanographic tables and standards. Fourteenth Session of the Executive Council of the Intergovernmental Oceanographic Commission, Tenerife, Canary Islands.

Vaattovaara P, Huttunen P E, Yoon Y J, et al., 2006. The composition of nucleation and Aitken modes particles during coastal nucleation events: evidence for marine secondary organic contribution. Atmospheric Chemistry and Physics, 6(12): 785-791.

Vallis G K, 2017. Atmospheric and Oceanic Fluid Dynamics. Cambridge: Cambridge University Press.

van Oldenborgh G J, van Der Wiel K, Sebastian A, et al., 2017. Attribution of extreme rainfall from Hurricane Harvey, August 2017. Environmental Research Letters, 12: 1-11.

Vecchi G A, Clement A, Soden B J, et al., 2008. Examining the tropical Pacific's response to global warming. EOS Transactions of the American Geophysical Union, 89(9): 81-83.

Vecchi G A, Delworth T L, Booth B, 2017. Climate science: Origins of Atlantic decadal swings. Nature, 548(7667): 284-285.

Venrick E L, McGowan J A, Cayan D R, et al., 1987. Climate and chlorophyll a: long-term trends in the central North Pacific Ocean. Science, 238(4823): 70-72.

Voosen P, 2020. New feedback speed up the demise of Arctic sea ice. Science, 369(6507): 1043-1044.

Wadhams P, Munk W, 2004. Ocean freshening, sea level rising, se ice melting. Geophysical Research Letters, 31(11): 1-4.

Wallace J M, Hobbs P V, 2006. Atmospheric Science: An Introductory Survey. Amsterdam: Elsevier.

Wallhead P J, Garçon V C, Casey J R, et al., 2014. Long-term variability of phytoplankton carbon biomass in the Sargasso Sea. Global Biogeochemical Cycles, 28(8): 825-841.

Walsh K J E, Camargo S J, Vecchi G A, et al., 2015. Hurricanes and climate: The U. S. CLIVAR Working Group on Hurricanes. Bulletin of the American Meteorological Society, 96(9): 997-1017.

Walsh J E, Thoman R L, Bhatt U S, et al., 2018. The high latitude marine heat wave of 2016 and its impacts on Alaska. Bulletin of the American Meteorological Society, 99(1): 39-43.

Wang B, Chan J C, 2002. How strong ENSO events affect tropical storm activity over the western North Pacific. Journal of Climate, 15(13): 1643-1658.

Wang C, 2019. Three-ocean interactions and climate variability: A review and perspective. Climate Dynamics, 53(7): 5119-5136.

Wang D, Gouhier T C, Menge B A, et al., 2015. Intensification and spatial homogenization of coastal upwelling under climate change. Nature, 518(7539): 390-394.

Wang J, Lu Y, Wang F, et al., 2017. Surface current in "hotspot" serves as a new and effective precursor for El Nino prediction. Scientific Reports, 7(1): 1-9.

Wang S Y, Hipps L, Gillies R R, et al., 2014. Probable causes of the abnormal ridge accompanying the 2013-2014 California drought: ENSO precursor and anthropogenic warming footprint. Geophysical Research Letters, 41(9): 3220-3226.

Wang S, Toumi R, 2016. On the relationship between hurricane cost and the integrated wind profile. Environmental Research Letters, 11(11): 1-8.

Wang S, Toumi R, 2021. Recent migration of tropical cyclones toward coasts. Science, 371(6528): 514-517.

Wang X, Piao S, Ciais P, et al., 2014. A two-fold increase of carbon cycle sensitivity to tropical temperature variations. Nature, 506(7487): 212-215.

Watanabe M, Kamae Y, Yoshimori M, et al., 2013. Strengthening of ocean heat uptake efficiency associated with the recent climate hiatus. Geophysical Research Letters, 40(12): 3175-3179.

Watanabe Y, Ishida H, Nakano T et al., 2005. Spatiotemporal decreases of nutrients and chlorophyll-a in the surface mixed layer of the western North Pacific from 1971 to 2000. Journal of Oceanography, 61(6): 1011-1016.

Watson A J, Schuster U, Shutler J D, et al., 2020. Revised estimates of ocean-atmosphere CO_2 flux are consistent with ocean carbon inventory. Nature Communications, 11(4422): 1-6.

Webster J M, Braga J C, Humblet M, et al., 2018. Response of the Great Barrier Reef to sea-level and environmental changes over the past 30, 000 years. Nature Geoscience, 11(6): 426-432.

Webster P J, 1981. Mechanisms determining the atmospheric response to sea surface temperature anomalies. Journal of the Atmospheric Sciences, 38(3): 554-571.

Webster P J, Holland G J, Curry J A, et al., 2005. Changes in Tropical Cyclone Number, Duration, and Intensity in a Warming Environment. Science, 309(5742): 1844-1846.

Wehner M, Reed K A, Stone D, et al., 2015. Resolution dependence of future tropical cyclone projections of

CAM5. 1 in the US CLIVAR Hurricane working group idealized configurations. Journal of Climate, 28(10): 3905-3925.

Weinkle J, Maue R, Pielke J R, 2012. Historical global tropical cyclone landfalls. Journal of Climate, 25(13): 4729-4735.

Weller E. Min S K, Lee D, et al., 2015. Human contribution to the 2014 record high sea surface temperatures over the western tropical and northeast Pacific Ocean. Bulletin of the American Meteorological Society, 96(12): 100-104.

Wentz F J, Ricciardulli L, Hilburn K, et al., 2007. How much more rain will global warming bring. Science, 317(5835): 233-235.

Wheeler T R, Von Braun J, 2013. Climate Change Impacts on Global Food Security. Science, 341(6145): 508-513.

White N J, Church J A, Gregory J M, 2005. Coastal and global averaged sea-level rise for 1950 to 2000. Geophysical Research Letters, 32(1): 1-4.

White W B, Cayan D R, 1998. Quasi-periodicity and global symmetries in interdecadal upper ocean temperature variability. Journal of Geophysical Research Oceans, 103(C10): 21335-21364.

White W B, Cayan D R, Lean J, 1998. Global upper ocean heat storage response to radiative forcing from changing solar irradiance and increasing greenhouse gas/aerosol concentrations. Journal of Geophysical Research Oceans, 103(C10): 21355-21366.

Widlansky M J, Long X, Schloesser F, 2020. Increase in sea level variability with ocean warming associated with the nonlinear thermal expansion of seawater. Communications Earth and Environment, 1(1): 1-12.

Willis K, Cottier F, Kwasniewski S, et al., 2006. The influence of advection on zooplankton community composition in an Arctic fjord(Kongsfjorden, Svalbard). Journal of marine system, 61(1-2): 39-54.

Woodwell G M, Hobbie J E, Houghton R A, et al., 1983. Global deforestation: contribution to atmospheric carbon dioxide. Science, 222(4628): 108.

Wright J, Colling A, 1995. Seawater: Its Composition, Properties, and Behavior. Oxford: Pergamon Press.

Wu C R, Hsin Y C, Chiang T L, et al., 2014. Seasonal and interannual changes of the Kuroshio intrusion onto the East China Sea Shelf. Journal of Geophysical Research: Oceans, 119(8): 5039-5051.

Wu G X, Zhang Y S, 1998. Tibetan plateau forcing and the timing of the monsoon onset over south Asia and the south China sea. Monthly Weather Review, 126(4): 913-927.

Wu W C, Tan W B, Zhou L P, et al., 2012. Sea surface temperature variability in southern Okinawa Trough during last 2700 years. Geophysical reserach letters, 39: L14705.

Wu W, Zhan Z, Peng S, et al., 2020. Seismic ocean thermometry. Science, 369(6510): 1510-1515.

Wunsch C, 2002. What is the thermohaline circulation? Science, 298(5596): 1179-1181.

Wunsch C, 2006. Abrupt climate change: An alternative view. Quaternary Research, 65(2): 191-203.

Wunsch C, 2020. Advance in global ocean acoustics. Science, 369(6510): 1433-1434.

Wyllie-echeverria T, Wooster W S, 2002. Year-to-year variations in Bering Sea ice cover and some consequences for fish distributions. Fisheries Oceanography, 7(2): 159-170.

Wyrtki K, 1975. El Niño—the dynamic response of the equatorial Pacific Ocean to atmospheric forcing. Journal of Physical Oceanography, 5(4): 572-584.

Xia Y, Hu Y, Liu J, 2020. Comparison of trends in the hadley circulation between CMIP6 and CMIP5.

Science Bulletin, 65(19): 1667-1674.

Xie L L, Zheng Q A, Li M M, et al., 2020. Responses of the South China Sea to mesoscale disturbances from the Pacific. Regional Oceanography Of the South China Sea: 243-288.

Xie S P, Deser C, Vecchi G A, et al., 2010. Global warming pattern formation: Sea surface temperature and rainfall. Journal of Climate, 23(4): 966-986.

Xu L, Xie S P, McClean J, et al., 2014. Mesoscale eddy effect on subduction of the North Pacific mode waters. Journal of Geophysical Research: Oceans, 119(8): 4867-4886.

Xu Z L, Chen Y Q. 2005. Relationship between domimant species of Cheatognatha and enviromental factors in the East China Sea. Journal of Fishery Sciences of China, 12(1): 76-82.

Yamada Y, Satoh M, Sugi M, et al., 2017. Response of tropical cyclone activity and structure to global warming in a high-resolution global nonhydrostatic model. Journal of Climate, 30(23): 9703-9724.

Yamaguchi R, Suga T, 2019. Trend and variability in global upper-ocean stratification since the 1960s. Journal of Geophysical Research: Oceans, 124(12): 8933-8948.

Yan X, Zhang R, Knutson T R, 2017. The role of Atlantic overturning circulation in the recent decline of Atlantic major hurricane frequency. Nature Communications, 8(1): 1-8.

Yanez-Espinosa L, Terrazas T, Angeles G, 2008. The effect of prolonged flooding on the bark of mangrove trees. Trees, 22(1): 77-86.

Yang J, Liu Q, Liu Z, et al., 2009. Basin mode of Indian Ocean sea surface temperature and Northern Hemisphere circumglobal teleconnection. Geophysical Research Letters, 36(19): L19705.

Yao S L, Luo J J, Huang G, et al., 2017. Distinct global warming rates tied to multiple ocean surface temperature changes. Nature Climate Change, 7(7): 486-491.

Yeh T C, 1950. The circulation of the high troposphere over China in the winter of 1945-1946, Tellus, 2(3): 173-183.

Ying J, Huang P, Lian T, et al., 2019. Inter-model uncertainty in the change of ENSO's amplitude under global warming: Role of the response of atmospheric circulation to SST anomalies. Journal of Climate, 32(2): 369-383.

Yoshida K, Sugi M, Mizuta R, et al., 2017. Future changes in tropical cyclone activity in high resolution large-ensemble simulations. Geophysical Research Letters, 44(19): 9910-9917.

Young I R, Ribal A, 2019. Multiplatform evaluation of global trends in wind speed and wave height. Science, 364(6440): 548-552.

Zahn R, 1994. Fast flickers in the tropics. Nature, 372(6507): 621-622.

Zhang J, 2012. Modeling the impact of wind intensification on Antarctic sea ice volume. Journal of Climate, 27: 202-214.

Zhang L, Karnauskas K B, Donnelly J P, et al., 2017. Response of the north Pacific tropical cyclone climatology to global warming: application of dynamical downscaling to CMIP5 models. Journal of Climate, 30(4): 1233-1243.

Zhang R, Delworth T L, 2006. Impact of Atlantic multidecadal oscillations on India/Sahel rainfall and Atlantic hurricanes. Geophysical Research Letters, 33(17): 123-154.

Zhang R, Delworth T L, Sutton R, et al., 2013. Have aerosols caused the observed Atlantic multidecadal variability? Journal of Atmospheric Sciences, 70(4): 1135-1144.

Zhang W, Vecchi G A, Murakami H, et al., 2016. The Pacific meridional mode and the occurrence of tropical cyclones in the western North Pacific. Bulletin of the American Meteorological Society, 29(1): 381-398.

Zhang W, Zhou T, Zhang L, et al., 2019. Future intensification of the water cycle with an enhanced annual cycle over global land monsoon regions. Journal of Climate, 32(17): 5437-5452.

Zhang Y, Zhang Z, Chen D, et al., 2020. Strengthening of the Kuroshio current by intensifying tropical cyclones. Science, 368(6494): 988-993.

Zhao H, Duan X, Raga G B, et al., 2018. Changes in Characteristics of Rapidly Intensifying Western North Pacific Tropical Cyclones Related to Climate Regime Shifts. Journal of Climate, 31(19): 8163-8179.

Zhao X, Allen R, 2017. Recent intensification of the Walker Circulation and the role of natural sea surface temperature variability. AGU Fall Meeting Abstracts: A43I-2584Z.

Zheng X T, Xie S P, Du Y, et al., 2013. Indian Ocean dipole response to global warming in the CMIP5 multimodel ensemble. Journal of Climate, 26(16): 6067-6080.

Zhou C, Lu J, Hu Y, et al., 2019. Responses of the Hadley Circulation to regional sea surface temperature changes. Journal of Climate, 33(2): 429-441.

Ziegler M, Seneca F O, Yum L K, et al., 2017. Bacterial community dynamics are linked to patterns of coral heat tolerance. Nature communications, 8: 1-8.